职业技术学院教学用书

测量与矿山测量

陈社杰 主编

北京
冶金工业出版社
2013

图书在版编目(CIP)数据

测量与矿山测量/陈社杰主编．—北京：冶金工业出版社，1990.11（2013.8 重印）

职业技术学院教学用书

ISBN 978-7-5024-0758-2

Ⅰ．测…　Ⅱ．陈…　Ⅲ．①普通测量学—专业学校—教材 ②矿山测量—专业学校—教材　Ⅳ．TD17-43

中国版本图书馆 CIP 数据核字（2006）第 156457 号

出 版 人　谭学余

地　　址　北京北河沿大街嵩祝院北巷 39 号，邮编 100009

电　　话　(010)64027926　电子信箱　yjcbs@cnmip.com.cn

责任编辑　宋　良　美术编辑　李　新　责任印制　李玉山

ISBN 978-7-5024-0758-2

冶金工业出版社出版发行；各地新华书店经销；三河市双峰印刷装订有限公司印刷

1990 年 11 月第 1 版，2013 年 8 月第 10 次印刷

787mm×1092mm　1/16；12.5 印张；294 千字；192 页

25.00 元

冶金工业出版社投稿电话：(010)64027932　投稿信箱：tougao@cnmip.com.cn

冶金工业出版社发行部　电话：(010)64044283　传真：(010)64027893

冶金书店　地址：北京东四西大街 46 号(100010)　电话：(010)65289081(兼传真)

（本书如有印装质量问题，本社发行部负责退换）

前　言

本书是根据1986年冶金工业部专业学校矿山地质和采矿专业的《测量与矿山测量》教学大纲编写的，教学时数为70学时左右。

测量与矿山测量是矿山地质和采矿专业必修的一门基础技术课。本教材力求结合专业需要和学生实际，并注意教材内容的科学性和系统性。

本书共十三章：第一至七章属普通测量内容，主要介绍测量学的基本理论和基本知识、测绘地形图的基本方法和常规仪器的操作使用；第八至十三章属矿山测量内容，主要介绍井下测量、施工测量、岩体移动观测和露天矿测量。

本书由广东有色金属工业学校田颖编写一、二、十二、十三章，昆明冶金专科学校吴元编写八、九、十、十一章，长沙有色金属专科学校陈社杰编写三、四、五、六、七章并担任主编。此外，长沙有色金属专科学校、南昌有色金属工业学校、福建冶金工业学校的有关同志对本书初稿进行了会审，提出了宝贵的修改意见，对此我们表示感谢。

由于编者水平有限，时间仓促，书中缺点和错误在所难免，谨请读者批评指正。

编者

一九八九年三月

目　录

第一章　绪　　论

第一节　概　　述

一、测量学的概念

测量学是研究地球的形状及大小并确定地球表面点位关系的一门科学。

它的任务包括测绘和标设两个部分。

测绘，是指使用测量仪器和工具，通过测量和计算，得到一系列测量数据，并将测区内的地物、地貌或井下巷道、采场等位置及形状按一定比例缩小绘制成平面图或地形图，供科学研究、经济建设、工程设计和国防建设使用。

标设，是指将图纸上设计好的建筑物或构筑物的位置（平面的和高程的）在现场标定出来，作为施工的依据。

无论是测绘或标设，它们的基本内容，都是确定地面上点的位置。地面上的点位有平面位置及其高程，这些点位是根据距离、角度和高程三个元素来确定的，所以高程测量、水平角测量和距离测量是测量的基本工作。

随着现代科学技术的日益发展，根据生产的目的及任务的不同，测量学分为以下几个学科：

（1）普通测量学，是研究地球表面较小区域内测绘工作的基本理论、技术、方法和应用的学科，它把地球表面上的小区域看作平面，是测量学的基础。它介绍各种测量仪器和工具的性能、用途及使用方法。它所研究的内容有：图根控制网的建立、地形图的测绘以及一般的工程(施工)测量。具体工作有：距离测量、角度测量、高程测量及其观测数据的处理和绘图等。

（2）大地测量学，是研究地球形状、大小和建立国家控制网问题的学科，它把整个地球作为研究和测量的对象，所以必须考虑地球曲率。它包括三角测量、导线测量、水准测量、卫星大地测量等。

（3）地形测量学，是研究测绘某些地区地形图的基本理论、技术和方法的学科。它包括图根控制网的建立、碎部测量、测量误差的分析以及地形图的应用等。

（4）摄影测量学，是利用空中或地面摄影的像片，研究和确定地面上物体的形状、大小和点位关系，并将地球表面的起伏形状绘制成地形图的一门学科。

（5）工程测量学，是为研究某些建设工程项目，如城市规划、矿山开发、地质勘探、国防建设、铁路及公路的选线与施工、桥梁架设、农田水利等所进行的各种测量工作的专门学科。例如，本教材中的矿山测量，就是工程测量学的一个重要分支，是专门为矿山建设和生产服务的。

近年来，由于空间技术和电子学越来越被应用到测量领域，所以测绘科学有了极大的发展，以致于我们所学的内容，只能称为常规测量或古典测量了。

二、测量学在地质和采矿事业中的作用

测绘科学应用很广，在社会主义建设中有着非常重要的作用。它既要为经济建设、资

源勘察、环境保护、矿山开采、文化教育、科学研究和国防建设提供精确的测绘数据及地图资料，又要满足人民群众日常生活对各种地图的需要。用精密测量方法测定地壳升降与位移来预报地震，目前仍是重要手段之一。

在地质普查、勘探、水文工程地质、物探、化探等工程中，从勘测、设计、施工以及最后的成果报告，都要应用地形图及其有关测绘资料。特别是在矿床勘探阶段，要建立勘探区域的地面控制网，测绘1：5000比例尺的地形图，标定勘探工程，例如钻孔、探槽及浅井、坑道等，并将它们测绘到平面图上。

在矿山设计阶段，需要测绘比例尺为1：1000或1：2000的地形图，供工业广场、建（构）筑物、线路等设计用。还应进行土方量计算等工作。

在矿山建设阶段，主要是进行一系列施工测量，例如标设井筒或露天矿开挖沟道位置、工业与民用建（构）筑物放样、凿井开巷测量、设备安装测量及线路测量等。

在矿山生产阶段，需要进行巷道标定与测绘。在矿量管理方面，矿山测量人员有保护地下资源的责任，对矿石的开采进行检查监督，计算矿石的产量、损失和贫化。保证矿山均衡、持续的生产和地下资源的合理利用，是矿山测量不同于其它测量的特点之一。岩层与地表移动观测及研究、露天矿边坡稳定性的观测与研究、分析岩体移动的规律，是矿山测量的一项重要工作，对指导安全生产有重大意义。

当矿山报废时，还需将全套矿山测量图纸、测量手簿及计算资料转交给有关单位长期保存。

矿山测量是以观测、计算和绘图为手段，研究和处理矿藏开发过程中的各种空间几何问题，因而被称做是矿山的“眼睛”。它在均衡生产方面起保证作用，在工程质量及合理利用资源方面起监督作用，在安全生产方面起指导作用。可见测量工作是矿山建设和生产中一项重要的技术基础工作，具有施工生产和技术管理的双重职能。

三、学习本课程要达到的目的

测量学是一门技术科学和应用科学。通过本门课的学习要求达到：初步掌握测量工作的基础理论和基本方法；能正确使用测量仪器和工具；具有测绘矿区大比例尺地形图的实际技能；在工程设计和施工中能看懂和应用地形图及有关测量资料；能进行一般工程施工的标设，以便能灵活地应用所学的测量知识为其专业工作服务。

初学测量的人，必须切实掌握好高程、角度和距离三项基本测量工作的施测原理、方法和操作技能。同时，测量所得到的数据还必须经过大量的计算、整理和绘图，才能得到需要的成果，所以初学者必须努力练好测量、计算和绘图的基本功。

第二节 地球形状和大小

一、地球形状和大小的概念

测量工作是在地球表面上进行的，而地球的自然表面是十分复杂的，有高山、深谷、丘陵、平原和海洋等。其中最高的珠穆朗玛峰高出海水面不到9km，最低的马里亚纳海沟低于海水面不到12km。这样的高低起伏情况，相对于地球半径来说是很小的。地球从整体来看，其表面的陆地面积只占百分之二十九，而海洋等水面的覆盖面积却占百分之七十一。所以人们常把被海水面所包围的形体看作是地球的形体，把处于平衡静止状态的水面称为水准面。从力学角度看，水准面就是等势面。所以，水准面有无穷多个。测量学上把平均海水面延伸，穿过陆地而形成的闭合曲面，叫作大地水准面。由大地水准面所包围的形体，称为大地体。通过卫星大地测量发现：地球是一个沿赤道部分则稍微膨大，而两极略为扁平（北极稍许凸出约18.9m，南极稍许凹进约25.8m）的近似椭球体。

水准面的特性是处处与其铅垂线垂直。从物理学中知道，地面点的铅垂线方向取决于地球的引力。由于地球内部质量的分布是不均匀的，因而引起铅垂线方向的变化，使大地水准面成为一个十分复杂，而不规则的曲面。也就是说：大地水准面不是一个规则的数学曲面，是不能用数学公式来表达的，也就无法在这个表面上完成控制测量计算。因此，在实际应用中就采用一个既近似于大地水准面，又可以用数学公式表示的规则形体来代替它。这个形体就是如图1-1所示的由NWSE椭圆，绕其短轴NS旋转而成的，称为旋转椭圆体。

在测量工作中，就是用这样的椭圆体面代替大地水准面，作为测量计算的基准面和研究地球几何形状的参考面，并在旋转椭圆体面上建立大地坐标系。它是地球的数学模型，只有几何意义，而无物理意义。

旋转椭圆体的形状和大小是由它的长、短半径，或长半径、扁率来决定的。它们称为椭圆体元素。如果长半径 a 和扁率α选择合适，并且适当地定位，那么，旋转椭圆体面与大地水准面的差距就很小。

国外测量工作者曾多次测算出椭圆体元素的数值，以资应用。我国从1953年起采用的是克拉索夫斯基椭圆体元素，其数据是：

$$a=6378245\text{m}$$

$$b=6356863\text{m}$$

$$\alpha=\frac{1}{298.3}$$

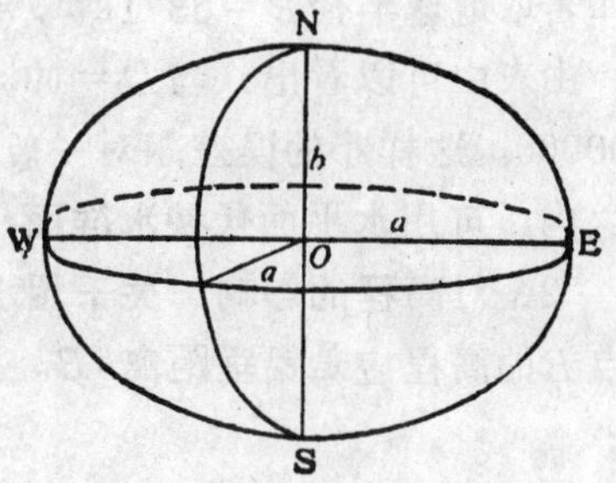

图 1-1

1975年第16届国际大地测量与地球物理联合大会建议采用下列数值作为椭圆体元素：

$$a=6378140\text{m}$$

$$b=6356743\text{m}$$

$$\alpha=\frac{1}{298.257}$$

这些椭圆体元素是引用了近代人造卫星大地测量的数据计算出来的，其结果更加接近实际。

我国目前的测绘工作仍是在克拉索夫斯基椭球上建立坐标网，并把实地测得的各要素归化到这个椭球面上来处理。考虑到我国幅员辽阔，地势复杂，需要有一个更精确的椭球元素，以建立新的大地坐标系统。为此，1978年4月国家测绘局决定采用1975年国际大地测量协会推荐的椭球元素值，建立新的国家大地坐标系，并定名为1980年国家大地坐标系。它的原点设在西安市泾阳县永乐镇（简称西安原点）。该坐标系将逐步取代1954年北京坐标系。

在许多具体应用中，特别是当测量的面积不大时，则常把地球近似地当做圆球看待，取椭球的平均半径作为圆球半径，其近似值为：6371km。

二、用水平面代替水准面的限度

用水平面代替水准面，只有当测区很小时才允许。那么，这个区域的范围究竟多大呢？如图1-2所示：A、B、C是地面点，它们在大地水准面上的投影点是a、b、c，用该区域中心点的切平面来代替大地水准面后，它们在水平面上的投影点是a'、b'和c'。现分析由此而产生的影响。

1．对距离的影响　图1-2中A、B两点在大地水准面上的距离为D，在水平面上的距离为D'，两者之差ΔD就是用水平面代替水准面后对距离的影响。大地水准面是一个复杂的曲面，在推导公式时，近似的认为它是半径为R的球面，故

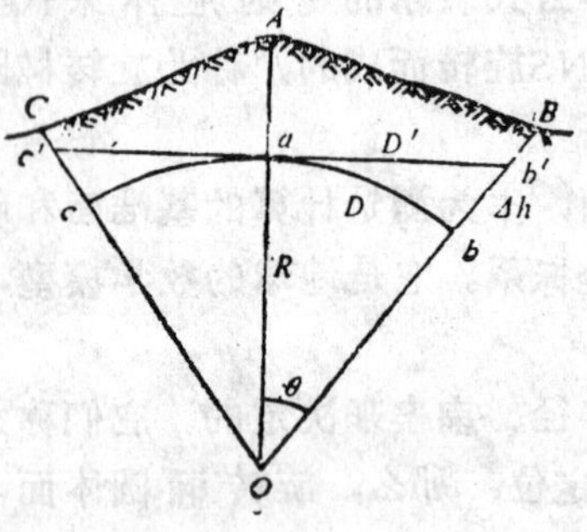

图 1-2

$$\Delta D = D' - D = R\,\mathrm{tg}\theta - R\theta = R(\mathrm{tg}\theta - \theta)$$

将$\mathrm{tg}\theta$展开为级数后得：

$$\mathrm{tg}\theta = \theta + \frac{1}{3}\theta^3 + \frac{2}{15}\theta^5 + \cdots\cdots$$

因θ角很小，只取其前两项，代入上式得：

$$\Delta D = R(\theta + \frac{1}{3}\theta^3 - \theta) = R\frac{\theta^3}{3}$$

以$\theta = \frac{D}{R}$代入后得：

$$\Delta D = \frac{D^3}{3R^2} \text{或} \frac{\Delta D}{D} = \frac{D^2}{3R^2}$$

若取地球半径$R = 6371$km，并将不同的距离D代入上式，便得到表1-1中所列的结果。由表中可以看出：当$D = 10$km时，以水平面代替水准面所产生的相对误差为1：1000000。这样小的误差，对一般精密测量来说是允许的。所以，在以10km为半径的圆面积之内，可用水平面代替水准面。

2．对高程的影响　关于用水平面代替水准面对高程的影响，仍以图1-2说明之。地面点B的高程应是铅垂距离bB。用水平面代替水准面后，B点的高程为$b'B$，出现差值Δh：

$$\Delta h = bB - b'B = ob' - ob = R\sec\theta - R = R(\sec\theta - 1)$$

将$\sec\theta$展开为级数，并略去高次项，得：

$$\sec\theta = 1 + \frac{\theta^2}{2} + \cdots\cdots$$

则　$$\Delta h = R(1 + \frac{\theta^2}{2} - 1) = R\frac{\theta^2}{2} = \frac{D^2}{2R}$$

表1-1

D (km)	ΔD (cm)	$\Delta D/D$
10	1	1:1000000
20	7	1:300000
50	102	1:49000
100	821	1:12000

用不同的距离代入上式，便得到表1-2所列的结果。从表中可以看出：用水平面代替水准面，对高程的影响（即地球曲率的影响）是很大的。当$D=200$m时，所产生的高程误差就有0.31cm，这是不能允许的。因此，在高程测量中即使距离很短，也必须考虑地球曲率对高程的影响，要采取一定的措施，或加曲率改正以消减其影响。

表 1-2

D (km)	0.2	0.5	1	2	3	4	5
Δh (cm)	0.31	2	8	31	71	125	196

第三节　地面点位的确定

所谓地面点位，是指地面点的空间位置。地面上一个点的空间位置有三个量，即该点的地理坐标或平面直角坐标及该点到大地水准面的垂直距离（高程）。确定了这三个量，就确定了地面点的空间位置。

一、地理坐标

将地面点投影到大地水准面上，其位置用地理坐标表示。地理坐标是以经度和纬度表示的球面坐标。若将大地水准面看作圆球，如图1-3所示，NS为圆球的自转轴(称为地轴)，地球的中心O称为球心。地轴与圆球表面的交点N、S分别称为北极和南极。垂直于地轴的平面与地球表面的交线称为纬线，通过球心且垂直于地轴的平面称为赤道平面，赤道平面与地球表面的交线称为赤道。赤道面是纬度的起算面。通过地轴与地球上任一点P的平面NPKS称为P点的子午面，该面与地球表面的交线称为子午线（或经线）。通过英国格林威治天文台某点的子午面称为首子午面，以此作为经度的起算面，相应的子午线称为首子午线。

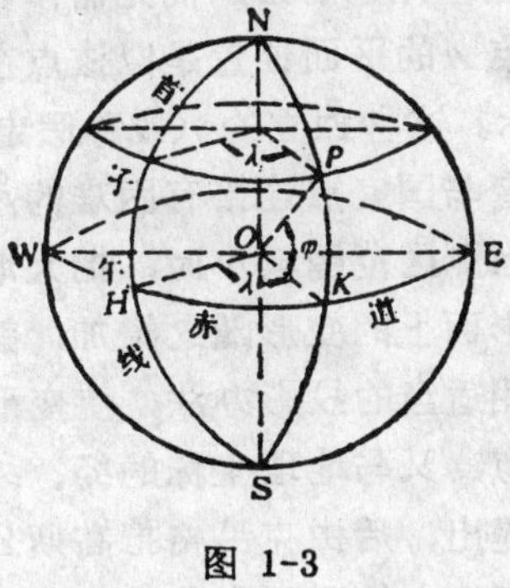

图 1-3

图1-3中，P点的经度，是过P点的子午面与首子午面所夹的两面角，以λ表示。自首子午线以东0°～180°为东经；以西0°～180°为西经。我国各地的经度都是东经。

P点的纬度，是该点的铅垂线PO与赤道面之间的夹角，以φ表示。赤道向北0°～90°为北纬，向南0°～90°为南纬。我国各地的纬度都是北纬。

表示地理坐标的经度和纬度，是用天文测量的方法来测定的。有了地面上某一点的经度λ和纬度φ，也就确定了该点在地球表面上的位置。例如北京的地理坐标为东经116°28′，北纬39°54′。

二、平面直角坐标

将地球表面测绘成图，图纸是平面，如果地面点的投影位置用地理坐标来表示，显然是不方便的。因此在实际测绘工作中，地面点的位置常用平面直角坐标来表示。

1. 独立平面直角坐标系　大地水准面虽然是曲面，但当测量区域（如半径不大于10km的范围）较小时，则球面近似于平面，可以用测区中心的切平面P来代替大地水准面，如图1-4所示。既然把投影面看作平面，那么地面点在投影面上的位置就可以用平面直角坐标来确定。测量中采用的平面直角坐标，如图1-5所示。以子午线作为X轴，向北为正，向南为负。以横坐标轴Y表示东西方向，Y轴向东为正，向西为负。纵横坐标轴的交点O，即为坐标原点。为避免坐标出现负值，故一般将原点O选在测区西南角（即左下角），由原点向上，向右为正，向下、向左为负。

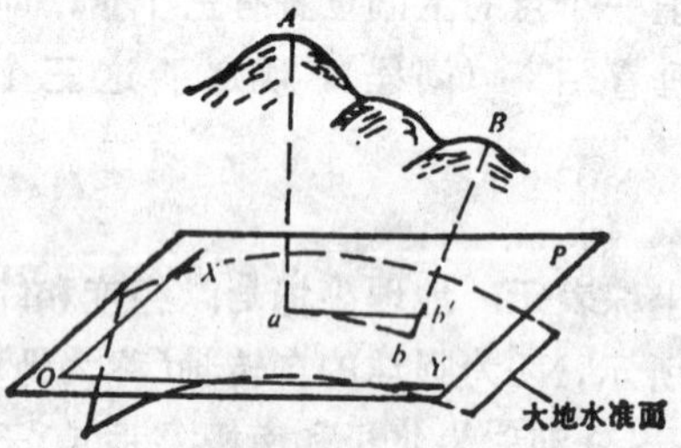

图 1-4

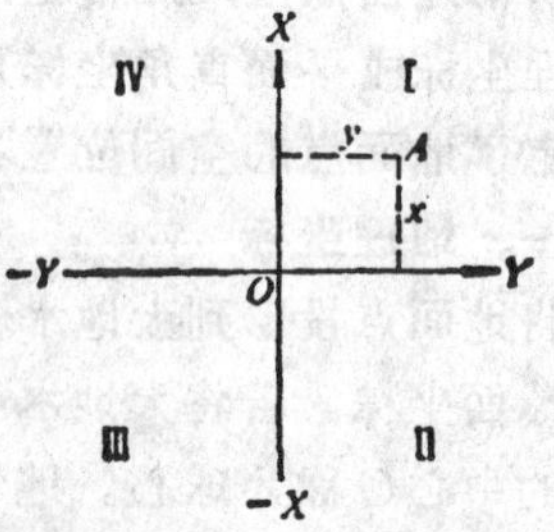

图 1-5

测量学和地图上所使用的平面直角坐标与数学上的直角坐标是不同的。如图1-5所示，除了X与Y轴的纵横要互换外，而象限的顺序也是相反的，即测量上是从右上角起按顺时针方向依次排列，编号为Ⅰ、Ⅱ、Ⅲ、Ⅳ。这样的改变，是便于将数学上的三角函数公式直接应用到测量工作的方向和坐标计算中去，而无需作任何改变。

在直角坐标系中，任何一点A的平面位置是以该点在纵、横坐标轴上的投影来表示的，如图1-5中，用x、y来表示。这种独立的（或称假定的）平面直角坐标系统，适用于测区附近没有国家控制点，或者与国家点连接有困难的小矿区。

2. 高斯平面直角坐标　当测区范围较小时，把大地水准面当作平面看待是可以的。但当测区增大，地球表面在投影面上的变形随之增加，就不能用一个独立平面直角坐标系统来表示点位。所以，必须采用适当的投影办法，使变形限制在一定的范围之内，并使所采用坐标既与平面直角坐标相似，又与地理坐标的经、纬度发生联系，且可以互相换算。为了解决这个问题，高斯首先提出，后由克吕格把高斯公式加以整理扩充成实用公式，故称为高斯一克吕格投影；由此而建立的平面直角坐标系，就叫做高斯一克吕格坐标，简称高斯平面直角坐标。

高斯一克吕格投影是设想一个椭圆柱横切于椭球面上某一子午线，如图1-6(a)，并将以该子午线为对称轴的一定范围（即以两条子午线为界）向椭圆柱面上投影；然后将椭圆柱面展开，如图1-6(b)。显然，相切的子午线即为一条直线，此直线作为纵轴，即x轴，且长度不变。椭球赤道的投影也为一直线，将它作为横轴，即y轴，而且两者相互垂直，两直线的交点作为原点。此坐标系统称高斯平面直角坐标系统。在此坐标系中椭球上其它

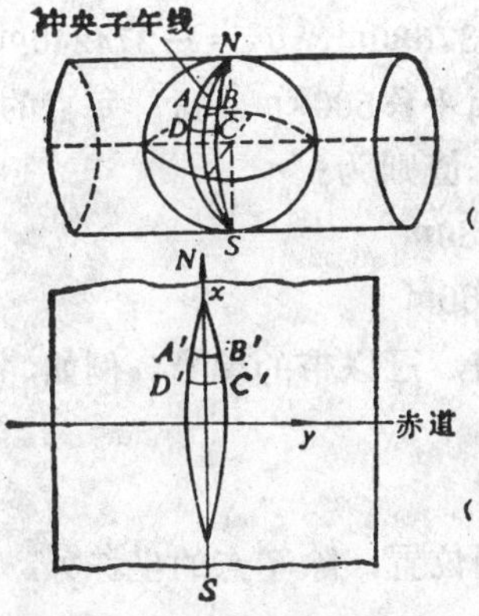

图 1-6

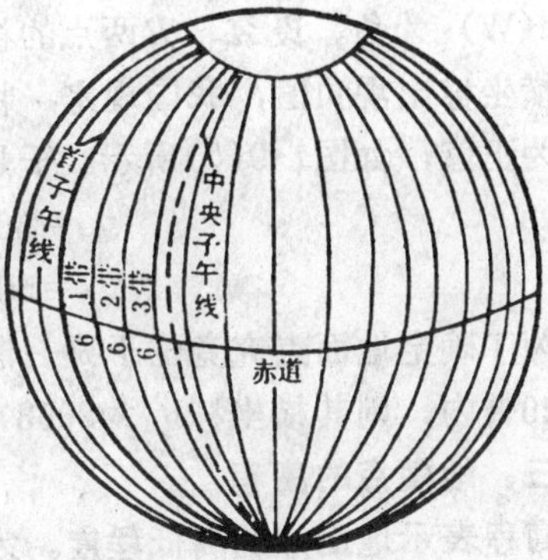

图 1-7

各处投影后的长度和图形会产生变形，离中央子午线愈远，变形愈大。

高斯投影的方法是将地球划分成60个带，如图1-7所示。投影带是从首子午线起，依次向东每隔6°划分为一个投影带，称为6°投影带（简称六度带）。带号从首子午线所在的这个投影带编起，用阿拉伯数字表示。每个6°带中央的一条子午线称为中央子午线或轴子午线。其经度依次为3°、9°、15°……。任意带的中央子午线之经度λ_0可按下式计算：

$$\lambda_0 = 6° N - 3°$$

式中　N——投影带的带号。

理论和测量实践证明，若将投影带限制在经差为6°的范围内，其长度的变形完全能满足1：2.5万比例尺测图的精度要求。当进行1：1万或更大比例尺测图时，要求投影变形更小，此时需采用经差3°分带法。3°投影带的划分是以东经1°30′起，每隔经差3°划分一个投影带，全球共分为120个带。每带的中央子午线经度为λ_0'可按下式计算：

$$\lambda_0' = 3° n$$

式中　n——三度带的带号。

将每个6°或3°带展成平面后，依次连接起来，即如图1-8所示，我国地处11个6°带(6°带和3°带的轴子午线均由经度75°起，至经度135°止)。

由于我国位于北半球，X坐标值均为正号，而Y坐标值则有正有负。如图1-9(a)，以

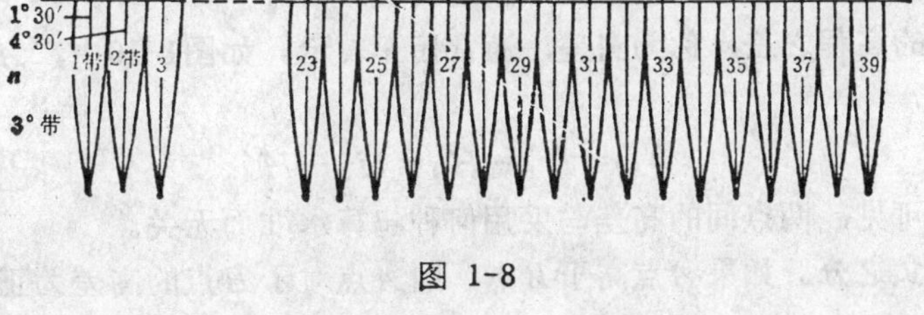

图 1-8

坐标原点为准，纵坐标轴向上（N）为正，向下（S）为负；横坐标轴向右（E）为正，向左（W）为负。设A、B两点的横坐标值为：$y_A=+137680$m，$y_B=-274240$m。为了避免横坐标出现负值，我国规定，将每带的纵坐标轴向西平移500km，这样每点的横坐标值均为正值，如图1-9(b)所示。于是A、B两点的横坐标值则为：

$$y_A=500000+137680=637680\text{m}$$

$$y_B=500000-274240=225760\text{m}$$

为了确定地面点究竟位于哪一带里，还应在横坐标前，冠以带的编号。例如，A点位于第20带内，则其横坐标y_A为20637680m。

三、地面点的高程

高程表示地面点的高低程度。为了确定地面点的空间位置，除了点的坐标外，尚需测定点的高程。

地面点到大地水准面的垂直距离，称为该点的绝对高程（简称高程），也称海拔高度（简称海拔）。如图1-10所示，A、B两点的绝对高程为H_A和H_B。

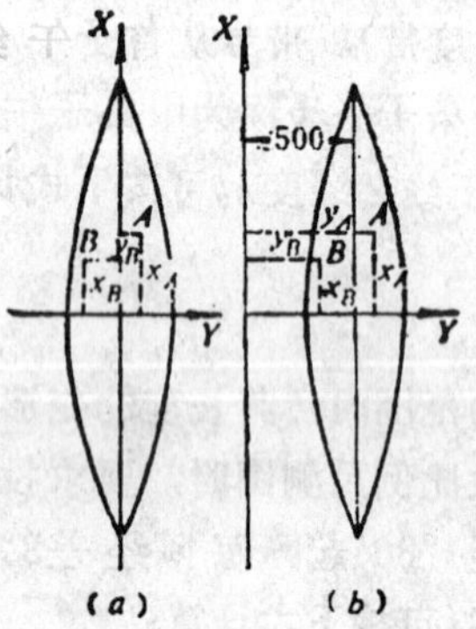

图 1-9

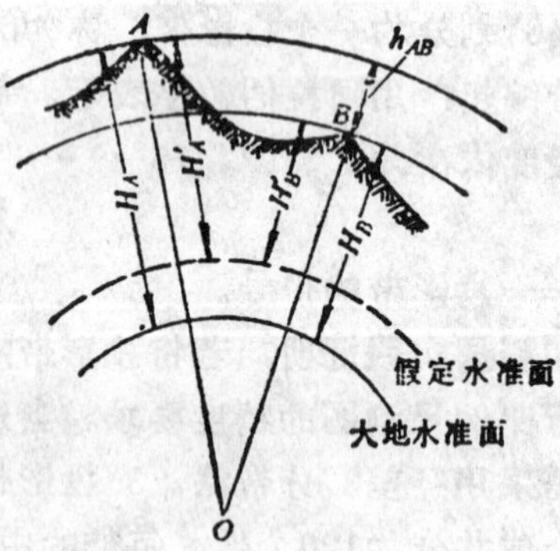

图 1-10

我国目前采用青岛验潮站从1950年到1956年记录资料所确定的黄海平均海水面（大地水准面）作为全国统一高程的起算面（在青岛市内一个山洞里建有水准原点，其高程为72.289m）。根据这个高程基准面推算的高程，称为1956年黄海高程系统。1975年我国登山队登上了珠穆朗玛峰，测得其高程为8848.13m，这就是指珠穆朗玛峰峰顶到黄海平均海水面的垂直距离。

当个别地区一时还不能和国家高程点联系，以大地水准面为起算面有困难时，可采用一个适当的水准面（即假定水准面）作为该测区的高程起算面。如图1-10中所示，A、B两点到假定水准面的垂直距离H'_A及H'_B，称为相对高程，或者叫假定高程。高程有正、负之分。若点在起算面以上，其高程为正，反之为负。

地面两点间的高程之差，称为高差，通常用h表示。如图1-10中，A点和B点之间的高差为：

$$h_{AB}=H_B-H_A=H'_B-H'_A$$

由图1-10中可见，两点间的高差与采用何种起算水准面无关。

高差有正、负之分。如果A点高于B点，则A点对于B点的高差为正，反之为负。

复习思考题

1．测量学的研究对象是什么？测绘和标设有何区别？

2．测量的三项基本工作是什么？

3．测量学分为几个学科？每学科的基本内容是什么？

4．测量工作在地质和采矿事业中有何作用？

5．学习本课程要达到什么目的？

6．何谓水准面和大地水准面？

7．用水平面代替水准面对距离和高差有何影响？在多大范围内才允许代替？

8．地面上一个点的空间位置要确定哪三个量？

9．何谓经度？纬度？地理坐标？

10．平面直角坐标和高斯平面直角坐标的主要区别在哪里？

11．测量学所用的平面直角坐标与数学中所讲的直角坐标有何不同？

12．何谓绝对高程和相对高程？

第二章　直线丈量和定向

第一节　地面点的标志

测量工作主要是确定点的位置。为了测定地面上两点间的距离和方向，在测量工作开始之前，首先应在欲测定的点上设立标志，然后再进行观测。地面点位必须稳固，标志必须明显。标志的选择应根据对点位稳定程度的要求,使用年限、土壤性质等因素，并考虑节约的原则，尽可能做到就地取材。一般可分为临时性和永久性两种。永久性标志需用混凝土桩或石桩，桩顶面嵌入一根金属棒，在棒顶面上刻出“○”或“+”，表示其点位。永久性桩之尺寸在有关规范中，均有说明，如图2-1（*b*）所示。半永久性或临时性的标志可用木桩。木桩的大小，可根据点位的重要性及土质情况而定。普通木桩长度一般为30～40cm，顶面积为$4\times4\sim6\times6cm^2$，桩顶以小钉或在钉面上刻出“+”字表示点位，如图2-2所示。

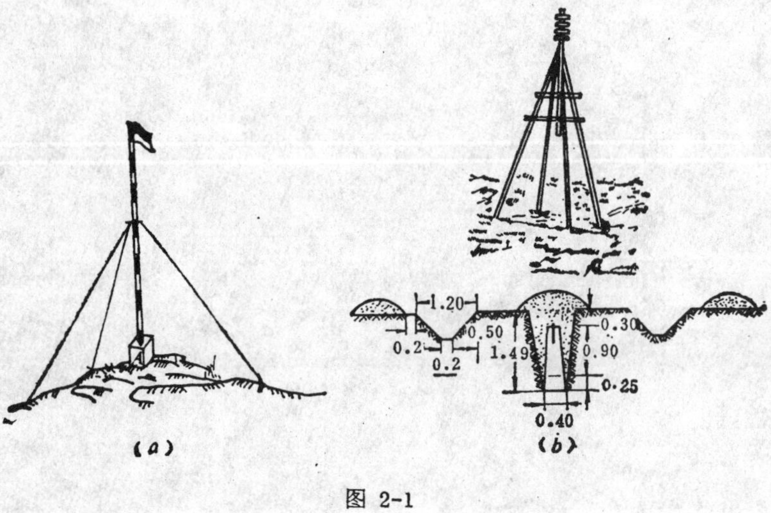

图 2-1

图 2-2

为了便于管理和使用，应在桩的顶面或侧面适当位置，用红油漆写明点的编号。

为了易于照准点位，在点位的上方竖立起明显的观测标志（称觇标）。觇标种类很多，常用的有竹杆、花杆和锥形标架（木制或钢制）等。三脚或四脚锥形标，主要用在国家等级三角点上，如图2-1(*b*) 所示。测量中常用的是长2m，直径3～4cm的木质花杆。花杆可竖立在点位中心上，并用细铁丝从三个方向将它拉紧，如图2-1 (*a*) 所示。

第二节　直线定线

当直线的两端点按上述方法建立标志后，即可测定两点间的距离。当两点间的长度小于一整尺长时，可直接用尺子进行量距；当遇到地面两点间的距离相距较远或地表起伏、坡度较大时，则需在直线方向上选定若干中间点，将直线分成若干段，分别丈量，最后求其总长。两相邻中间点的长度，应不超过所用尺子的长度。这种把若干点插入已知直线上的工作，称为直线定线。定线工作可以用目测法，也可以用经纬仪法进行。

一、目测法定线

1．在两点间定线　如图2-3所示，设*A*、*B*为已知线段的两个端点。现在需要在*A*、*B*两点间定若干中间点。为此，首先在*A*、*B*两点上，各竖立一根标杆。观测者甲，站在

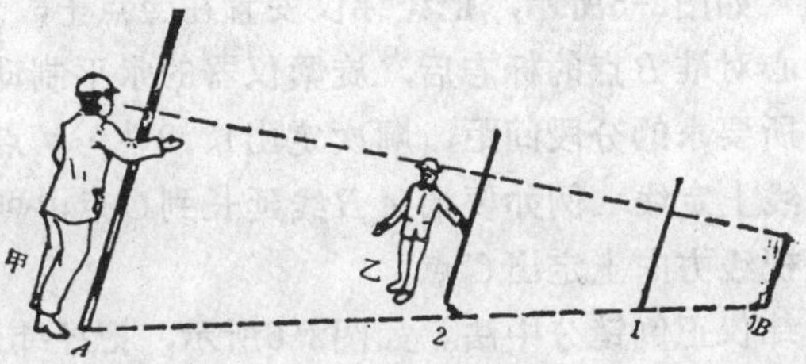

图 2-3

*A*点后1～2m处，面向*B*点标杆。测量员乙，手拿着标杆，走到待定点处。（此时要注意两点间距离应稍短于一整尺长度）面向*A*点，手扶标杆站在标杆的一侧，注意观测者甲的手势，并随指挥的手势，左右移动标杆。甲则用单眼瞄准*A*、*B*两根标杆，用手势指挥乙，直至乙手中的标杆与*A*、*B*两点上的标杆完全重合为止，再令乙在标杆处立一标志，作为临时点位。这样确定的点，就一定在*AB*直线上。按此法，依次类推，可将所需要的若干中间点定出来。

在两点间定线，可以从*B*点向*A*点走来，也可由*A*向*B*走去。前者叫走近法定线，后者叫走远法定线。两者比较，前者较好。

2．在两点的延长线上定直线　如图2-4所示，已知*A*、*B*两点，需要将直线*AB*延长时，首先在*A*、*B*两点上各竖立一花杆。然后观测者手持一根花杆，在延长线上的待定点处左右移动，进行单眼瞄视直至目测三根花杆在同一直线上，此时，*C*点就在*AB*的延长线上。按上述方法，依次类推，可定出其它若干点。

当*AB*两点间距离较短，而要由此延长很长距离时，该法定线的精度较低，一般不宜采用。

以上方法都是利用目测进行的，精度很低。若作精密量距，一定要用经纬仪来定线。

二、经纬仪定线

在两点间或两点的延长线上，需要定较多数量的点或对定线精度要求较高时，应采用经纬仪定线。

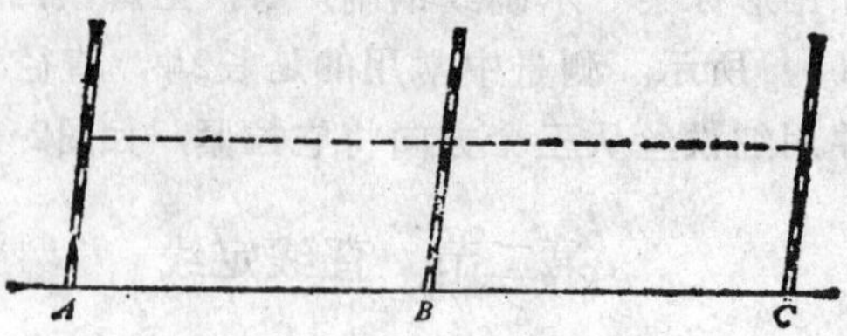

图 2-4

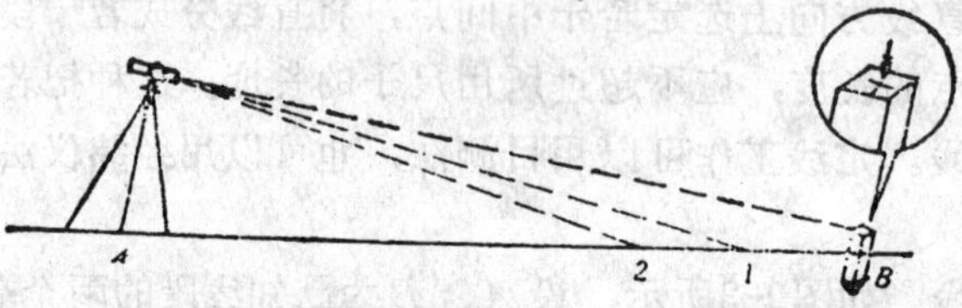

图 2-5

1. 在两点间定线 如图2-5所示，把经纬仪安置在A点上，对中、整平后、瞄准B点。当望远镜十字丝中心对准B点的标志后，旋紧仪器的水平制动螺旋。在望远镜的视线方向上，由B点起，按所要求的分段间距，顺次定出1、2…… n 点。

2. 在两点的延长线上定线 例如要把AB线延长到C点，可将经纬仪安置在A点，瞄准B点后，在望远镜视线方向上定出C点。

另外，也可采用经纬仪正倒镜分中法。如图2-6所示，把经纬仪安置在B点上，先用正镜瞄准后视点A，纵转望远镜定出C_1点；再用倒镜瞄准后视点A，纵转望远镜定出C_2点。若C_1点与C_2点重合，则说明该点在AB的延长线上。若不重合，就取C_1，C_2两点之间的中点C，C点即为要定之点。

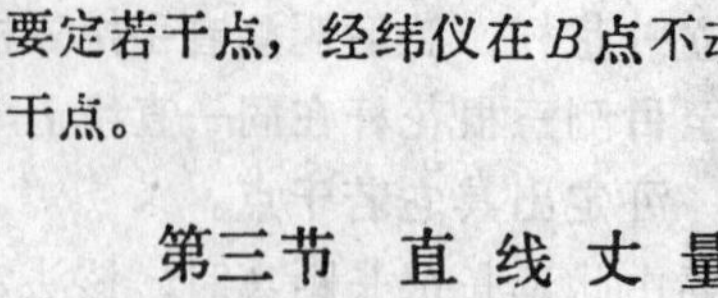

图 2-6

如果在C点之后，还要定若干点，经纬仪在B点不动，瞄准C点，在此视线方向上可继续定出所需要的其它若干点。

第三节 直 线 丈 量

一、丈量的工具

丈量距离的主要工具是尺。在实际工作中，采用什么尺，主要取决于各种工程所要求的量距精度。在重要工程的测量中，都采用钢尺，而对一般要求不高的工程，可采用皮尺或测绳等。

1. 尺

（1）钢尺。钢尺也叫钢卷尺，是钢制的带状尺，如图2-7所示，有盒装（图b）和架装（图a）两种。尺宽约10～15mm，厚约0.4mm，长度有20m、30m、50m等数种。钢尺的基本分划为厘米（cm），在每米及每分米处印有数字标记。一般钢尺在起点处，dm内刻有mm分划；有的钢尺，在整个尺长内都刻有mm分划。

(a)　　(b)

图 2-7

由于钢尺零点位置的不同，有端点尺和刻划尺的区分。

端点尺是以尺的最外端点，作为尺的零点，如图2-8（a）所示。当从建筑物墙边开始量距时，使用这种尺很方便。

刻划尺是以钢尺前端的一刻划线作为尺长的零端，如图2-8b所示。钢尺是用于较高精度的量距工作，如导线测量、安装测量等。

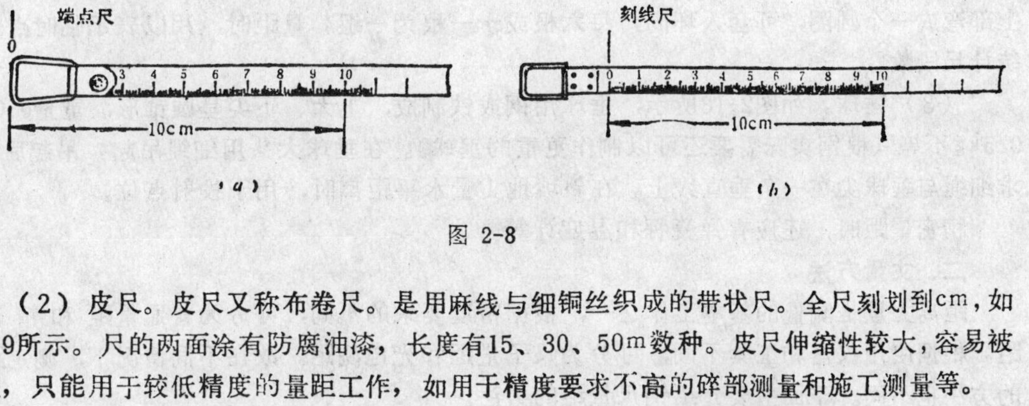

(a)　　(b)

图 2-8

（2）皮尺。皮尺又称布卷尺。是用麻线与细铜丝织成的带状尺。全尺刻划到cm，如图2-9所示。尺的两面涂有防腐油漆，长度有15、30、50m数种。皮尺伸缩性较大，容易被拉长，只能用于较低精度的量距工作，如用于精度要求不高的碎部测量和施工测量等。

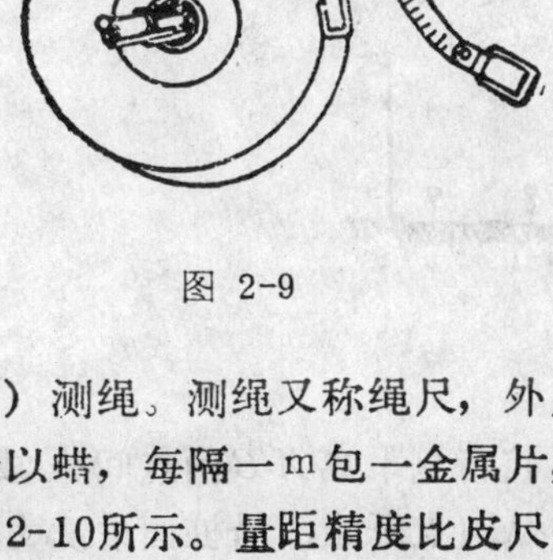

图 2-9

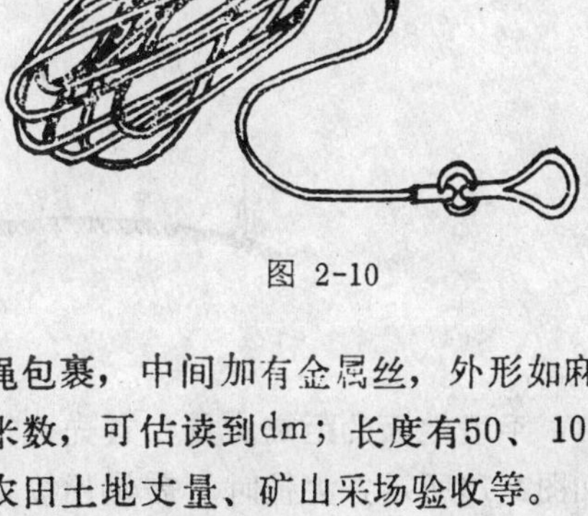

图 2-10

（3）测绳。测绳又称绳尺，外皮用线或麻绳包裹，中间加有金属丝，外形如麻皮电线，并涂以蜡，每隔一m包一金属片，片上印有米数，可估读到dm；长度有50、100m两种，如图2-10所示。量距精度比皮尺低，仅用于农田土地丈量、矿山采场验收等。

2．附件　丈量距离的工具，除尺子外，还有花杆、测钎、锤球等附件。

（1）花杆。花杆又称标杆（图2-11），是用来标定直线方向或点位的，由坚实不易弯曲的木杆制成，长度有2m、3m等数种，直径为3～4cm，下部装有带尖头的铁脚，以便插入地面或对准点位。

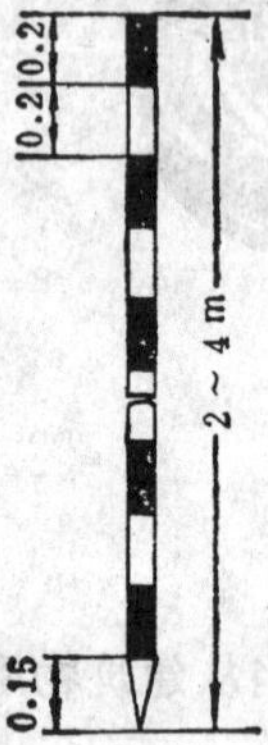

图 2-11

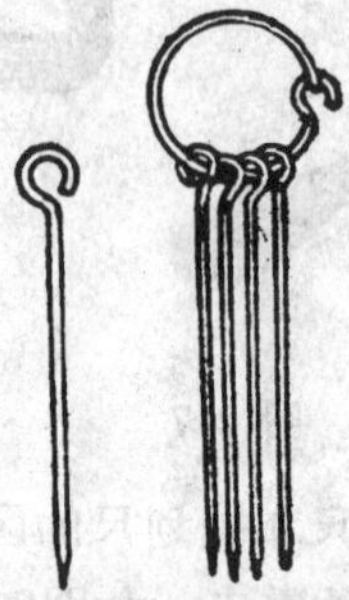

图 2-12

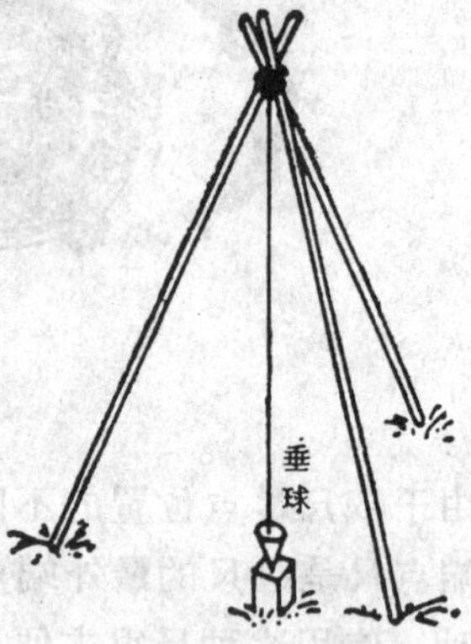

图 2-13

（2）测钎。如图2-12所示，是用粗铁丝或钢筋做成。长度约30cm，直径3～6mm，上部弯成一个圆圈，可套入环内，每六根或十一根为一组；量距时，用以表示临时点位和统计尺段数。

（3）锤球。如图2-13所示，垂球用钢或铁制成，上大、下尖呈圆锥形，重量0.05～0.5kg不等（根据实际需要还可以制作更重的垂球）。在垂球大头用细绳吊起；吊起后，要求细绳与垂球尖在一条垂直线上。在斜坡地丈量水平距离时，用于投射点位。

精密量距时，还应有弹簧秤和温度计等。

二、丈量方法

距离丈量是测量的基本工作之一，根据精度要求的不同，可分为普通量距和精密量距；根据使用仪器和工具不同，可分为尺子量距和光电测距。故在不同情况下，测定距离的方法也不同。下面主要介绍钢尺量距的方法。

钢尺量距的目的，在于获得两点间的水平距离。根据地面坡度大小，量距可分为平坦地面和倾斜地面两种情况。

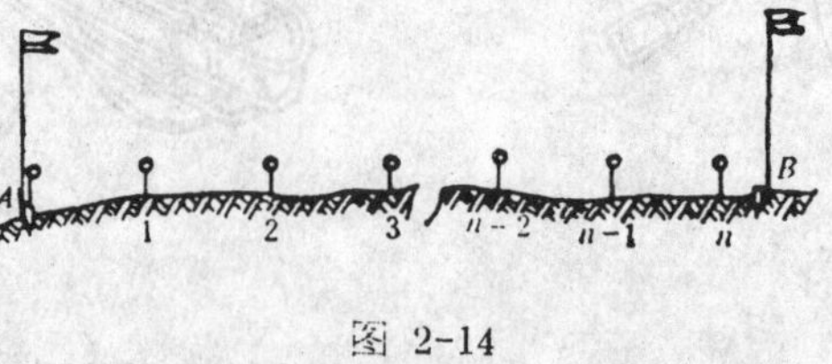

图 2-14

1．平坦地面的距离丈量　首先进行直线定线，将待测距离AB两点间分成n个尺段，如图2-14所示；丈量时，需使用检定过的钢尺。从A点开始，沿桩面依次丈量各尺段的长度。一个尺段的丈量方法如下：

在尺段的两端各有一名司尺员，将钢尺拉紧、拉平。前尺手拉钢尺的零端，居于直线的前进方向，并用弹簧秤钩住钢尺的挂环，使量距时的拉力，等于钢尺检定时的拉力。丈量时，前尺手将尺端的mm刻划对到桩面的金属标志中心时，就高呼“预备”，此时后尺手将尺上某一cm刻划对准桩面的金属标志中心时，便高呼“好”，在这一瞬间，前、后尺手要同时在尺上读数，后端读至cm，前端读至mm。首尾两端读数相减，即得该尺段的长度，此为一次丈量。然后把尺子稍许前后移动（如几厘米），再丈量一次。两次量得的距离之差，如不超过2mm，对低精度边长可放宽到4mm，则取两次丈量的平均值，作为该尺段的丈量结果。丈量时，尚需读记温度。

按上述方法依次丈量各尺段。A、B两点间的总距离等于n尺段所量距离之和加余长nB。这称为往测（s_1）。紧接着按同样步骤进行返测（s_2）。往返丈量的目的是为了进行检核和提高量距精度。依丈量精度要求不同，丈量的往返差值，应不超过规范规定。

若精度达到要求时，则取其往返丈量的平均值（s_0），作为最后结果：

$$s_0=\frac{s_1+s_2}{2}$$

往返丈量的距离之差的绝对值与距离平均值之比，并化成分子为1的分数，称为相对精度，用来衡量距离丈量的精度。

$$相对精度=\frac{|s_1-s_2|}{s_0}=\frac{1}{\dfrac{s_0}{|s_1-s_2|}}$$

2．在倾斜地面量距　在倾斜地面丈量距离时，根据地面的倾斜情况，事先定好线，将直线分成若干段，用木桩作好标志。此时丈量方法有两种：

（1）平量法。地面虽呈倾斜状，但各尺段两端点之高差较小时，如图2-15所示，可将钢尺尽量拉成水平状态进行丈量。

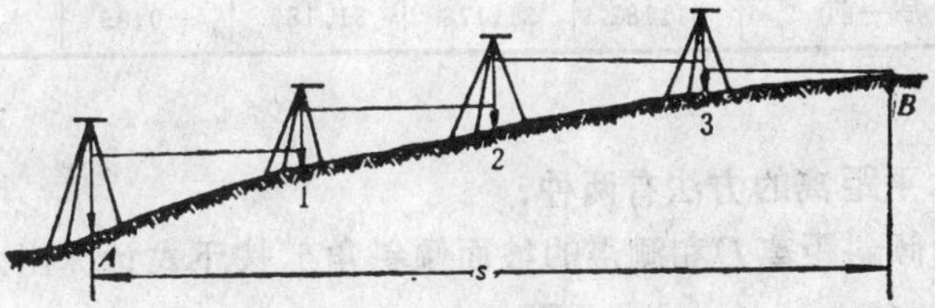

图 2-15

方法是：将钢尺的一端抬高，对准3号桩垂球线，另一端对准B点。或两端同时抬高（如2～3尺段）使钢尺保持水平，按在平坦地面的距离丈量办法，逐段依次进行丈量。最后求出总长度。

（2）斜量法。如果地面起伏、坡度较大，则将待测距离用钢尺沿木桩顶面，丈量出各尺段的倾斜距离，然后用水准仪测定各尺段端点间的高差。根据所测得的倾斜距离和高差，就可把斜距改算成水平距离。

表2-1为沿倾斜地面丈量倾斜距离时的记录手簿。

表 2-1　钢尺量距手簿

日期：　　　　　　　　　　　　　　　　　读数：
天气：　　　　　　　　　　　　　　　　　记录：

边　名	尺段号	读　数	第一次 (m)	第二次 (m)	中　数 (m)	高　差 (m)	温　度 (°C)	备　注
A	*A*	后	39.435	39.403				
		前	0.046	0.010				
	1	后—前	39.389	39.393	39.391	+0.86	+9	
	1	后	43.403	43.846				
		前	0.014	0.456				
	2	后—前	43.389	43.390	43.390	+1.28	+9	往测
	2	后	48.054	47.933				
		前	0.372	0.247				
	3	后—前	47.682	47.686	47.684	−0.14	+9	
	3	后	28.797	28.893				
		前	0.239	0.333				
B	*B*	后—前	28.558	28.560	28.559	−1.03	+8	
B	*B*	后	45.345	46.035				
		前	0.045	0.731				
	3	后—前	45.300	45.304	45.302	+1.08	+7	
	3	后	33.929	34.085				
		前	0.009	0.161				
	2	后—前	33.920	33.924	33.922	+0.10	+8	返测
	2	后	48.601	48.589				
		前	0.018	0.009				
	1	后—前	48.583	48.580	48.582	−1.30	+8	
	1	后	31.582	31.606				
		前	0.400	0.428				
A	*A*	后—前	31.182	31.178	31.180	−0.85	+8	

三、成果计算

倾斜距离换算成水平距离的方法有两种：

其一，是将丈量的倾斜距离D和测得的坡面倾斜角δ，按下式计算出水平距离s：

$$s = D\cos\delta$$

其二，是根据丈量的倾斜距离D和测得的两端点高差h，来求得水平距离s。下面所要讲的就是这一种。

1．丈量水平距离的成果计算　当在平坦地区或起伏不大的坡地直接丈量水平距离时，只须对丈量结果进行尺长改正及温度改正。也就是根据量距时所用钢尺的尺长方程式，算出所用尺子的实际长度，进而对所量距离进行改算。

尺长方程式的一般形式为：

$$L_t = L + \Delta L + \alpha L(t - t_0)$$

式中　L_t——钢尺在温度t时的实际长度，m；

L——钢尺的名义长度，m；

ΔL——尺长改正数，m；

α——钢尺的线膨胀系数，一般约为0.000012（温度变化1℃时）；

t_0——钢尺检定时的温度，℃；

t——钢尺量距时的温度，℃。

例 有一盘50 m钢尺的尺长方程式为：

$$L_t = 50 + 0.006 + 50 \times 1.2 \times 10^{-5}(t - 20℃)$$

用该钢尺在15℃的情况下，量得一段水平距离为148.620 m。试求改正后的水平距离。

解：（1）求量距时钢尺的实际长度为

$$L_t = 50 + 0.006 + 50 \times 1.2 \times 10^{-5}(15 - 20) = 50.003\,\text{m}$$

（2）求实际距离改正数。先求每量一整尺的距离改正数为

$$50.003 - 50.000 = +0.003\,\text{m}$$

丈量148.620 m的距离改正数为

$$\Delta s = 0.003 \times \frac{148.620}{50.000} = 0.009\,\text{m}$$

（3）求改正后的实际距离为

$$s = 148.620 + 0.009 = 148.629\,\text{m}$$

2. 倾斜距离成果改算 沿倾斜地面量得的倾斜距离，除加入尺长改正和温度改正外，还应加入倾斜改正，以求得水平距离。

（1）尺长改正数计算。已知钢尺的尺长改正数为ΔL，则钢尺每米的改正数为$\frac{\Delta L}{L}$。若量得倾斜距离为D，则应加入的尺长改正数为

$$\Delta s_L = D\frac{\Delta L}{L}$$

（2）温度改正数计算。温度改正数计算公式为

$$\Delta s_t = D\mathrm{d}(t - t_0)$$

（3）倾斜改正数计算。如图2-16所示，A、B两点间的高差为h，其水平距离为s，

则 $$D^2 - s^2 = h^2$$

$$(D + s)(D - s) = h^2$$

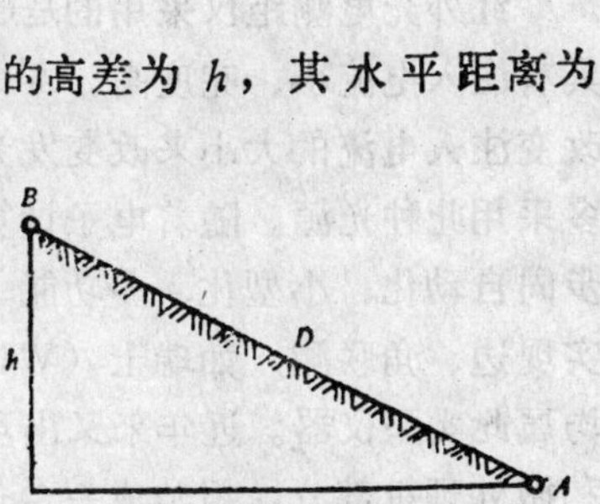

图 2-16

倾斜距离的改正数为

$$\Delta s_h = s - D$$

代入上式

得 $$\Delta s_h = -\frac{h^2}{D + s}$$

由于D与s相差不大，故可近似地将上式改写为

$$\Delta s_h = -\frac{h^2}{2D}\ \text{（改正数恒为负值）}$$

量得的斜距，加入尺长、温度和倾斜改正后，可算出实际水平距离

表 2-2 钢尺量距改正数计算

边名	尺段	尺段长 (m)	温度差 (℃)	高差 (m)	改正数计算（mm）				改正后水平距离 s（m）	备注
					尺长改正	温度改正	高差改正	总改正数		
A	*A*-1	39.391	−11	0.86	+19.7	−5.2	−9.4	+5	39.396	1.尺长方程式
	1-2	43.390	−11	1.28	+21.7	−5.7	−18.9	−3	43.387	$L_t=50m+0.025m+$
	2-3	47.684	−11	−0.14	+23.8	−6.3	−0.2	+17	47.701	$0.000012\times50(t-20)$
	3-*B*	28.559	−12	−1.03	+14.3	−4.1	−18.6	−8	28.551	2.平均水平距离
B									159.035	$s_0=159.018m$
B	*B*-1	45.302	−13	1.08	+22.7	−7.1	−12.9	+3	45.305	3.量距相对误差
	1-2	33.922	−12	0.10	+17.0	−4.9	−0.1	+12	33.934	$\frac{\Delta s}{s_0}=\frac{s_1-s_2}{s_0}$
	2-3	48.582	−12	−1.30	+24.3	−7.0	−17.4	0	45.582	
	3-*A*	31.180	−12	−0.85	+15.6	−4.5	−11.6	0	31.180	$=\frac{0.034}{159.018}=\frac{1}{4800}$
									159.001	
A									159.018	

$$s=D+\Delta s_L+\Delta s_t+\Delta s_h。$$

根据表2-1的量距成果，可计算钢尺量距的三项改正数及最后边长，见表2-2。

第四节 光电测距简介

根据测距所使用的仪器及其原理，可把测距方法分为直接测距、光学测距和光电测距三种。本章第三节里，介绍了直接测距的方法——钢尺量距。在本书第六章地形测图里所讲的视距测量，就是光学测距的内容之一。而本节将要讨论的是光电测距方面的问题。

光电测距仪是个总称，根据它们使用的光源不同，可分为普通光源测距、红外光源测距、激光光源测距；根据仪器测程不同，可分为短程光电测距仪（10km以内）；中程光电测距仪（10～25km）；远程光电测距仪（25km以上）。

短程光电测距仪按其功能，又分为只测距不测角的测距仪、既能测距又能测角的测距仪和全自动电子测距仪。

红外光电测距仪采用的是GaAs（砷化镓）发光二极管作光源。由于GaAs发光二极管具有注入电流小、亮度高、寿命长、耐震、体积小及连续发光的特点，特别是它可以通过改变注入电流的大小来改变发光强度以实现直接调制的优点，因此，目前短程光电测距仪多采用此种光源。随着电子计算机技术及大规模集成电路在测距仪上的应用，测距仪进一步向自动化、小型化、多功能、低功耗方向发展；如将测距仪和经纬仪组装在一起，则可实现边、角联测，如瑞士（Wild）D14，（Kern）DM502，瑞典AGA112，国产HGC-1等均属此类型仪器。近年来又出现了全站型电子速测仪，即把电子数字测角部分、测距仪部分和微处理机部分，组装成一台仪器，如瑞士（Wild）TC1、联邦德国的ELTA-2、美国$HP_{3820}A$等。这类仪器除了能自动显示角度和距离数据外，还可通过微处理机进行必要的计算，以求得水平距离、高差、坐标增量及坐标，还能自动记录、存储、输出，这就使得测量工作大为简化。因此，红外测距仪在控制测量，地形测量和各种工程测量中，正越来越广泛地得到应用。

一、光电测距原理

如图2-17所示，若需测定*A*、*B*两点间的距离，把测距仪安置在*A*点，反光镜安置在

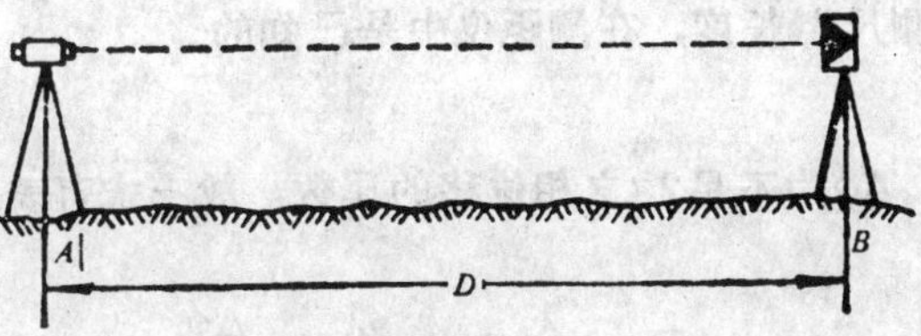

图 2-17

B点。测距仪发出的光束，经过待测距离D到达反光镜后，再反射回到测距仪的接收装置。由于光在大气中的传播速度c值（$3\times10^8\,m/s$）为已知，如果又能知道光在待测距离D上往返传播所需时间t，则距离D为

$$D=\frac{1}{2}ct$$

由上式可知，测定距离D的精度，主要取决于在两点间传播时间t的测量精度。假如要保证$\pm1cm$的测距精度，则时间t要求准确到$\frac{2}{3}\times10^{-10}s$，显然这是难以办到的。如果测距仪发出的是光脉冲，则可通过测定发射的光脉冲和接收到该光脉冲的时间差，即通过测定时间t，将距离D测定出来，这种方法叫脉冲法测距。脉冲法测定距离精度低，只能达到米级精度。所以目前较高精度测距皆采用相位法测距。这样就可以把距离和时间的关系改化为距离和相位的关系。这种间接测定光传播时间的方法是通过测量连续的调制光在待测距离上往返后，产生的相位移动量来间接测定调制光的传播时间，从而求得被测距离。所谓调制光就是在发光管上注入的是按一定频率变化的交变电流，则GaAs发光管发出的光强也将按此频率发生变化。相位式测距仪发出的测距光就是连续的调制光。如图2-18所示，设测距仪在A点发出的调制光，被B点反光镜反射后，又回到A点所经过的时间为t。为便于说明起见，我们将反光镜B反回的光波在测距方向上展开，则调制光来回

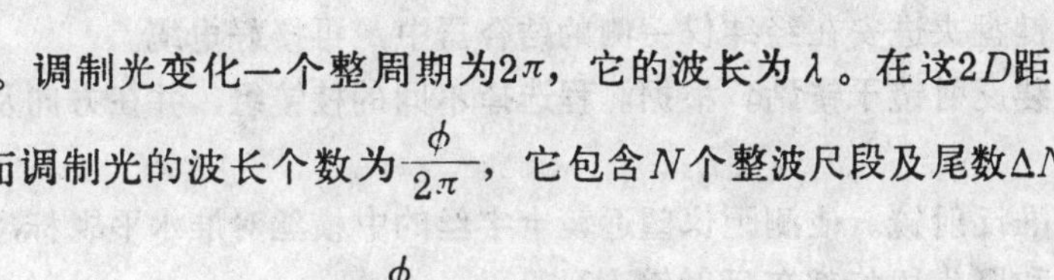

图 2-18

需经过$2D$的路程。调制光变化一个整周期为2π，它的波长为λ。在这$2D$距离里，调制光的相位移为ϕ，而调制光的波长个数为$\frac{\phi}{2\pi}$，它包含N个整波尺段及尾数ΔN，则

$$2D=\lambda\frac{\phi}{2\pi}=\lambda(N+\Delta N)$$

$$D=\frac{\lambda}{2}(N+\Delta N)$$

式中的$\frac{\lambda}{2}$相当于光“测尺”长度，在测距仪中是已知的。

因为$\Delta N=\frac{\Delta\phi}{2\pi}$，$\Delta\phi$为不足$2\pi$之相位移的尾数，故上式可表达为：

$$D=\frac{\lambda}{2}N+\frac{\lambda}{2}\times\frac{\Delta\phi}{2\pi}$$

此式就是相位式测距的基本公式。

需要指出的是，相位式测距仪的相位计只能测定相位移的尾数$\Delta\phi$，却无法测定整周期数N。为确定N值将涉及“测尺”的长短，而测相系统的误差是随“测尺”的增长而增大。为解决既要扩大测程又要提高精度的矛盾，在相位式测距仪中采用一组“测尺”配合测距，即精测用的“短测尺”（精测尺），用以保证精度；粗测用“长测尺”（粗测尺），用以保证测程。精测尺和粗测尺的读数计算距离的工作，是由仪器内部的逻辑电路自动完成的。

二、威尔特DI_5红外测距仪简介

1．仪器概况　DI_5红外测距仪是瑞士威尔特厂继DI_3、DI_4、DI_{4L}之后生产的新型红外测距仪，比前几种更趋小型化和自动化，而且测程和精度也相应地提高。

仪器采用GaAs发光二极管作为光源，发出波长为0.845μm的红外荧光，精测频率为4870255Hz，精测尺长为30.7692m；粗测频率1为74927Hz，粗测频率2为77306Hz。电源电压12V，功耗为5W，接受光强自动调节。

DI_5红外测距仪的测距头重量只有1.1kg，平衡锤重有1.1和0.8kg两种；它安装在经纬仪的盘右位置上，可以进行边角联测；望远镜可以和测距头一起旋转，倾斜测量范围由−65°到天顶；距离测量完全自动化。如果不带键盘，测距仪只能显示斜距。如果用键盘输入竖直角，水平角后，可显示平距、高差、坐标增量等。仪器还可自动加入各种改正数，可以进行跟踪测量。在测量过程中，遇挡光则自动停测，一旦光束恢复，又自动续测。

DI_5红外测距仪可采用两种类型棱镜（圆形和矩形）作为反射镜。圆形棱镜有单块、三块、七块、十一块棱镜组四种。

2．使用概况

（1）安置仪器于测站。先安经纬仪于测站上，对中、整平、然后将DI_5测距头安放到经纬仪的望远镜上。测距头用弹簧夹夹在望远镜的接合器上，锁紧后方能松手。最后挂上电池，并将键盘夹进安在经纬仪一侧的结合器中，再接好电缆。

（2）安装反射镜于镜站。根据测程选择不同的棱镜组，并在方向及高度上对准测距头。

（3）瞄准反射镜。使测距仪望远镜十字丝的中横丝对准水平觇标，竖丝瞄准竖直觇标（水平觇标和竖直觇标都在反射镜上）。

（4）距离测量。

1）设置单位、棱镜、比例改正数开关。这些开关在用DI_5测量之前应放在需要的位置上。如：确定测量单位是米或英尺；棱镜类型是圆形或矩形；角度单位是360°。

设置比例改正数开关，其开关位置可由DI_5测距仪说明书中查取。根据开关设置的位置，测出的斜距在显示前与相应的乘因数相乘，就能得到改正后的距离。在开关幅度范围内，改正数与距离成正比（如气象改正、海平面改正，投影比例因数改正)，故能自动改算。如果愿意用手算或电算改正，或者改正数超出开关设置的范围，则将开关放到位置16（此时乘因数等于1，改正数等于0)，然后在测得的斜距中加入手算或电算的改正数。

2）设置减光板。DI_5有手动减光和自动滤光两种办法调节信号强度。测20m以内的距离，减光板的板把向下扳，让减光板起作用，遮盖发光二极管。测20m以上的距离，板把向上扳，则减光板不起作用。测量时，信号强度受自动滤光器控制。

3）DI_5，未装键盘时，只能用DI_5上的[DIST]、[TEST]、[OFF]三个键，其中触动[DIST]和[TEST]键，DI_5都应发出嘟嘟声；只测斜距，可只用这三个键。

4）常规测距。触动DI_5上的[DIST]键，就启动了红外测距仪，开始常规测距，约6s后显示斜距。

5）跟踪测距。先触动DI_5上的[DIST]键，然后触动[TEST]，经过1～2s后，就开始跟踪测距，斜距的修正值每2.5s显示一次。按[OFF]、[TEST]或[DIST]键，跟踪测量就停止了。

6）距离显示。显示的最大距离为9999.99m，这超过了DI_5的正常测程。距离在0～1999.999m，显示到0.001m；2000～9999.99m，只显示到0.01m。

7）信号太弱或太强。如果测距信号太弱或者光束被挡，则在显示窗的右下方出现一个点（距离大于20m时，减光板板把应向上扳)。如无法进行测距，就应关上电源开关[OFF]停止测量。如果测距仪信号太强，DI_5自动转变为检验状态。

8）电池自动断开。如果触动[DIST]键后，由于蓄电池电压太低，DI_5将停止测量，并自动转变为检验状态。

9）检验状态[TEST]。触动[TEST]键，DI_5立刻处于检验状态。

10）显示平距、高差、坐标增量。只测斜距时，可不用键盘。用键盘可显示平距、高差和坐标增量等。测定斜距后，通过键盘输入竖直角，按[CE]键调出斜距，按[◿]键显示平距，按[◸]键显示高差（同时给出正负号)。再按相应的键，输入水平角，便可计算坐标增量，并同时给出坐标增量的符号。

第五节　直线定向

为了确定地面上两点间平面位置的相对关系，除了测定两点间的水平距离外，还需确定该直线的方向。一条直线的方向是根据某一标准方向来确定的。确定一直线与某一标准方向间的夹角关系，称为直线定向。

一、标准方向的种类

在测量中常采用的标准方向有真子午线，磁子午线和平面直角坐标系的纵坐标轴。

1．真子午线方向　通过地球表面某点的真子午线的切线方向，称为该点的真子午线方向。也称真北方向。真子午线方向是用天文测量方法确定的，也可用陀螺经纬仪来测定。

2．磁子午线方向　磁子午线是磁针在地球磁场的作用下，磁针自由静止时其轴线所指的方向，也称磁北方向。磁子午线方向可用罗盘仪测定。

3．坐标纵轴方向　在第一章里已述及，我国采用高斯平面直角坐标，每6°带或3°带内都是以该带的中央子午线作为坐标纵轴。因此，该带内的直线定向，就用该带的坐标纵轴方向作为标准方向，也称坐标北向。

二、直线方向的表示

直线的方向是以“方位角”来表示的。某直线的方位角，是从标准方向北端起顺时针量到该直线的水平角。如图2-19所示，当以ON为标准方向时，直线OA、OB、OC、OD的方位角分别为$\angle NOA$、$\angle NOB$、$\angle NOC$、$\angle NOD$。

当以真子午线方向为标准方向时，则直线的方位角叫做真方位角，常以A表示。当以磁子午线方向为标准方向时，则直线的方位角叫做磁方位角，常以A_m表示。当以坐标纵轴方向为标准方向时，则直线的方位角叫做坐标方位角，常以α表示。

为了使用和计算上的方便，可将大于90°的坐标方位角化为小于90°的值，即为象限角。象限角是指某直线与坐标纵轴间所夹的锐角。如图2-20中：直线OA、OB、OC、OD的象限角分别为R_{OA}、R_{OB}、R_{OC}、R_{OD}。直线的象限角与其坐标方位角的关系，如图2-21和表2-3所示。

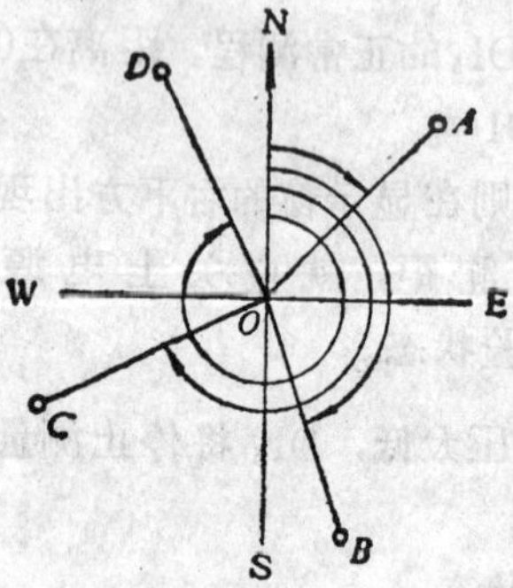

图 2-19

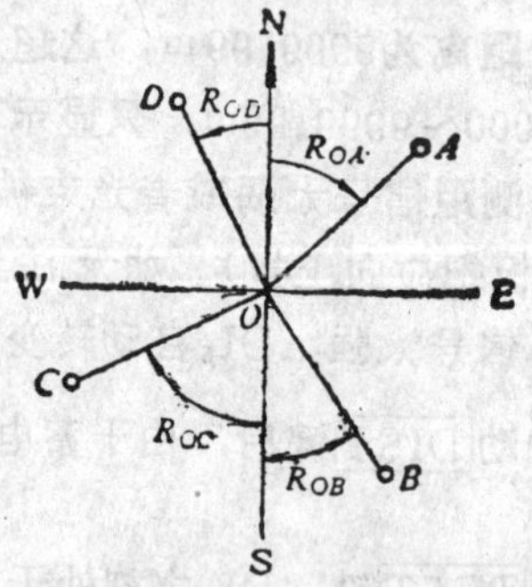

图 2-20

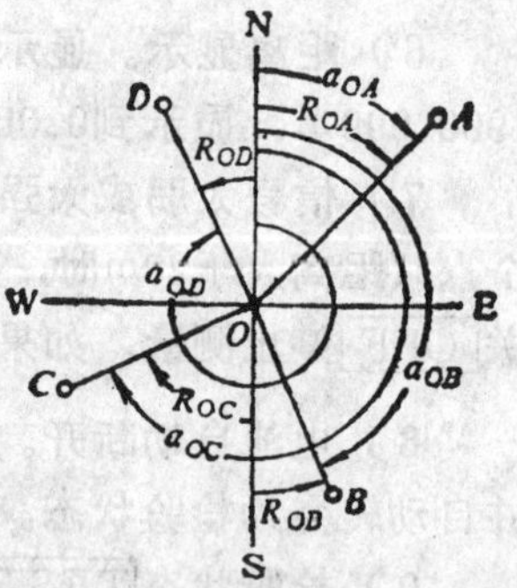

图 2-21

表 2-3　象限角与坐标方位角的关系

象限	由坐标方位角推算象限角		由象限角推算坐标方位角
Ⅰ	$R=\alpha$	北东	$\alpha=R$
Ⅱ	$R=180°-\alpha$	南东	$\alpha=180°-R$
Ⅲ	$R=\alpha-180°$	南西	$\alpha=180°+R$
Ⅳ	$R=360°-\alpha$	北西	$\alpha=360°-R$

三、几种方位角之间的关系

1．真方位角与磁方位角之间的关系　由于地磁南北极与地球南北极不重合，因此，过地面某点的真子午线与磁午线方向常不重合，两者之间的夹角称为磁偏角，如图2-22中的δ角。磁针北端偏于真子午线方向以东，称为东偏。偏于真子午线方向以西，称为西偏。因此，直线的真方位角与磁方位角之间，可用下式换算：

$$A=A_m+\delta$$

上式中的δ值，东偏时取正值；西偏时取负值。

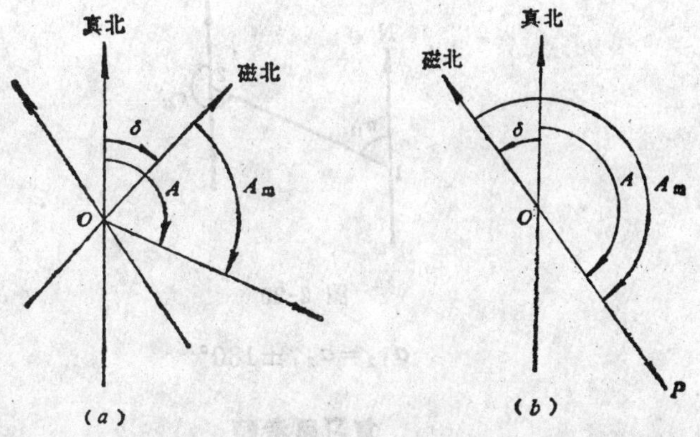

图 2-22

地球磁场是经常变化的，因此，地面上各点的磁偏角并不是固定不变的。

2．真方位角与坐标方位角之间的关系　由于6°带或3°带的中央子午线在高斯投影面上是一条直线，并作为这个带的坐标纵轴(X轴)，而过椭球面上某点的子午线投影后均为曲线。如图2-23所示，图中过地面点M、N等点的真子午线方向与中央子午线的夹角，称为子午线收敛角，用γ表示。子午线收敛角γ的大小与点的纬度和点的经差有关。纬度愈高，γ愈大，这说明愈接近北极，子午线收敛角愈大；经差愈大、γ愈大，这说明离中央子午线愈远，子午线收敛角愈大。γ角有正有负。如图2-24所示，地面点在中央子午线以东地区，γ为正值；在中央子午线以西地区，γ则为负值。

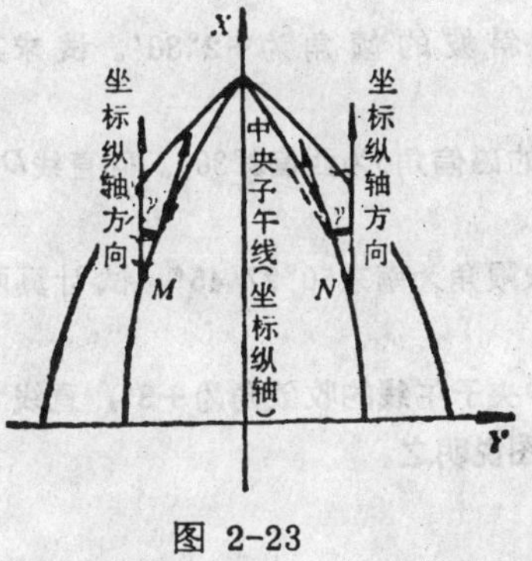

图 2-23

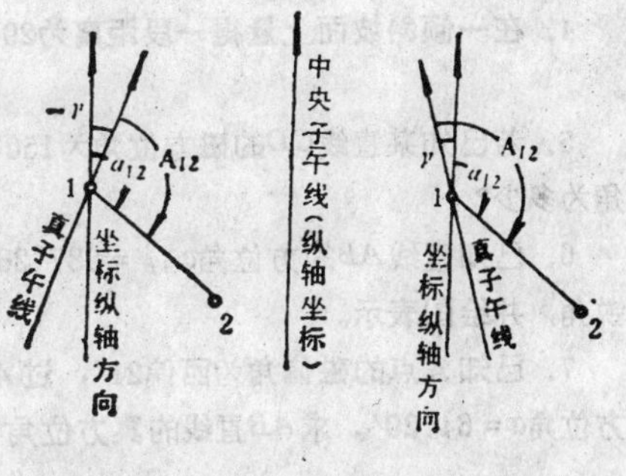

图 2-24

真方位角与坐标方位角之间的关系，如图2-24所示，可用下式进行换算：

$$A=\alpha+\gamma$$

3．坐标方位角与磁方位角的关系　若已知某点的磁偏角δ与子午线收敛角γ，则坐标方位角与磁方位角之间的换算式为

$$\alpha=A_m+\delta-\gamma=A_m+\delta_m$$

式中的δ_m称为坐标磁偏角，它是δ与γ的代数和。

4．正、反坐标方位角之间的关系　测量工作中的直线都是具有一定方向的。直线前进方向的方位角叫正方位角，其相反方向的方位角叫反方位角。如图2-25所示，直线1-2的点1是起点，点2是终点。若α_{12}为直线1-2的正方位角，则α_{21}就是该直线的反方位角。故同一直线的正反方位角正好相差180°，即

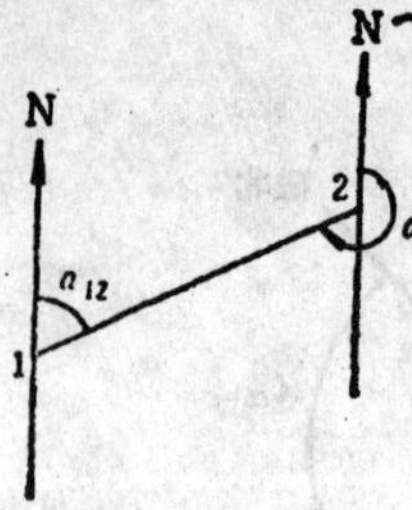

图 2-25

$$\alpha_{12}=\alpha_{21}\pm 180°$$

复习思考题

1．名词解释：

方位角、真方位角、磁方位角、坐标方位角、子午线收敛角、磁偏角、直线定向。

2．有一盘钢尺的尺长方程式为

$$L=30.000-0.004+30.000\times 0.000012(t-20)$$

用该钢尺在温度为30°C，高差为1.2m的两点间，施以检定时的拉力，丈量斜距为80.567m。求两点间实际的水平距离是多少？

3．怎样衡量距离丈量的精度？现丈量了AB、CD两段距离，AB往测为246.68m，返测为246.58m；CD往测为358.17m，返测为358.27m。问该两段距离丈量的精度是否相同？如果不同，哪段量得精度更高些？为什么？

4．在一倾斜坡面上量得一段距离为29.85m，同时测得该斜坡的倾角为+2°30′。试求其水平距离。

5．若已知某直线CD的磁方位角为150°30′，又知此地区的磁偏角δ为西偏3°30′。问直线DC的真方位角为多少？

6．已知直线AB的方位角$\alpha_{AB}=287°20'30''$，直线BC的象限角为南东50°27′45″。试计算两直线夹的锐角，并绘图表示。

7．已知A点的磁偏角为西偏21′，过A点的真子午线与中央子午线的收敛角为+3′，直线AB的坐标方位角$\alpha=64°20'$。求AB直线的真方位角与磁方位角，并绘图说明之。

第三章　水准测量

为了测定地面点的高程，一般总是先测定未知点和已知点间的高差，然后，根据已知点的高程，推算未知点的高程。水准测量就是测定地面点高程的一种精密测量方法。它适用于平坦地区。

第一节　水准测量原理

如图3-1所示，已知地面A点的高程为H_A，为求地面B点的高程H_B，首先需测出A、B两点间的高差。为此，在A、B两点上分别竖立一根尺子，在A、B两点间安置一台能提供一条水平视线的仪器。这种尺子称水准标尺，简称水准尺或标尺；这种仪器叫水准

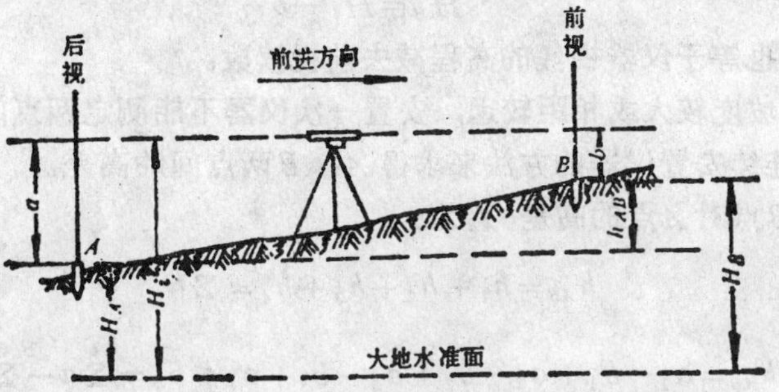

图 3-1

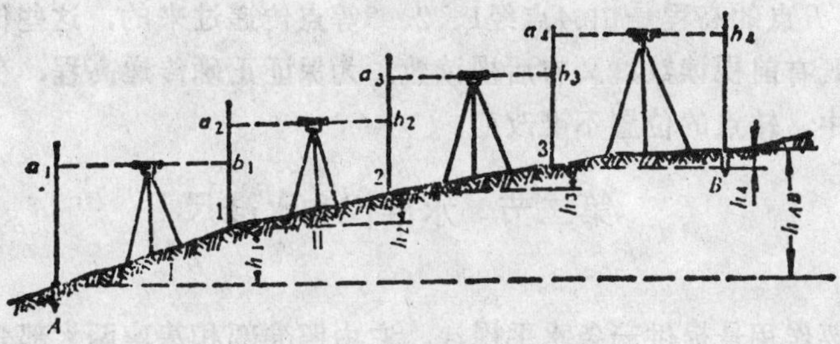

图 3-2

仪。利用水准仪给出的水平视线，在已知点A处标尺上取得的读数为a，在未知点B处标尺上的读数为b。若AB为水准测量的前进方向，则读数a称后视读数，读数b称前视读数前视点B对后视点A的高差h_{AB}为：

$$h_{AB}=a-b=\text{后视读数}-\text{前视读数} \tag{3-1}$$

当前视点B比后视点A高时，$a>b$，高差为正，反之则为负。

若已知后视点A的高程为H_A，又规定了前视点B对后视点A的高差h_{AB}，则前视点B的高程等于后视点的高程加前视点对后视点的高差，即

$$H_B=H_A+h_{AB}$$

或
$$H_B=(H_A+a)-b \tag{3-2}$$

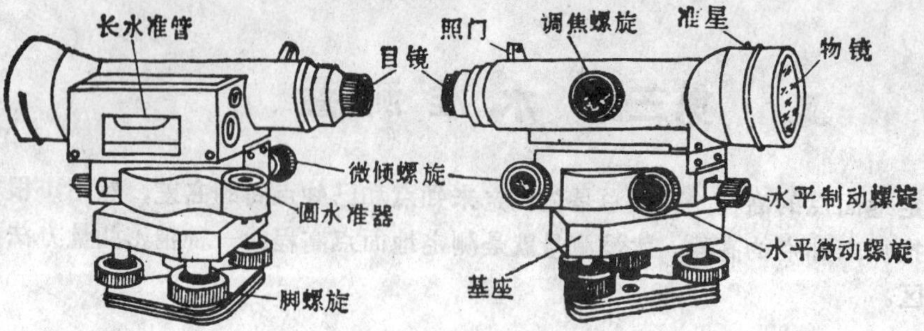

图 3-3

设仪器视线的高程为H_i，由图3-1知：

$$H_i = H_A + a$$

将上式代入（3-2）式得：

$$H_B = H_i - b \tag{3-3}$$

即前视点的高程，也等于仪器视线的高程减去前视读数。

若A、B两点坡度较大或相距较远，安置一次仪器不能测定两点间的高差时，如图3-2所示，可采用连续安置仪器的方法来求得A、B两点间的高差。

由图3-2知，B点对A点的高差h_{AB}为：

$$h_{AB} = h_1 + h_2 + h_3 + h_4 = \sum_1^4 h$$

或
$$h_{AB} = a_1 - b_1 + a_2 - b_2 + a_3 - b_3 + a_4 - b_4 = \sum_1^4 a - \sum_1^4 b \tag{3-4}$$

故
$$H_B = H_A + h_{AB} \tag{3-5}$$

由图3-2知，B点的高程是由A点经1、2、3等点传递过来的，这些传递高程的点称转点。在转点上，既有前视读数，又有后视读数。为保证正确传递高程，在由前视读数转向后视读数的过程中，转点的位置不准改变。

第二节　水准仪和水准尺

一、水准仪

水准仪的主要作用是提供一条水平视线，它由照准部和基座两大部分组成，图3-3是我国生产的S_3型水准仪的外貌。下面以国产S_3型水准仪为例，介绍各部分的构造和作用。

照准部主要由望远镜和水准管组成，此外，还有圆水准器、制动螺旋、微动螺旋和微倾螺旋等。

望远镜和水准管连成一个整体，借助水准管可使望远镜视线水平。望远镜上有物镜、目镜和用作粗略瞄准目标的准星、照门。

圆水准器、制动螺旋和微动螺旋均装在照准部底盘上。圆水准器作粗略整平仪器用。制动螺旋和微动螺旋，用来控制望远镜在水平方向的转动。松开制动螺旋，望远镜可以绕竖轴旋转至任何方向，拧紧制动螺旋，望远镜就固定。微动螺旋只有在制动螺旋拧紧之后才起作用；这时，转动微动螺旋，可使望远镜作缓慢转动，以精确瞄准目标。应注意的是，微动螺旋的旋进、旋出均有一定限度，超过此限度，将导致微动螺旋失效。

微倾螺旋用来调节水准管连同望远镜一起在竖直面内作微小的转动，从而使望远镜视线精确水平。

基座呈三角形，其中心是一个空心轴套，照准部的竖轴就插在这个轴套内。当照准部转动时，基座保持不动。基座内安装了三个脚螺旋，转动脚螺旋可调节圆水准器，使仪器大致水平。基座底板的中央有一个螺母，用来连接三脚架架头上的中心螺旋，从而使水准仪固连在三脚架上。

三脚架常为木质制品，如图3-4所示，其作用是安置水准仪。三脚架上的三条腿一般可以伸缩，伸缩的长短由装在架腿上的蝶形螺旋控制。

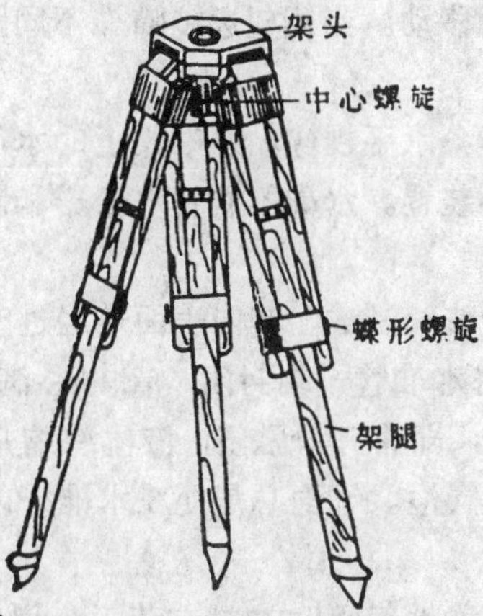

图 3-4

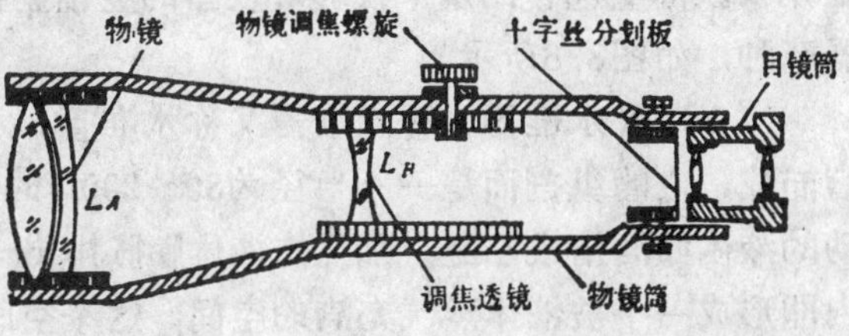

图 3-5

1．望远镜的构造　望远镜由物镜、目镜、十字丝板和调焦透镜四部分组成，如图3-5所示。

物镜、目镜都由两片或两片以上不同形状的透镜组成。物镜装在物镜筒的前面，它的作用是使目标成象。目镜装在物镜筒后面的目镜筒内。目镜的作用是放大十字丝平面上的影象，转动目镜可使十字丝清晰。十字丝板装在金属环上，并固定在望远镜镜筒内，金属环上还装有四个校正螺丝（见图3-6）。当拧动相对两个校正螺丝时，十字丝板可以沿着这两个螺丝的方向移动。

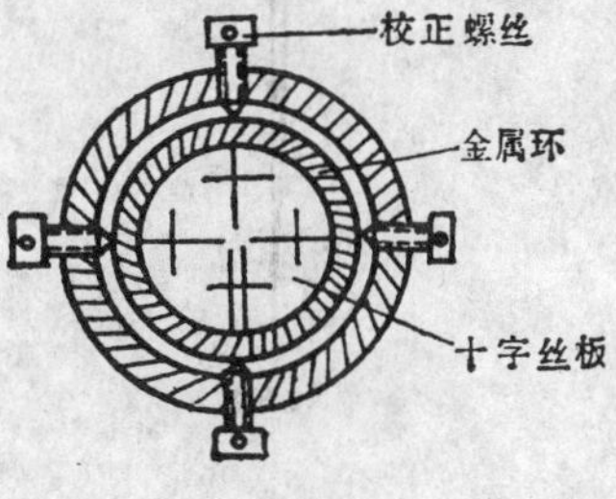

图 3-6

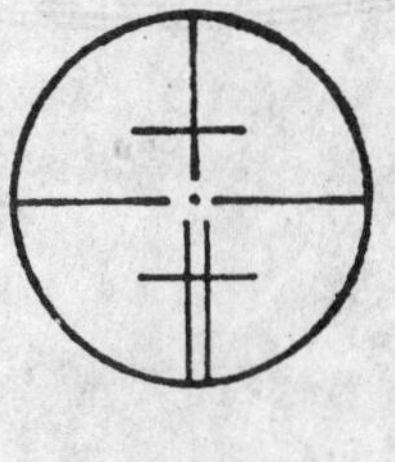
图 3-7

十字丝板上刻有十字形的细丝，常见的十字丝形状如图3-7所示。竖直的称竖丝，中间的水平长丝称中丝，上、下两根短丝称上、下丝；上、下丝是用来测定距离的，又称视距丝。十字丝交点与物镜光心的连线称望远镜的视准轴。视准轴可用来瞄准目标。

(a)　　(b)

图 3-8

转动物镜调焦螺旋，可使调焦透镜在物镜筒内前后移动。当用望远镜瞄准不同距离的目标时，在十字丝平面上都能看到清晰的形象。

2．水准器　为了测定地面点间的高差必须给出一条水平视线，水准仪上的水准器就是用来获得望远镜的水平视线和仪器的竖轴竖直的一种装置。水准器有管水准器和圆水准器两种，如图3-8所示。

（1）管水准器。管水准器又称水准管。水准管用玻璃制成，其内表面是经过专门打磨而成，它的纵剖面是一个半径为80～200m的圆弧。将水准管一端封闭，管内注满易流动的液体如酒精或乙醚，加热使液体膨胀排出一部分后，即将开口融闭，液体冷缩后，管内即形成一个被液体蒸气充满的空间，这个空间称水准气泡。气泡总是处在水准管内的最高处。

在水准管的外表面上，以内表面的中点为零点，对称地每隔2mm刻有若干分划线。当气泡中点与水准管零点重合时，称气泡居中。过水准管零点所作的圆弧切线就叫水准轴，如图3-9(a) 所示。校正好的水准管，其水准轴与水准仪的视准轴平行。所以，当水准气泡居中时，水准仪望远镜视准轴就处于水平位置。

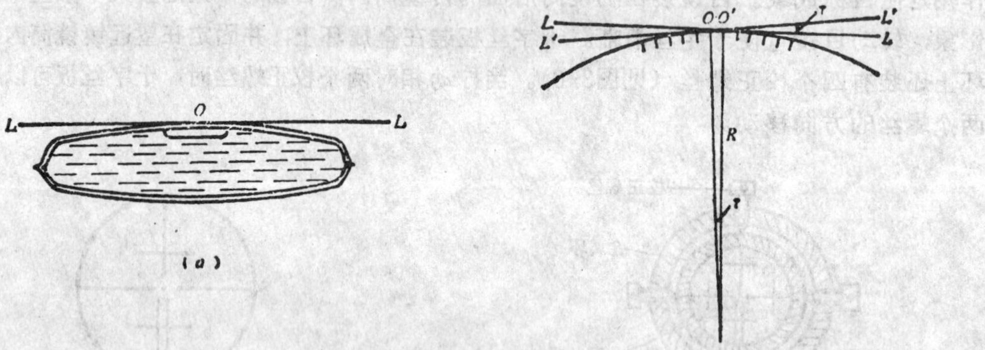

图 3-9

水准管上两相邻分划线弧长所对的圆心角称水准管的分划值，用τ表示。τ同时也是气泡移动一格时，水准轴倾斜的角度。设水准管内表面的曲率半径为R，相邻两分划的弧长为2mm，则由图3-9（b）可知：

$$\tau'' = \frac{2}{R}\rho'' \quad (3\text{-}6)$$

即R值愈大，τ''愈小。测量仪器水准管的分划值一般为$4''\sim120''$。

水准气泡移动至最高点的能力，称水准器的灵敏度。它主要取决于水准管的分划值，同时与水准管内表面打磨的质量、气泡长度、液体性质和温度等因素有关。分划值τ愈小，灵敏度愈高，要使气泡静止在某一指定位置，也就更困难。

（2）圆水准器。圆水准器是一个密封的玻璃圆盒，它的制造方法与管水准器基本一样，只不过其内表面是球面的一部分，其球面半径一般在0.5～2m之间，故它的灵敏度较低，只作粗略整平仪器用。

圆水准器外表面刻有一个小圆，其圆心为圆水准器的零点；通过零点的球半径称圆水准器的水准轴，简称圆水准轴，如图3-10所示。当气泡位于小圆内时，圆水准轴就处于垂直位置，此时，切于圆水准器零点的平面也就水平了。

圆水准器上有三个校正螺旋，供校正圆水准轴用。

（3）符合水准器。为了提高目估管水准器气泡居中的精度，现在生产的多数水准仪，均在水准管的上方装有棱镜系统，如图3-11所示。当水准管半边气泡两端的影象符合时，就表示气泡已经居中（图3-11c），否则气泡就没有居中（图3-11b）。在水准测量时，转动微倾螺旋可使符合水准气泡影象符合即气泡居中。

二、水准尺

水准尺一般采用伸缩性小、不易弯曲变形且质地坚硬的木料，经专门干燥处理后制成。水准尺有单面刻划和双面刻划两种，如图3-12所示。尺长一般为3m，尺面分划采用区格式，每隔1cm涂有黑白或红白相间的分格，每dm注有阿拉伯数字。为倒象望远镜观测时能看到正字，数字常倒写。双面水准尺的一面为黑白相间称黑面尺，另一面为红白相间称红面尺。黑面尺尺底分划为零，红面尺尺底分划为某一数值，如4687或4787等。这样注记的目的是利用红、黑面读数之差为一常数，来检查两尺面读数是否有错。

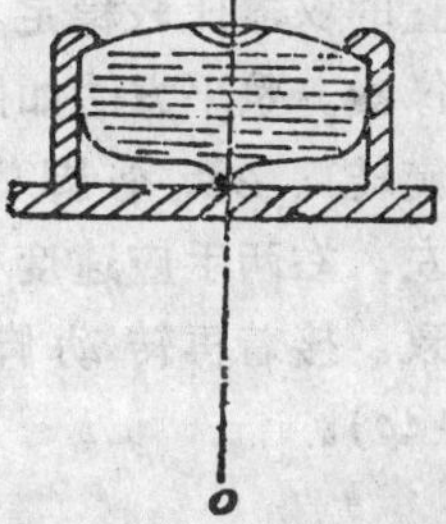

图 3-10

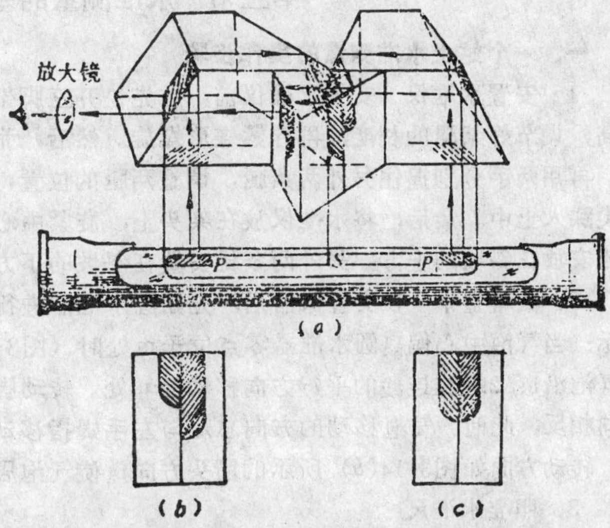

图 3-11

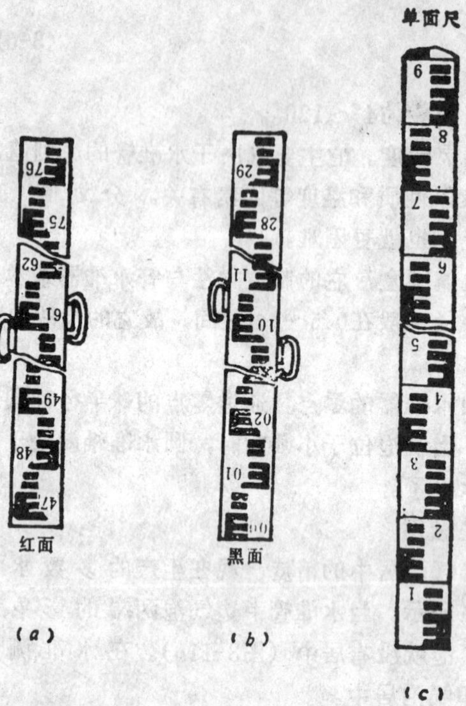

图 3-12

图 3-13

三、尺垫

尺垫是用生铁铸成的，其形状一般为三角形，它的上表面中央有一突起的半球形圆顶，用以放置水准尺，尺垫下部有三个尖脚（图3-13）。

水准测量时，只需在转点上安放尺垫，并将三个尖脚踩入土中，即可在尺垫的圆顶上竖立水准尺。

第三节　水准测量的基本方法

一、一个站上水准测量的操作步骤

1．安置水准仪　安置水准仪前，首先松开三脚架架腿上的蝶形螺旋，根据观测者的身高，调节好架腿的长度，再拧紧蝶形螺旋。然后，张开三脚架将三脚架的一条腿先放稳，再用两手分别握住另外两条腿，调整两腿的位置，目估使架头大致水平，并将三脚架脚尖踩入土中。最后，将水准仪放在架头上，旋紧中心螺旋。当地面坡度较大时，应将一条腿安放在斜坡的上方；另外两条腿安置在斜坡的下方，这样安置的仪器比较稳定。

2．概略整平　在安置仪器后，先用圆水准器进行概略整平仪器。整平方法如图3-14所示：当气泡中心偏离圆水准器零点位于m处时（图3-14*a*），先旋转1、2两个脚螺旋，使气泡沿1、2螺旋连线的平行方向移动至n处。转动脚螺旋时，左、右两手应速度相同、方向相反，此时，气泡移动的方向总是与左手姆指移动的方向一致。接着再转动脚螺旋3，转动方向如图3-14(*b*)所示的箭头方向，使气泡居中（图3-14*c*）。

3．照准水准尺

（1）转动目镜筒，使十字丝清晰称目镜调焦；

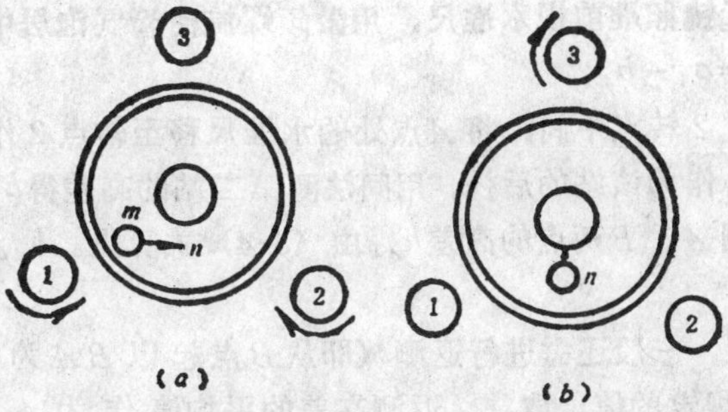

图 3-14

（2）松开制动螺旋，用望远镜瞄准水准尺，再固紧制动螺旋；

（3）转动物镜对光螺旋，进行物镜调焦，并消除视差。其方法是：转动物镜对光螺旋，使水准尺影象清晰，然后，用眼睛在目镜处上下左右作少量移动，如十字丝与水准尺影象间出现相对运动现象，这种现象称视差。视差不利于精确读取水准尺读数，因此，应重新进行物镜调焦，直至水准尺影象落在十字丝板上，即用眼睛在目镜处上下移动，十字丝与水准尺影象不再出现相对运动为止，此时，可认为视差已消除。

（4）转动微动螺旋，使十字丝竖丝位于水准尺中线附近。

4．精密整平　转动微倾螺旋，使水准管气泡居中或使符合水准气泡的两半影象符合，此时，视线便精密水平。图3-15(*a*)、(*b*) 分别表示微倾螺旋转动方向与符合气泡移动方向之间的关系。旋转微倾螺旋的速度应缓慢均匀，在两半影象将要符合时更应注意。

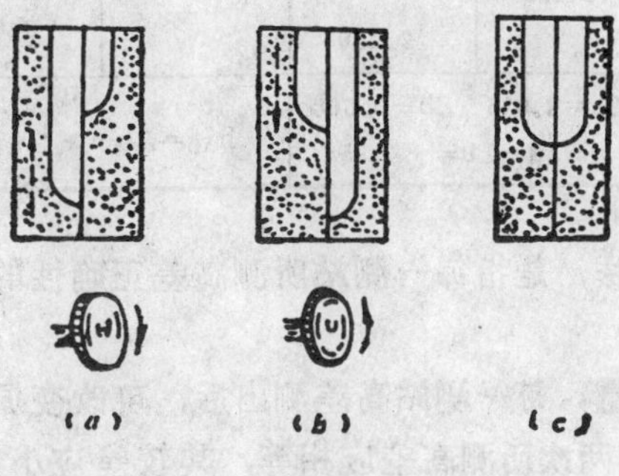

图 3-15

5．读数　水准管气泡居中后，即可用中丝在水准尺上读数。由于望远镜中看到的水准尺一般为倒象，所以读数时应从上往下，由小到大读取，读数要准确而迅速，一般报四位数字即估读到毫米，而不读出它们的单位。例如1.573m读成1573，0.085m读成0085。

二、多站水准测量的方法

1．观测、记录和计算　今以图3-2为例，欲测A、B两点间的高差，因A、B两点间坡度较大或相距较远，必须选择3个转点，分别测出A1、12、23、3B各段的高差，取其和测得A、B两点间的高差。设AB为水准测量的前进方向，其测量程序如下：

（1）在后视点A和前视转1上分别竖立水准尺，在A、1两点中间安置水准仪；

（2）概略整平仪器，用望远镜照准后视水准尺，再用微倾螺旋使管气泡居中，读取中丝读数记为a_1；

（3）松开制动螺旋，转动望远镜照准前视水准尺，用微倾螺旋使管气泡居中，用中丝读数记为b_1，则得第一站高差$h_1=a_1-b_1$；

（4）搬站即将仪器安置在1、2转点中间，将A点处的水准尺移至转点2作为该站的前视，立于转点1的水准尺不动，作为该站的后视，用同法测第二站的高差得$h_2=a_2-b_2$。然后，再测第三站第四站等，则A、B两点的高差h_{AB}由（3-4）式算得。h_{AB}称往测高差，其记录计算及检核见表3-1；

（5）为保证所测高差的正确性，一般还需进行返测（即从B点起以BA为前进方向）。若往、返测高差之差小于规范规定的值，取往、返测高差的平均值作为A、B两点的高差。

表 3-1　水准测量记录用表

记录者：王力　　　　　　　　　　　　　　　检核者：李平

测站	转点号	读数		高差		高程	备注
		后视	前视	+	—		
1	A 转1	2.436	0.358	2.078		124.816	
2	转1 转2	2.547	0.402	2.145			
3	转2 转3	2.211	0.858	1.353			
4	转3 B	1.432	2.050		0.618	129.774	
检核计算	Σ	$\Sigma a=3.626$　$\Sigma b=3.668$ $h_{AB}=\Sigma a-\Sigma b=+4.958$		$h_{AB}=\Sigma h=+4.958$			

2．测站检核　测站检核，是指每一测站所测高差正确性的检查，其检查方法有两种。

（1）改变仪器高度测量，每一测站高差测出后，可改变原仪器高度即将仪器升高或降低0.1m以上，再测一次，两次所测高差应相等，其较差应小于规定值。

（2）双面水准测量，每一站用黑面和红面测得的高差应相等，同一根标尺红、黑面读数之差应等于尺常数（4687或4787），其较差应小于规定值。

以上两种方法，只能检查读数是否有错，不能检查在搬站过程中，转点位移而产生的错误。

三、注意事项

（1）仪器应安置在土质坚实的地方，且前后视距应尽量相等。当前后视视距相差较大时，可移动前视转点或仪器位置；

（2）在搬站的过程中，前视转点上的扶尺员应注意转点的位置不让改变；

（3）观测时要打伞，避免阳光照射仪器；

（4）每次读数前，必须使水准管气泡居中；

（5）记簿者对观测者所读之数，应复报一遍，确信无误后再记入手簿，并要按格式记录，字迹清晰，不准涂改；

（6）水准尺必须立直；尺上有圆水准器时，应注意使圆水准器气泡居中，并将尺扶稳。

四、内业计算

内业计算前，首先应检查观测手簿，检查内容包括手簿中的高差和总检查项的计算。当手簿计算无误并符合规定要求时，方可进行内业计算。内业计算包括下列内容：

1．水准路线高差闭合差计算　水准路线高差闭合差计算，因路线形状不同有不同的计算公式。

（1）附合路线。附合路线是指从已知点A开始，经过若干个未知点1、2……n再附合到另一已知点B的水准路线，如图3-16所示。设水准路线中各测段观测高差为h'_{A1}、h'_{12}……h'_{nB}，A、B两点的已知高程为H_A和H_B，则B点的观测高程H'_B为：

$$H'_B = H_A + \Sigma h'$$

由于观测中存在误差，B点的观测高程不等于已知高程，其较差称附合路线高差闭合差，记作f_h，则：

$$f_h = H'_B - H_B = \Sigma h' - (H_B - H_A) \qquad (3\text{-}7)$$

图 3-16

（2）闭合路线。所谓闭合路线是指从已知点A出发，经过未知点1、2……5等，最后又回到原已知点A的水准路线，如图3-17(a)所示。设各测段观测高差为h'_{A1}、h'_{12}……h'_{5A}，则闭合路线各测段观测高差总和在理论上应等于零。若不等于零，其值称闭合路线高差闭合差，即

$$f_h = \Sigma h' \qquad (3\text{-}8)$$

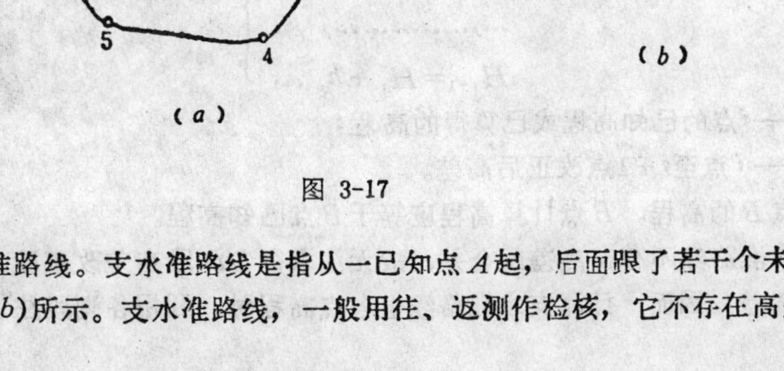

图 3-17

（3）支水准路线。支水准路线是指从一已知点A起，后面跟了若干个未知点的水准路线，如图3-17(b)所示。支水准路线，一般用往、返测作检核，它不存在高差闭合差。

表 3-2 高差闭合差限值

等　　级	往返测较差、路线或环线闭合差（mm）	
	一般地区	山　区
等　外	$\pm 35\sqrt{R}$	$\pm 50\sqrt{R}$

注：R为测段、路线、环线长度，以km为单位；当测段长度小于1km时，R按1km计算。

2．高差闭合差的分配　当水准路线高差闭合差不超过（规范）规定的值（表3-2）时，即可进行闭合差分配。

高差闭合差是由于在水准测量中存在误差而产生的。一般认为，高差闭合差是路线上各站（或每一单位长度）误差的积累，测站数愈多（或路线愈长）测量误差的积累也愈大。因此，高差闭合差以相反符号与测站数（或路线长）成比例地分配于各测段比较合理。

（1）按测站数成比例分配，则第 i 测段的高差改正数为：

$$V_i = -\frac{f_h}{\Sigma n} n_i \tag{3-9}$$

式中　f_h——全水准路线高差闭合差；

Σn——全水准路线总站数；

n_i——第 i 测段的站数。

（2）按路线长度成比例分配，则第 i 测段高差改正数为：

$$V_i = -\frac{f_h}{\Sigma R} R_i \tag{3-10}$$

式中　ΣR——全水准路线总长度；

R_i——第 i 测段的长度。

3．水准点高程计算

（1）计算各测段改正后的高差 h_i，其计算公式为：

$$h_i = h_i' + V_i \tag{3-11}$$

式中　h_i'——第 i 测段观测高差；

V_i——第 i 测段高差改正数。

（2）计算各点的高程，其公式为：

$$\left.\begin{aligned} H_1 &= H_A + h_{A,1} \\ H_2 &= H_1 + h_{1,2} \\ &\cdots\cdots\cdots\cdots \\ H_{i+1} &= H_i + h_{i,i+1} \end{aligned}\right\} \tag{3-12}$$

式中　H_i——i点的已知高程或已算得的高程；

$h_{i,i+1}$——i点至$i+1$点改正后高差。

直至算得终点B的高程。B点计算高程应等于B点已知高程。

由于支水准路线不存在高差闭合差，故无法求得各测段高差改正数，也无法求得各测段改正后的高差。因而，计算支水准路线上各点高程时，可用各测段往、返测平均高差代替各测段改正后高差。

例 某附合水准路线，其已知点A、B的高程和各测段观测高差和距离见表3-3，试求1至7点的高程。

表 3-3 附合水准路线高程计算表

点 号	距离（km）	高差（m）	改正数（mm）	改正后高差	高程（m）	点 号
A					46.851	A
	1.4	−1.875	+12	−1.863		
1					42.988	1
	1.6	−3.438	+14	−3.424		
2					39.564	2
	1.4	+2.004	+13	+2.017		
3					41.581	3
	2.0	+1.006	+18	+1.024		
4					42.605	4
	1.0	−3.604	+9	−3.595		
5					39.010	5
	1.5	−3.344	+14	−3.330		
6					35.680	6
	1.0	−0.326	+9	−0.317		
7					35.363	7
	1.0	−0.875	+9	−0.866		
B					34.497	B
Σ	10.9	$\Sigma h'=-10.452$ $H_B-H_A=-10.354$ $f_h=-0.098$m $f_{hy}=\pm35\sqrt{10.9}$ $=\pm116$mm	$\Sigma V=+98$	$\Sigma h=-10.354$		

解：高程计算见表3-3，其计算步骤为：

（1）计算高差闭合差f_h和允许误差f_{hy}。

$$f_h=\Sigma h'-(H_B-H_A)=-98\text{mm}$$

$$f_{hy}=\pm35\sqrt{\Sigma R}=\pm116\text{mm}$$

因为$f_h<f_{hy}$，可将f_h分配于各测段。

（2）计算各测段高差改正数（见表）公式为：

$$V_i=-\frac{f_h}{\Sigma R}R_i$$

（3）计算改正后高差（见表），其公式为：

$$h_i=h_i'+V_i$$

（4）计算各点高程（见表），其公式为：

$$H_{i+1}=H_i+h_{i,i+1}$$

第四节 水准仪的检查和校正

如图3-18所示，水准仪有视准轴ZZ、竖轴VV、水准管轴LL和圆水准器轴$L'L'$。根据水准测量原理，为保证水准测量时视准轴处于水平位置、水准仪要求：圆水准器轴平行于竖轴，视准轴平行于水准管轴，中丝垂直于竖轴。但水准仪由于搬运、震动和长期使用，常不能满足以上要求，所以，在水准测量前和测量过程中应进行仪器的检验和校正。

一、圆水准器轴应平行于仪器竖轴

1．检验方法　将仪器安置在三脚架上，用脚螺旋使圆气泡居中（图3-19*a*），然后，旋转照准部180°，再观察气泡。此时，如圆气泡偏离中心（图3-19*b*），则说明圆水准器轴不平行于仪器竖轴，需校正。

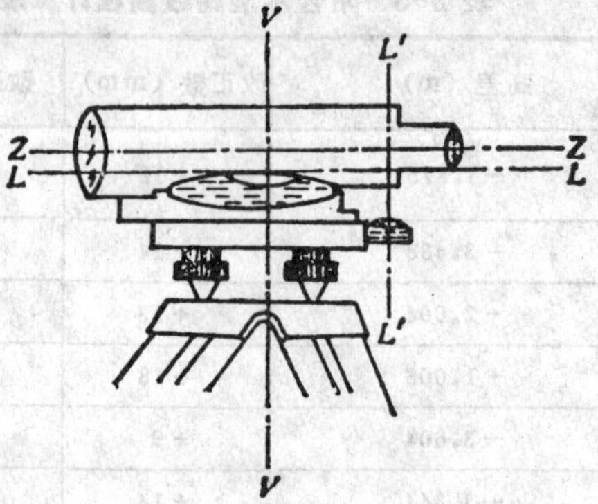

图 3-18

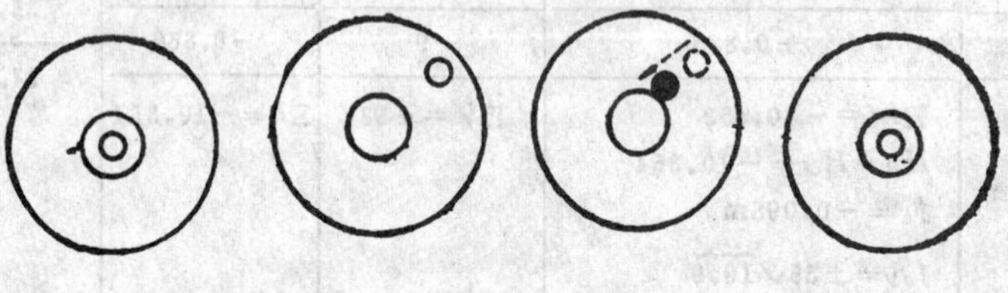

图 3-19

2．校正方法　先转动脚螺旋使圆气泡向中心方向移动偏离值的一半（图3-19*c*），然后，再用校正针拨动圆水准器的校正螺旋使气泡居中。这种检验、校正需反复进行数次，直至仪器旋转至任何位置气泡均居中为止。

二、十字丝中丝应垂直于仪器竖轴

1．检验方法　当仪器整置后，用十字丝中丝的一端瞄准一固定点，旋紧制动螺旋，转动微动螺旋，在望远镜内观察此点。如果此点总是在中丝上移动，这说明中丝是垂直于仪器竖轴的；如果该点离开了中丝，则说明中丝不垂直于仪器竖轴，需进行校正。

2．校正方法　松开十字丝环上相邻两对校正螺旋（图3-6），微微转动十字丝环，再作检验，直至固定点总在中丝上移动为止。最后拧紧十字丝环的校正螺旋。

三、水准管轴 i 角的测定

若水准管轴和视准轴在竖直面上的投影有一夹角，这个夹角称i角。由于i角的存在，当水准管气泡居中时，视准轴向上（或下）倾斜一个i角，使水准尺读数存在一个误差x，如图3-20所示，由图可知x为：

$$x=S\,\mathrm{tg}\,i \tag{3-13}$$

由公式（3-13）知，x的大小与仪器到水准尺的距离成正比，即距离长，x值大；距离相等，x值相等。

1．检验方法　如图3-21所示，在平坦的地面上，丈量一条长度为41.2m的直线AJ_2，在直线上从A点向J_2方向量取20.6m得B点，然后，在A、B两点上打木桩，并在

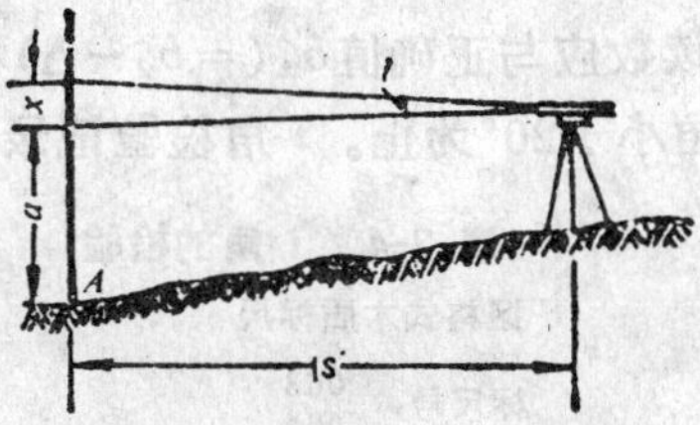

图 3-20

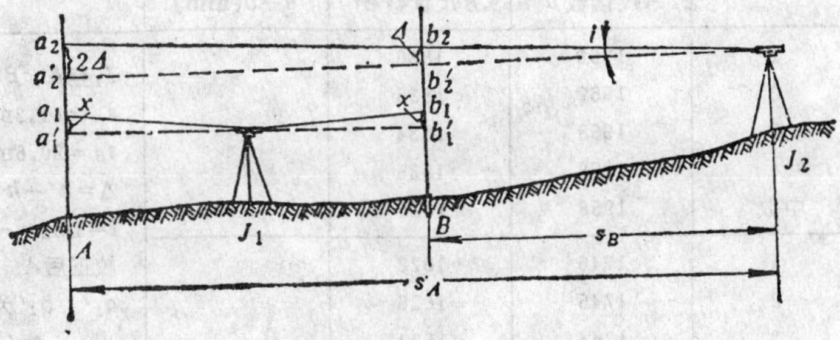

图 3-21

木桩上各钉一个圆帽钉。先在A、B两点中点J_1处安置水准仪，当水准管气泡居中时，读立在A、B两点处水准尺的读数各四次，并取四次读数的中数分别记为a_1、b_1。如果有i角存在，由于仪器至A、B两点的距离相等，使读数含有相同的误差。这时，A、B两点的正确高差h为：

$$h=(a_1-x)-(b_1-x)=a_1-b_1 \tag{3-14}$$

然后，将仪器搬至J_2站，用同法进行观测、读数，并设四次读数的中数分别为a_2、b_2。此时，由于仪器至A、B两点的距离不等，因i角存在给读数a_2、b_2带来的误差分别为2Δ和Δ，则A、B两点间含有误差的高差h'为：

$$h'=a_2-b_2=(a_2+2\Delta)-(b_2'+\Delta)=a_2'-b_2+\Delta \tag{3-15}$$

由（3-15）式减（3-14）式得：

$$\Delta=h'-h \tag{3-16}$$

由（3-16）式知，当$h'=h$时，$\Delta=0$，则说明i角等于零。如$h'\neq h$，$\Delta=h'-h$，则说明有i角存在。由图3-21知，其i角的计算公式为：

$$i=\frac{\Delta\rho}{s_B}=10\Delta \tag{3-17}$$

式中 s_B——仪器J_2至B点的距离，m，$s_B=20.6$m；

Δ——当仪器J_2至标尺距离为s_B时，i角引起的标尺读数误差，m；

i——水准管轴和视准轴在竖直面上投影的夹角，秒；

ρ——弧度与角度的换算关系，ρ为秒时，此数为206265。

当i角大于20″时，需校正。

2. 校正方法　仪器仍架在J_2处，先用微倾螺旋将望远镜十字丝中丝对准A标尺上的$a_2'=a_2-2\Delta$，然后，校正水准管上上、下两个校正螺丝，使管气泡居中。再将望远镜照准B标尺，这时十字丝中丝读数应与正确值$b_2'(=b_2-\Delta)$相等，以此作为检核。这项检验与校正应反复进行，直至i角小于20″为止。i角检验记录、计算见表3-4。

表 3-4　i角的检验

仪器：S_37002	区格式木质标尺	观测者：
时间：8时30分	标尺号：063 064	记录者：
日期：1976年8月1日	成象：清晰	检查者：

仪器站	观测次序	标尺读数		高差	i角的计算
		A尺读数a	B尺读数b	$a-b$(mm)	
J_1	1	1959	1836		J_2至A、B标尺距离
	2	1957	1835		$s_A=41.2$m
	3	1958	1834		$s_B=20.6$m
	4	1958	1835		$\Delta=h'-h=-4$mm
	中数	1958	1835	+123	$i=10\Delta=-40''$
J_2	1	1746	1628		校正后A、B标尺上的正确读数
	2	1745	1626		a_2'、b_2'为：
	3	1744	1624		$a_2'=a_2-2\Delta$
	4	1745	1626		$b_2'=b_2-\Delta$
	中数	1745	1626	+119	

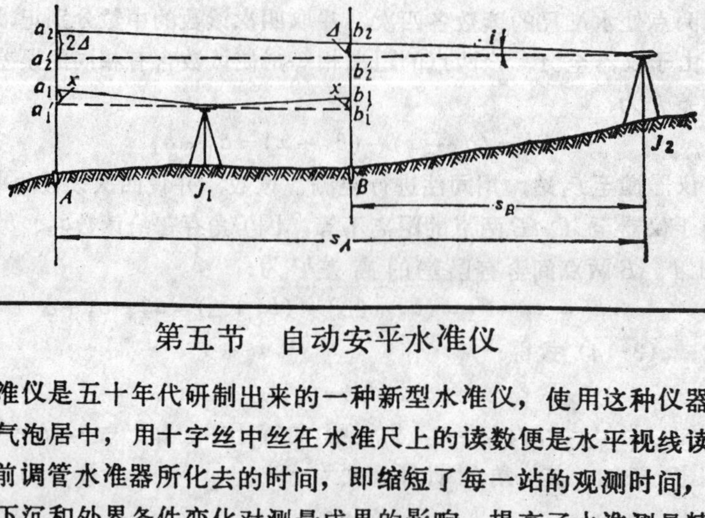

第五节　自动安平水准仪

自动安平水准仪是五十年代研制出来的一种新型水准仪，使用这种仪器时，只需将仪器上的圆水准器气泡居中，用十字丝中丝在水准尺上的读数便是水平视线读数。这样，就可省去每次读数前调管水准器所化去的时间，即缩短了每一站的观测时间，同时也减小了因仪器、水准尺下沉和外界条件变化对测量成果的影响，提高了水准测量精度。

一、自动安平原理

自动安平水准仪并不是使望远镜的视准轴自动处于水平位置，而是借助于补偿器得到视准轴水平时的读数，其原理如图3-22所示。视线水平时，十字丝交点位于Z_0位置，此时，中丝在水准尺上读数为水平视线读数a_0。当视准轴倾斜α角后，十字丝交点从Z_0移至Z处，此时，中丝读数为a。aa_0是因视准轴倾斜而产生的读数差。这时，如果在望远镜光路的P处设置一个补偿器，使进入望远镜的水平光线偏转一个β角，正好通过十字丝交点Z，那么十字丝交点Z上的读数仍为水平视线读数a_0。由图3-22可知：

$$ZZ_0=f\alpha$$

又 $$ZZ_0=s\beta$$

故 $$f\alpha=s\beta \tag{3-18}$$

式中 f——物镜焦距；

s——补偿器到十字丝板的距离；

α——视准轴的倾角；

β——水平视线通过补偿器后的偏转角。

（3-18）式称补偿器应满足的补偿条件。满足了这个条件，补偿器才能补偿由于视准轴倾斜而引起的读数差，使十字丝交点 Z 读得正确读数 a_0。

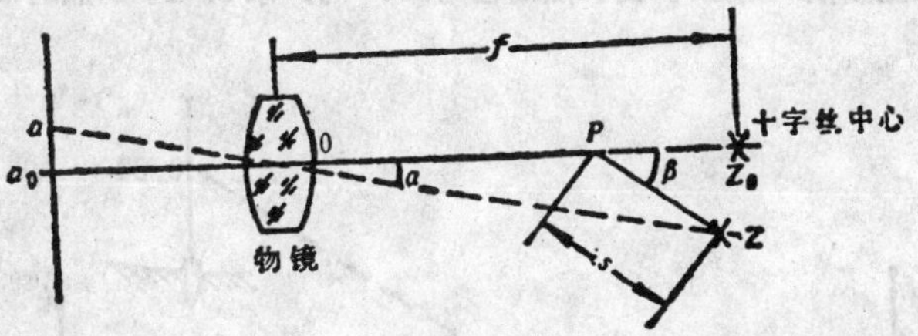

图 3-22

二、自动安平水准仪的使用

自动水准仪使用时，首先利用脚螺旋使圆气泡居中，然后用望远镜瞄准水准尺，用十字丝中丝在水准尺上读数即为水平视线读数。有的自动水准仪设有补偿按钮，观测时，用手轻轻按动按钮，观察尺上读数有无变动；如读数不变，则说明补偿器处于正常工作状态，否则必须进行修理。

由于自动水准仪中的补偿器是用金属丝自由悬挂着的，而金属吊丝相当脆弱，因此，使用时要防止剧烈震动，以免损坏。

复习思考题

1．水准测量的原理是什么？

2．测量仪器上的望远镜主要由哪几部分组成？各部分的作用是什么？

3．水准测量时，在已知点和转点上能否放尺垫？为什么？仪器搬站时，若前视转点处的尺垫被碰动了怎么办？

4．什么叫视差？怎样消除视差？

5．试计算闭合水准路线上各点的高程，其已知高程、观测高差和测站数见图。

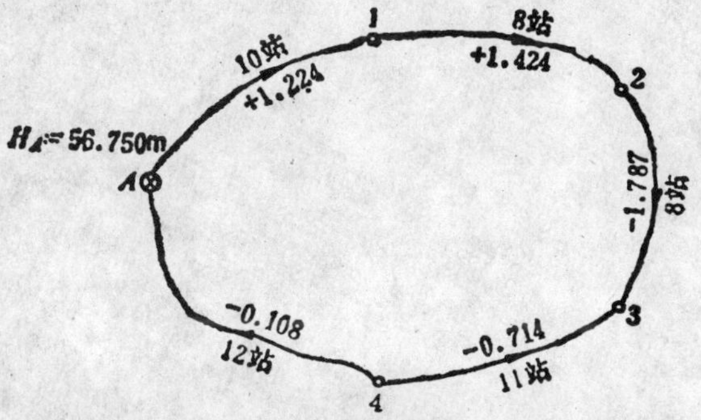

题 5 附图

6．试计算附合水准路线各点的高程，其已知高程、观测高差和测站数见图。

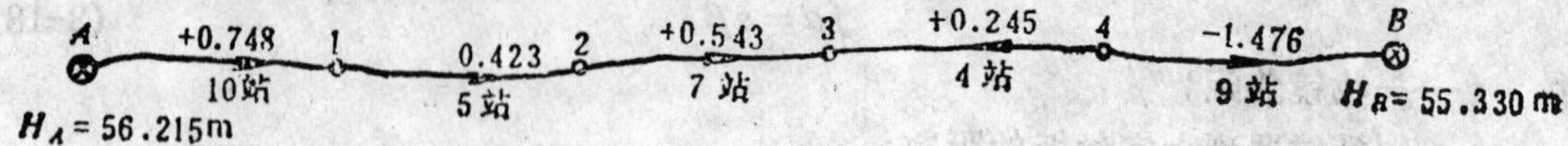

题6附图

7．试述圆水准器的检验和校正。

8．水准测量时，应注意哪些问题？

9．因工程需要，在B点架仪器，在A点和1、2、3点分别立水准尺。当水准仪视线水平时，分别在A、1、2、3点水准尺上读数（见图）。当A点高程为100m时，求1、2、3点的高程。

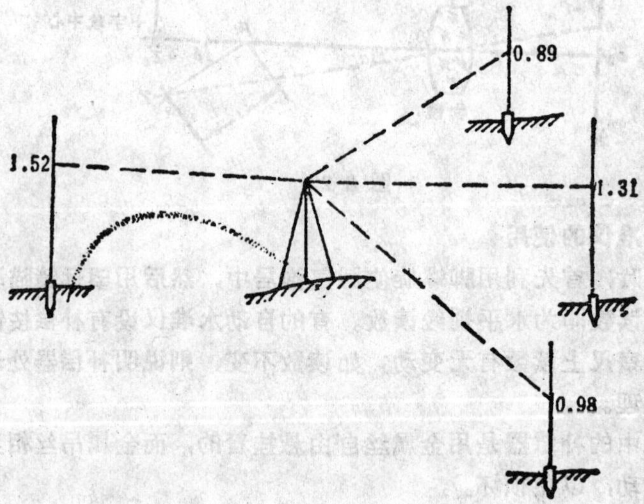

题9附图

第四章　经纬仪及其使用

第一节　角度测量原理

为了测定地面点的平面位置，一般需要观测水平角和丈量距离。为了测定地面点的高程，除了用水准测量方法外，还可以用观测垂直角的方法来确定。因此，观测水平角和垂直角是测量的基本工作，称为角度测量。

一、水平角测量原理

如图4-1所示，A、O、B是地面上任意三点，过方向线OA、OB各作一竖直面，此两竖直面与水平面的交线为O_1A_1和O_1B_1，其夹角称水平角。因此，水平角就是地面上两相交方向线在水平面上投影所夹的角度，这个水平角不但可在这个水平面上量取，而且

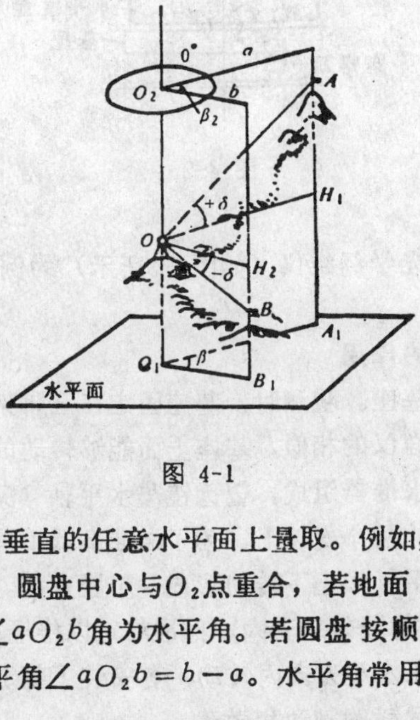

图 4-1

可以在与两竖直面交线O_1O_2垂直的任意水平面上量取。例如，在O_1O_2垂线上的O_2点处水平放置一个带刻度的圆盘，圆盘中心与O_2点重合，若地面方向线OA、OB在水平圆盘上的投影为O_2a、O_2b，则$\angle aO_2b$角为水平角。若圆盘按顺时针刻划，并设a、b为两方向在圆盘上的读数，则水平角$\angle aO_2b=b-a$。水平角常用β表示。

二、垂直角测量原理

如图4-1所示，在OA、OB两方向线所在的竖直面上，过O点分别作水平面的平行线OH_1和OH_2，则$\angle AOH_1$和$\angle BOH_2$分别称为OA方向和OB方向的垂直角。因此，在同一竖直面内瞄准方向线与水平线的夹角就叫垂直角（又称倾斜角或高度角），用δ表示。瞄准方向线在水平线之上称仰角，角值为正，瞄准线在水平线以下称俯角，角值为负。垂直角的大小在$0°\sim90°$之间。

由测角原理知，用来测量角度的仪器，必须具有一个能够水平安置，并带有刻度的水平度盘、一个能够竖直安置，并带有刻度的竖盘（又称垂直度盘）和一个供瞄准用的望远镜。而该望远镜应能上下转动形成一个竖直面，这个竖直面又能绕竖直线O_1O_2在水平方向内转动。经纬仪就是根据这些要求制造的测角仪器。

第二节　J_6级经纬仪的构造和安置

经纬仪的种类很多，其中工程上使用的经纬仪按读数设备可分为游标经纬仪和光学经纬仪两种，按精度划分又可分为J_2和J_6级经纬仪。J是经纬仪汉语拼音的第一个字母，其下标表示仪器的精度指标，J_2级用于较高精度的测量，J_6级用于中等精度的测量。无论哪一种经纬仪，它们都由照准部、水平度盘和基座三个主要部分组成，图4-2为经纬仪基本

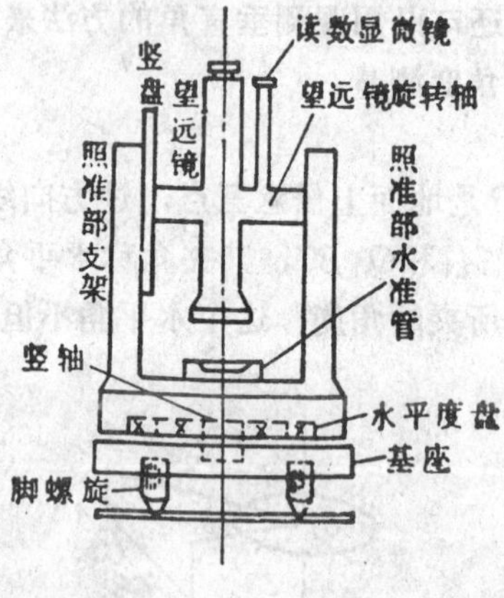

图 4-2

构造示意图。现以国产J_6级光学经纬仪（如图4-3所示）为例，说明仪器的构造、各部件的作用和读数设备。

一、一般构造和各部件的作用

J_6级经纬仪的最下部是基座。观测时，基座固定在三脚架上，用脚螺旋支掌着整台仪器。基座的构造和作用与水准仪的相似。基座上面能够转动的部分叫做照准部。照准部由望远镜、竖盘、水平度盘和水准器组成。望远镜与水平轴（又称横轴或望远镜旋转轴）固连，水平轴又安装在照准部的两个支架上。为了瞄准高低不同的目标，水平轴又可在支架上转动。同时望远镜也随水平轴作上下转动形成一个竖直面。照准部的下部是仪器的竖轴（又称垂直轴），它插在基座的竖轴轴套内，照准部可以绕竖轴在水平方向内转动。为了控制望远镜上下转动和照部在水平方向内转动，各安装了望远镜制动、微动螺旋和水平制动、微动螺旋，以控制望远镜的制动和微动。

水平度盘（简称度盘）装在竖轴上，照准部转动时，水平度盘一般不动。有的J_6级光学经纬仪装有复测按钮，将复测按钮往下扳，水平度盘与照准部连结在一起。此时，若松开水平制动螺旋，水平度盘和照准部一起转动；从读数显微镜内可以看见，虽然照准部在转动，但度盘读数仍然不变。如果将复测按钮往上扳，水平度盘即与照准脱开，此时，如转动照准部，水平度盘固定不动。因而，当照准部转到不同方向时，水平度盘就有不同的读数。没有复测按钮的经纬仪，设置了一个变换水平度盘位置的手轮，转动该手轮，水平度盘就随着转动。

经纬仪不但可以用来测水平角，还能用来测垂直角，因此，还在横轴的一端装有一个竖直度盘（简称竖盘），当望远镜在竖直面内上下转动时，竖盘跟着转动。

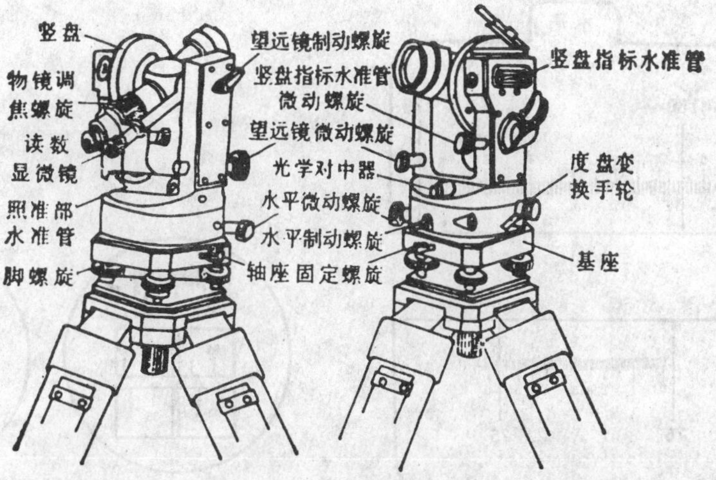

图 4-3

照准部还装有管水准器和圆水准器。水平角观测时，可利用水准器使竖轴处于竖直位置，使水平度盘处于水平位置；垂直角观测时，为了使竖盘指标处于固定位置，还装有竖盘指标水准管。

为使仪器的竖轴轴线与所测水平角顶点的垂直线重合，在三脚架的中心螺旋的正中装有挂垂球的挂勾，观测水平角时使所挂垂球对准所测角度顶点的标志中心。有的J_6级光学经纬仪在照准部上装有光学对点器，用它代替中心螺旋上挂勾所挂的垂球：当照准部水平时，若地面标志中心与光学对点器分划板上十字丝中心重合时，这说明仪器竖轴中心与所测角度顶点的垂直线重合。

二、度盘和读数设备

1．度盘　J_6级光学经纬仪的水平度盘和竖直度盘都是玻璃制成的圆环，圆环上刻有间隔相等的分划线，分划线弧长所对圆心角称度盘分划值。J_6级光学经纬仪水平度盘的分划值为1°或30′，并都按顺时针方向增加，每隔1°加以注记。

2．读数设备　读数设备主要由度盘和指标线组成。为了读取度盘上不足一格的角值，读数设备装有测微器。为了提高读数精度，还采用了读数显微镜。J_6级光学经纬仪因测微器装置的不同，其读数方法也不同。

（1）分微尺测微器及其读数方法。上海光学仪器厂生产的CGM-2型经纬仪和西北光学仪器厂生产的经Ⅱ型经纬仪，都采用分微尺测微器，其度盘格值为1°。当外部光线通过这些仪器的反光镜反射后，光线进入度盘，再经过一系列光学装置，最后将水平度盘和竖盘的分划线象折射到读数显微镜内。观测者在瞄准目标后，可以在望远镜旁的读数显微镜内方便地看到放大了的度盘和测微尺分划线象，如图4-4所示。在图4-4中，上半部分注有大号数字的长线是水平度盘分划线象，所注记数字的单位为度。注有小号数字的短线是分微尺，分微尺的全长与度盘上一格的长度相等，故分微尺全长为1°；把它分成六大格，并注记数字，故每一大格为10′；每一大格又分成10小格，所以，每一小格为1′，能估读到0.1′。分微尺的0分划线就是指标线，利用分微尺可读取不足1°的读数。读数时，先读出落在分微尺上的度盘分划线的度数，然后，读出这根分划线与分微尺0指标线间的分、

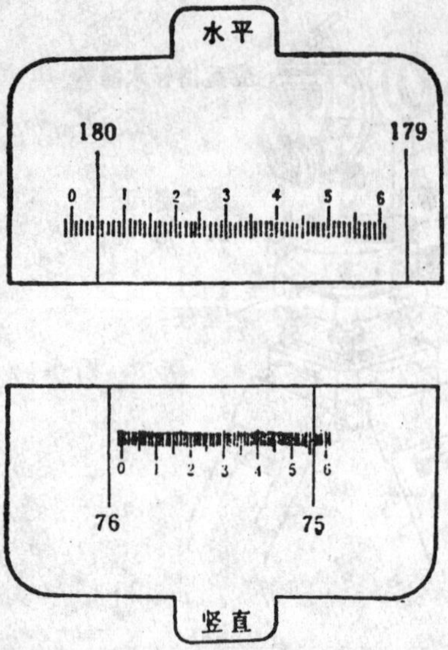

图 4-4

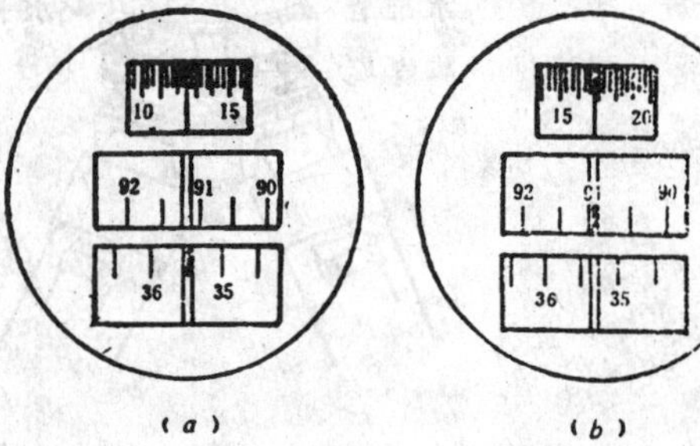

图 4-5

秒数，两数相加即得全读数。图4-4中水平度盘读数为180°05′00″，竖盘（即下半部分）的读数为75°56′06″。

（2）光学测微器及其读数方法。北京光学仪器厂生产的DJ_6-1型经纬仪为测微器光学经纬仪，其水平度盘和竖直度盘的分划值均为30′即测微器分划尺全长为30′，将它分成90小格，每小格格值为20″，估读到2″。图4-5为读数显微镜内看到的度盘分划线象，其下部是水平度盘分划线的象，中部是竖盘分划线象，上部小窗是测微尺的象。读数时，转动支架旁边的测微手轮，使度盘某分划线移到双线指标的中央，则该分划线即为所要读数的整数部分，再在测微尺上读取单线指标所指的不足30′的分、秒数，两数相加即为完整读数。图4-5中水平度盘读数为35°42′28″（图a），竖盘读数为91°16′52″（图b）。

三、经纬仪的安置

用经纬仪测量角度，必须把经纬仪安置在所测水平角的顶点上，这个顶点称测站点。经纬仪的安置，包括对中整平两项工作。

1．对中　对中的目的就是使经纬仪水平度盘的中心和测站的标志中心在同一铅垂线上，其步骤如下：

（1）张开三脚架，并调节架腿，使其高度与观测者身高相适应，然后将三脚架放在测站点上。此时，应使架头大致水平，并使架头中心尽量对准测站标志，再装上仪器，旋紧中心螺旋。

（2）挂上垂球。如果垂球尖偏离标志中心很少，可稍微松开中心螺旋，使仪器在架头上移动，直至垂球尖对准测站标志中心为止，再拧紧中心螺旋。

（3）若垂球尖偏离测站标志中心较大，无法用上法对中，此时，可平移三脚架的三条腿或固定一条腿，移动另外两条腿，使垂球尖基本对准标志中心，再将三脚架的脚尖采入土中，然后按第2步进行操作。最后要检查一下，看架头是否大致水平，垂球尖与标志中心较差是否小于2mm。

2．整平　整平的目的是使仪器的竖轴竖直，水平度盘处于水平位置。其方法是：

（1）转动脚螺旋使圆气泡居中；

（2）如图4-6(a)所示，转动照准部使管水准器与任意两脚螺旋（如1、2）的连线平行，用两手同时向内或向外旋转脚螺旋1、2使气泡居中；

（3）转动照准部90°，使管水准器垂直于1、2脚螺旋的连线，如图4-6(b)所示，然后转动脚螺旋3使气泡居中。

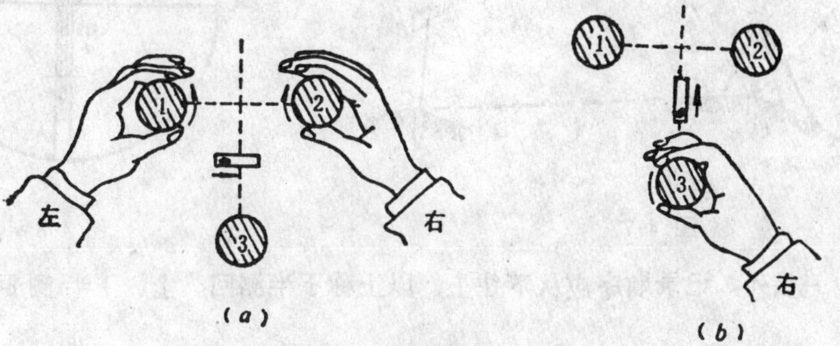

图 4-6

带有光学对点器的经纬仪的安置步骤如下。

（1）与采用垂球对中时的步骤1相同；

（2）转动光学对点器的目镜进行调焦，使测站标志影象清晰。转动脚螺旋使标志中心与视场的小圆圈重合，再伸缩三脚架的三个腿使圆气泡居中；

（3）转动脚螺旋使管气泡居中；

（4）检查测站标志中心是否与小圆中心重合，若其较差小于2mm，则说明仪器已安置好了，否则应重复2、3、4三个步骤，直至对中、整平达到要求为止。

第三节　水平角观测

水平角观测一般根据观测方向数的多少，可分别采用方向法和全圆方向法。

一、方向法

如图4-7所示，设B为测站点，A、C、D为三个待照准的方向，为了测定$\angle ABC$和$\angle CBD$角，需在B点安置仪器，在A、C、D点分别竖立标杆（或测钎），用方向法观测的步骤如下。

（1）盘左位置（即竖盘位于望远镜左侧，又称正镜），松开水平制动螺旋，转动照准部大致瞄准目标A（此时，望远镜应调焦并消除视差，以后凡瞄准目标都要如此），旋紧制动螺旋，然后用微动螺旋精确瞄准A目标标杆的底部（即目标位于双竖丝的中间或用单丝去平分目标，如图4-8所示），再转动度盘变换手轮，使度盘对准略大于0°00′00″的值，读取水平度盘读数，记入手簿第2栏内（表4-1）。

（2）松开制动螺旋，顺时针转动照准部，分别瞄准目标C、D，拧紧制动螺旋，再用微动螺旋精确瞄准目标C、D，每次照准后均读取水平度盘读数，并记入手簿第2栏第二、三横列，记录顺序从上往下，以上称上半测回。

（3）纵转望远镜，以盘右位置（即竖盘位于望远镜右侧，又称倒镜），逆时针方向转动照准部，依次照准目标D、C、A；每次照准后均读取水平度盘读数，记入手簿第3

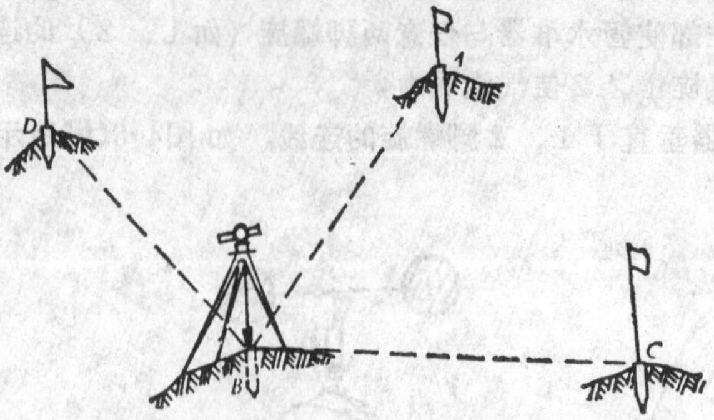

图 4-7

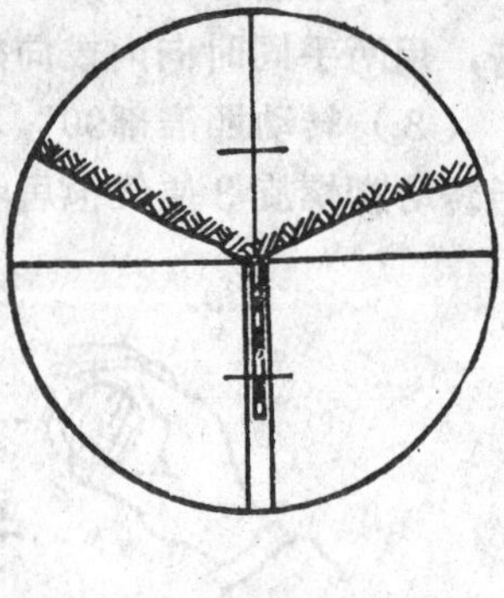

图 4-8

栏第三、二、一横列，记录顺序应从下往上，以上称下半测回。上、下半 测 回 合 称一测回。

表 4-1 水平角观测手簿（方向法）

作业日期：______　　　　仪器型号：DJ$_6$-1型　　　　观测者：方明

天气：晴　　　　记录者：李军

测站：NoB

觇 点	读数 盘左	读数 盘右	一测回 平均方向	各测回 平均方向	附 注
1	2	3	4	5	6
第一测回	° ′ ″	° ′ ″	3′ 30″	° ′ ″	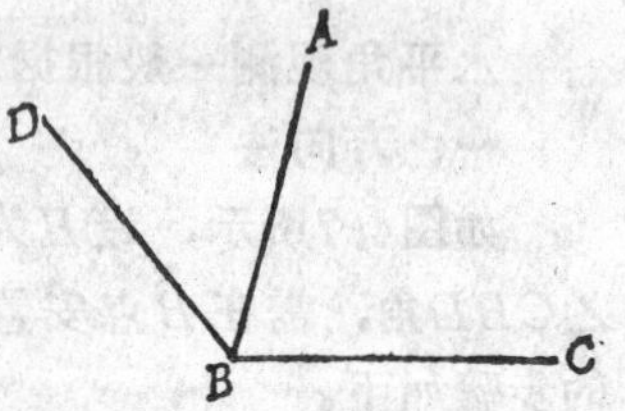
A	0 03 24	180 03 36	0 00 00	0 00 00	
C	79 20 30	259 20 48	79 17 09	79 17 12	
D	311 18 48	131 18 36	311 15 12	311 15 21	
第二测回			2′ 15″		
A	90 02 18	270 02 12	0 00 00		
C	169 19 36	349 19 24	79 17 15		
D	41 17 42	221 17 48	311 15 30		

当待测方向数只有 2 个时，此法就称测回法。

水平角观测时，为了提高测角精度，常需观测两个或更多的测回。为减弱度盘分划误差对观测方向值的影响，各测回起始方向（又称 0 方向）读数应变换$\frac{180°}{n}$（n 为要观测的测回数）。例如，若$n=3$，则各测回起始方向读数应依次 置 于0°00′、60°00′、120°00′，其秒值应大于0″。各测回观测前应重新检查仪器的对中、整平。

水平角观测的同时，记录者应将观测值记录于外业手簿中（表4-1），并进行计算，其计算方法如下：

（1）把起始方向A盘左、盘右读数的平均值改化为0°00′00″，记入手簿第4栏相应位置，则C、D方向盘左、盘右读数的平均值也改正一个相同数值。例如第一测回瞄准A方向盘左、盘右读数的平均值为3′30″，改化为0°00′00″，就要减去3′30″，现C和D方向盘左、盘右读数的平均值为79°20′39″和311°18′42″，也应减去3′30″，则得C、D方向化零后的方向值为79°17′09″和311°15′12″。该值称一测回平均方向值，记入第4栏第二、三横列。

（2）当同一方向各测回方向值较差小于限值时，计算各测回平均方向值，它等于各测回相应方向值的平均值，记入手簿第5栏的第一、二、三横列。

二、全圆方向法

当观测方向数多于3个时，每半测回应两次照准起始方向，并分别将读数记入手簿。例如，当观测方向数为4时，设这4个方向的名称为A、B、C、D，选A方向为起始方向，则正镜照准顺序为A、B、C、D、A，倒镜照准顺序为A、D、C、B、A，上、下半测回第二次照准起始方向称“归零”，其目的是检查水平度盘的位置在观测过程中是否发生变动。其记录计算见表4-2，它与表4-1基本相同，其不同点是：

（1）计算上、下半测回归零差Δ，Δ等于起始方向第二次读数减第一次读数；当归零差小于限差时，成果有效，否则应重测。

（2）计算$2C(2C=L-(R\pm180°))$和平均方向$\left(\dfrac{L+R\pm180°}{2}\right)$，分别记于表4-2第4、5栏相应横列，并取零方向两次中数的平均值记于第5栏的最上方，如第一测回的这个平均数为1′15″，将第5栏内各方向的平均值减去1′15″得该测回归零后的方向值，记于手簿第6栏相应横列内。

（3）当同一方向各测回归零后方向值互差小于限值时，取各测回归零后方向值的平均值，记于手簿第7栏相应横列内。

表 4-2 全圆法水平角观测手簿

作业日期　　　　仪器型号：经Ⅱ型　　　　观测者：李平

天气：晴　　　　测站点：0　　　　记录者：王玉

觇点		读数		$2C=(L-R\pm180)$	$\dfrac{L+R\pm180°}{2}$	一测回方向值	各测回平均方向	备注
		盘左	盘右					
1		2	3	4	5	6	7	8
		° ′ ″	° ′ ″	″	1′ 15″	° ′ ″	° ′ ″	
第一测回	A	0 01 00	180 01 18	−18	0° 01′ 09″	0 00 00	0 00 00	
	B	91 54 06	271 54 00	+6	91 54 03	91 52 48	91 52 45	
	C	153 32 48	333 32 48	0	153 32 48	153 31 33	153 31 33	
	D	214 06 12	34 06 06	+6	214 06 09	214 04 54	214 04 57	
	A	0 01 24	180 01 18	+6	0 01 21			
		$\Delta_l=+24″$	$\Delta_r=0″$		01 27			
第二测回	A	90 01 12	270 01 24	−12	90 01 18	0 00 00		
	B	181 54 00	01 54 18	−18	181 54 09	91 52 42		
	C	243 32 54	63 33 06	−12	243 33 00	153 31 33		
	D	304 06 36	124 06 18	+18	304 06 27	214 05 00		
	A	90 01 36	270 01 36	0	90 01 36			
		$\Delta_l=+24″$	$\Delta_r=-12″$					

第四节　垂直角观测

垂直角简称竖角，是在观测目标视线的竖直面内，目标视线方向与水平线的夹角。借助经纬仪的竖盘可测定垂直角。

一、竖盘构造

竖盘固连在水平轴的一端，竖盘中心在水平轴的中心线上，当转动望远镜去瞄准目标时，竖盘也跟随转动。此时，若照准部水准管气泡居中，则竖盘呈竖直面，而竖盘的指标与竖盘指标水准管固连在一起，不随望远镜而转动。转动指标水准管微动螺旋，竖盘指标和竖盘指标水准管一起作微小移动。当竖盘指标水准管气泡居中时，竖盘指标影象处于正确位置。所以，垂直角观测时，每次读取竖盘读数前，都必须旋转竖盘水准管微动螺旋，使竖盘水准管气泡居中。

竖盘注记的形式很多，常见的为全圆式即0°～360°注记。图4-9(a)是J_6级经纬仪的竖盘，它按全圆逆时针注记，图4-9(b)则按全圆顺时针注记。

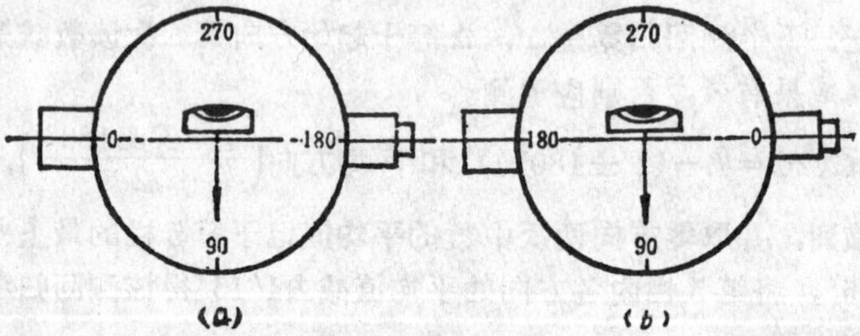

图 4-9

二、垂直角和指标差的计算公式

在理想情况下，当望远镜视准轴水平，且竖盘指标水准管气泡居中时、竖盘指标应对准某一常数（如0°和180°或90°和270°），如图4-10(a)(d)所示。设望远镜上仰（或下俯）照准某目标时，盘左读数为L，盘右读数为R，根据垂直角的定义和图4-10(b)(e)，垂直角的计算公式为：

$$盘左时，\delta_l = 90° - L \quad (4\text{-}1)$$

$$盘右时，\delta_r = R - 270° \quad (4\text{-}2)$$

由上述可知，对于不同注记的竖盘，竖盘读数与垂直角关系的一般规律为：

（1）当望远镜视准轴水平时，读出竖盘指标所指的常数（0°和180°或90°和270°）；

（2）慢慢抬高望远镜物镜端，观察竖盘读数。当竖盘读数增大时（图4-10e），垂直角计算公式为：

δ=（照准目标时的竖盘读数）－（视准轴水平时竖盘指标所指的常数）　(4-3)

如竖盘读数减少（图4-10b），则δ计算公式为：

δ=（视准轴水平时竖盘指标所指的常数）－（照准目标时的竖盘读数）　(4-4)

若盘左时适用（4-3）式，那么，盘右时必适用（4-4）式。按（4-3）式和（4-4）式算得垂直角的正负号与实际情况一致，即垂直角正时为仰角，垂直角为负时是俯角。

当望远镜视准轴水平，竖盘水准管气泡居中时，竖盘指标没有对准某常数，而比某常

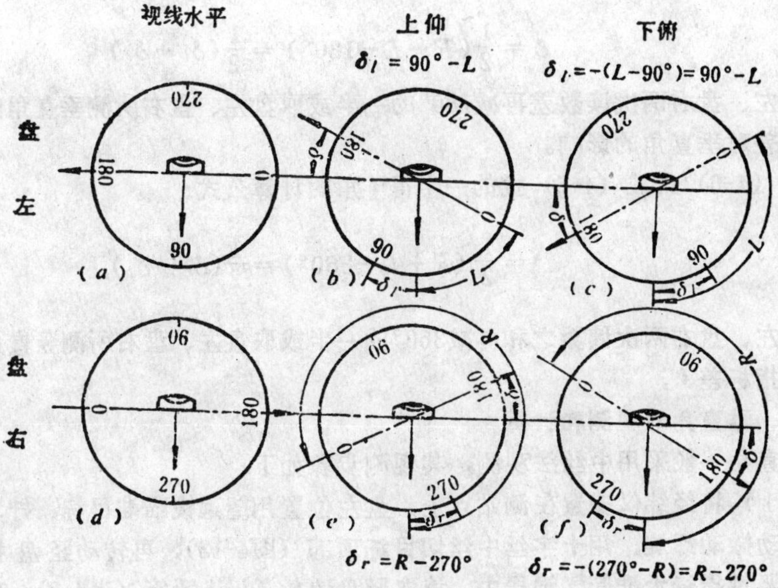

图 4-10

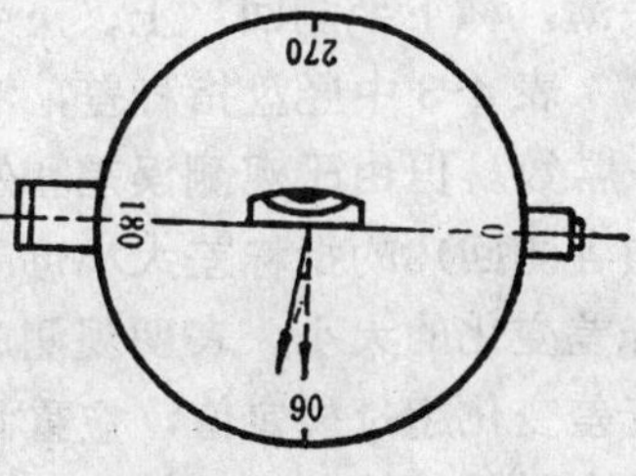

图 4-11

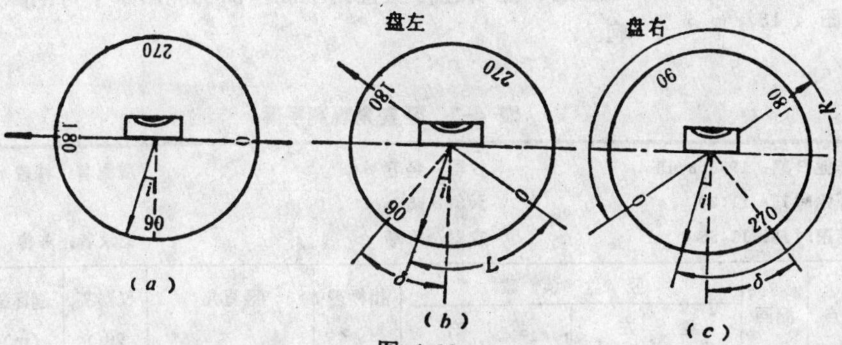

图 4-12

数大（或小）一个小角（图4-11），这个小角就称竖盘指标差，简称指标差，用i表示。这时用盘左、盘右分别照准目标测得的垂直角均包含指标差i。由图4-12(b)、(c)知，垂直角的计算公式为：

$$盘左时，\delta = 90° - L + i = \delta_l + i \tag{4-5}$$

$$盘右时，\delta = R - 270° - i = \delta_r - i \tag{4-6}$$

将（4-5）式和（4-6）式相加，再除以2得δ的计算公式：

$$\delta=\frac{1}{2}(R-L-180°)=\frac{1}{2}(\delta_l+\delta_r) \tag{4-7}$$

即取盘左、盘右两次读数差再减180°的一半或取盘左、盘右所测垂直角的平均值，都能消除指标差对垂直角的影响。

取（4-6）式减（4-5）式的一半得 i 角的计算公式：

$$i=\frac{1}{2}(R+L-360°)=\frac{1}{2}(\delta_r-\delta_l) \tag{4-8}$$

即取盘左、盘右两次读数之和再减360°的一半或取盘左、盘右所测竖直角之差的一半，都能计算指标差 i。

三、垂直角的观测和计算

垂直角一般采用中丝法观测，其观测步骤如下：

（1）将经纬仪安置在测站点上，盘左位置用望远镜瞄准目标，拧紧望远镜制动螺旋，转动微动螺旋，用十字丝中丝切目标顶部（图4-13），再转动竖盘指标水准管微动螺旋，使竖盘指标水准管气泡居中，读取竖盘读数，记入手簿（表4-3），称上半测回。

（2）纵转望远镜，以盘右位置，用中丝切目标顶部；当竖盘指标水准管气泡居中时，读取竖盘读数，记入手簿，称下半测回；上、下半测回称一测回。

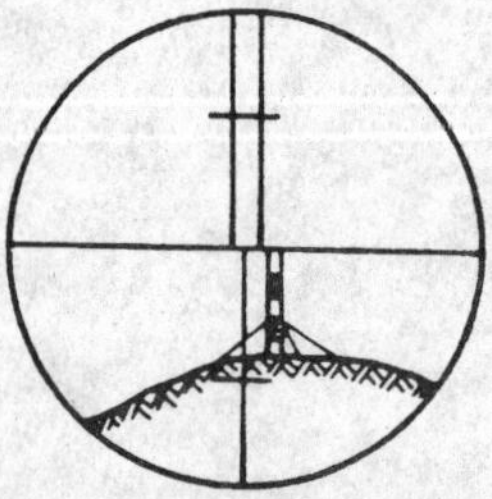

图 4-13

表4-3中竖盘指标差，对于同一台仪器在同一时间段内应为一常数。但由于观测误差和外界条件的影响，各方向（或同一方向各测回）的指标差大小可能不等，其差值称指标差的变化。指标差变化的大小，表明观测成果质量的好坏，故规范规定，若指标差变化超过规定值，应重测。而指标差本身的大小，除当数值过大时给计算带来不便外，对测量成果不产生任何影响。因为采用盘左、盘右进行垂直角观测，在观测结果中可消除指标差的影响。

表 4-3 竖直角观测手簿

作业日期：1983.6.15　　仪器：经Ⅱ　　观测者：林盖

开始时刻：11:30　　天气：晴

结束时刻：11:55　　成象：清晰　　记录者：陈梅

测站	觇点	测回	竖盘读数 盘左 ° ′ ″	竖盘读数 盘右 ° ′ ″	指标差 ″	竖直角 ° ′ ″	仪器高 (m)	觇标高 (m)	备注
B	A	1	86 43 24	273 16 48	+6	+3 16 42	1.46	2.20	照准觇标顶部
		2	86 43 18	273 16 30	−6	+3 16 36			
					中数	+3 16 39			
	C	1	92 37 12	267 22 54	+3	−2 37 09			
		2	92 37 00	267 22 30	−15	−2 37 15			
						−2 37 12		2.01	

第五节 视距测量

视距测量是利用望远镜的视距丝（即上、下丝）、配合视距尺（标尺），同时测定测站点至照准点的水平距离和高差的一种方法。它具有操作方便、速度快、不受地面高低起伏限制等优点，在地形测图和其他测量工作中被广泛使用。

一、视距测量原理

视距测量的基本原理是，在等腰三角形中，若顶角φ为固定已知值，顶角φ所对的边长为已知时（图4-14），解等腰三角形即可求得水平距离s_i：

$$s_i=\frac{1}{2}l_i \operatorname{ctg}\frac{\varphi}{2} \tag{4-9}$$

式中 l_i——上、下丝在标尺上所读的尺间隔（$i=1、2\cdots\cdots$）。

1．视准轴水平时

（1）水平距离的计算公式。如图4-15所示，将经纬仪（或水准仪）安置于M点，在N点竖立标尺，并设望远镜视距丝间隔ab用p表示，物镜光心至仪器竖轴的距离为e，物镜的焦距为f，仪器竖轴到视距尺的水平距离为s，物镜前焦点F到视距尺的水平距离为s_0；视距丝ab在标尺上读得的尺间隔为l。由图4-15知，$\triangle a_1b_1F\backsim\triangle ABF$，故得：

$$\frac{FQ}{FO}=\frac{AB}{a_1b_1}$$

即 $$FQ=\frac{AB}{a_1b_1}FO=\frac{f}{p}l$$

由图4-15知，$s=FQ+f+e$ (4-10)

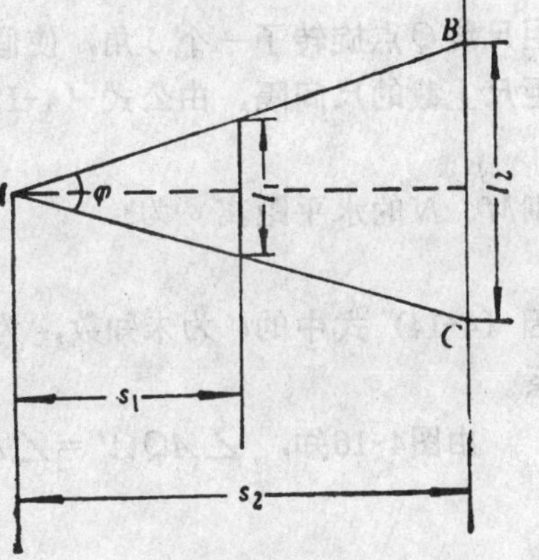

图 4-14

设$K=\frac{f}{p}$称望远镜的视距乘常数，$C=f+e$称望远镜的视距加常数，则由（4-10）式得：

$$s=Kl+C \tag{4-11}$$

为了计算方便，视距乘常数K的设计值为100，视距加常数可选择有关参数，使$C=0$。因此，（4-11）式又可写成下面形式：

$$s=Kl=100l \tag{4-12}$$

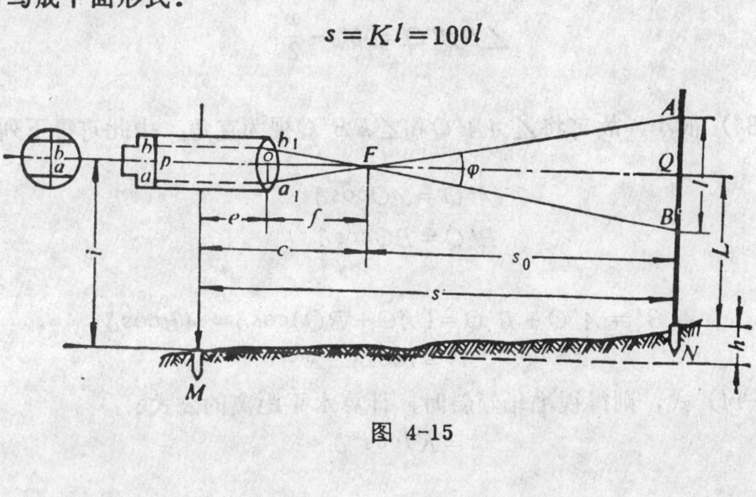

图 4-15

（2）高差计算公式。为了测定M、N两点的高差h，在测定视距的同时，可读取中丝读数L，量取仪器高i。由图4-15知，计算M、N两点高差的公式为：

$$h=i-L \tag{4-13}$$

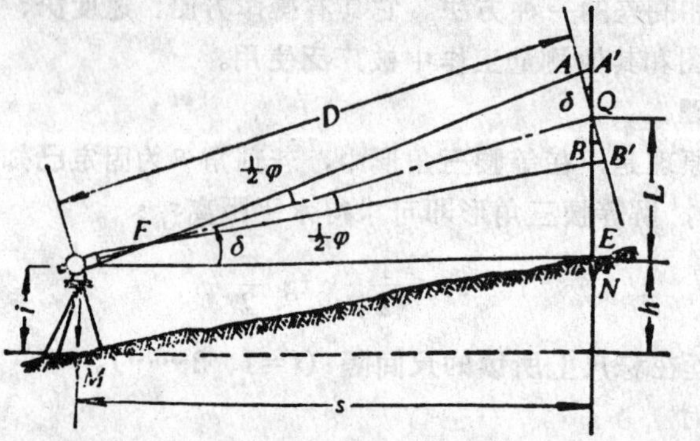

图 4-16

2．视准轴倾斜时

（1）水平距离的计算公式。在山区进行视距测量时，视距尺常处于倾斜位置，此时，视准轴不垂直于视距尺（图4-16）。为了导出水平距离和高差的计算公式，可设想视距尺绕Q点旋转了一个δ角，使假想的视距尺与视准轴垂直。若用l'表示上下丝在假想视距尺上截的尺间隔，由公式（4-12）可得MN的倾斜距离为：

$$D=Kl'$$

则M、N的水平距离s为：

$$s=D\cos\delta=Kl'\cos\delta \tag{4-14}$$

因（4-14）式中的l'为未知数，为求M、N的水平距离，必须找到实测尺间隔l与l'的关系。

由图4-16知，$\angle AQA'=\angle BQB'=\delta$

$$\angle AA'Q=90°+\frac{\varphi}{2}$$

$$\angle BB'Q=90°-\frac{\varphi}{2}$$

因$\frac{\varphi}{2}$（$=17'11.3''$）很小，故可将$\angle AA'Q$和$\angle BB'Q$视为直角，由此可得下列关系：

$$A'Q=AQ\cos\delta$$
$$B'Q=BQ\cos\delta$$

由图4-16知：

$$A'B'=A'Q+B'Q=(AQ+BQ)\cos\delta=AB\cos\delta$$

即
$$l'=l\cos\delta$$

将上式代入（4-14）式，则得视准轴倾斜时，计算水平距离的公式：

$$s=Kl\cos^2\delta \tag{4-15}$$

（2）高差的计算公式。由图4-16知 $h=QE+i-L$

其中 $QE=s\,\mathrm{tg}\,\delta$，由此得$M$、$N$点的高差为

$$h=s\,\mathrm{tg}\,\delta+i-L$$

将（4-15）式代入上式，并整理得：

$$h=\frac{1}{2}Kl\sin2\delta+i-L \tag{4-16}$$

令 $h'=\frac{1}{2}Kl\sin2\delta$，则

$$h=h'+i-L \tag{4-17}$$

式中h'称高差主值。

在视距测量中，为了加速高差和平距的计算，过去采用视距表、计算盘进行，现代多采用电子计算器进行计算。

复习思考题

1．经纬仪主要由哪几部分组成？各部分的作用是什么？

2．经纬仪的两套制动、微动螺旋各有什么作用？什么时候需要使用度盘变换手轮？其目的是什么？

3．经纬仪应满足哪些条件？为什么？

4．什么叫水平角？测角时，在望远镜视准轴所在的竖直面内，不同高度的点在水平度盘上的读数是否一样？为什么？

5．什么叫垂直角？测角时，在望远镜视准轴所在的竖直面内，不同高度的点在竖盘上的读数是否一样？为什么？

6．试述经纬仪的安置步骤。

7．现有一竖盘如下图所示，试推出计算 δ 和 i 的公式。

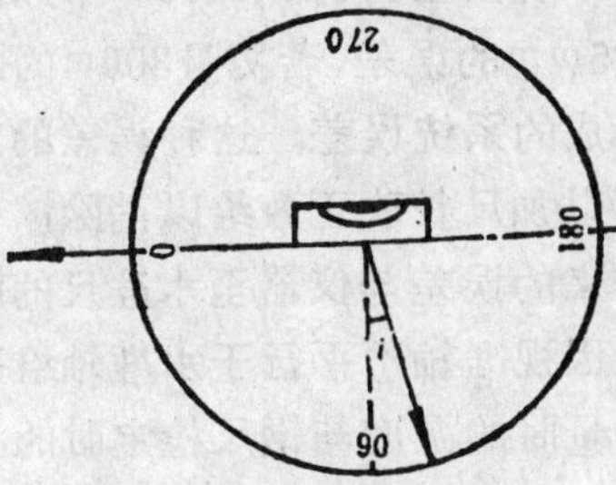

题 7　附图

8．为什么用望远镜的上、下丝能测定平距和高差？

第五章　测量误差的基本知识

第一节　概　述

在测量中，不论是丈量距离还是测量角度，尽管采用精密的仪器、合理的观测方法以及认真负责的态度，在相同的条件下，对某一量观测若干次，所得的结果往往不相同，这说明测量中含有观测误差。

观测误差产生的原因主要有：人差、仪器误差和外界条件的影响等三种。

人差，是由于观测者感觉器官鉴别能力的限制，例如，在进行仪器的安置、瞄准、估读等工作时，都会产生一定的误差；此外，观测者的技术水平、工作态度，也会影响观测成果的质量。

仪器误差，是由于仪器构造上的缺陷和精度上的限制，或者校正不完善等，使观测结果含有误差。例如，使用只有厘米刻划的普通钢尺量距，就难以保证观测结果中毫米数字的准确性；用视准轴不平行水准轴的水准仪测高差，且前、后视距又不相等，这时，所测高差一定含有因视准轴不平行水准轴而产生的误差。

外界条件的影响，是指观测过程中空气的温度、湿度、风力、透明度、地球弯曲和大气折光等因素的不断变化，给观测结果带来的误差。

人、仪器和外界条件是产生误差的主要原因，总称为观测条件。不论观测条件如何，观测结果都含有误差。观测误差按其性质可分为系统误差和偶然误差两种。

一、系统误差

在相同观测条件下对某量进行多次观测，其观测误差常保持同一数值和同一符号，并按一定的规律变化着，这种误差称系统误差。例如一条30m的钢尺与标准尺比较相差5mm，用这条钢尺每丈量一整尺段就产生5mm的误差，若丈量300m的距离，就产生5cm的误差。这是由于仪器构造上的不完善而形成的系统误差，这种误差的大小与距离成正比，距离愈长，所积累的误差就愈大。因此可以加尺长改正数给以消除；在水准测量时，因水准仪的视准轴不平行于水准轴，给读数带来的误差与仪器至水准尺的距离成正比。若水准测量时，使前、后视视距相等就能消除因视准轴不平行于水准轴给高差带来的误差，这是由于仪器未经校正而产生的；若钢尺丈量时的温度与钢尺检定时的温度不同，可加温度改正以减少因温度变化而产生的误差。由以上所举例子可知，系统误差具有一定的规律性，故可设法消除它或将其减少到最小的限度。

二、偶然误差

在相同条件下对某量进行若干次观测，其观测误差在数值和符号上都没有任何规律性，这种误差称偶然误差。例如，经纬仪测角时，用望远镜十字丝去照准目标，往往很准正确照准，纵丝可能偏于目标的左边一些，也可能偏于目标的右边一些；在度盘读数时，常常要估读秒值，估读时有可能估大了也可能估小了，且其数值的大小也不相等。

在观测过程中，系统误差和偶然误差总是同时产生的，问题是要看哪种误差占主要地位。当观测中有显著的系统误差存在时，偶然误差就处于次要位置，此时，观测误差呈现出系统的性质；反之，观测误差就呈现出偶然的性质。为了获得较好的观测成果，就要找出系统误差产生的原因，并选用合理的方法把它消除或削弱到可以忽略不计的程度。

由上述可知，偶然误差总是存在的。如何处理这些带有偶然误差的观测值，最后求出一个合理的最可信的结果，如何根据这些带有偶然误差的观测值来评定整个观测成果的质量，就成为误差理论讨论的主要问题了。

在测量过程中，除了不可避免的误差外，还可能产生错误。例如，在观测时读错读数、记录时记错数字和计算时算错等，这些错误都是由于观测者的粗心、疏忽大意造成的。测量上又把错误称为粗差。观测成果中是不允许有错误的，如果发现错误，必须及时更正。为了找出观测成果中可能有的错误，常采用改变起始状态并进行多次观测，用比较各次观测结果的方法，以发现可能有的错误。例如，直线丈量时，常进行多次观测，并在每次读数前，须稍稍移动一下钢尺的位置，然后比较各次观测结果，可以找到可能存在的错误；在水平角观测时，各测回间要变换水平度盘的位置，并将各测回成果加以比较，从中可发现是否有错误存在；在计算时，由两人对算或一人采用不同方法计算，再比较两份成果的结果，可发现可能存在的错误。

第二节 偶然误差的性质

偶然误差从表面上看似乎没有什么规律性，即其大小和符号都呈现出一种偶然性。但是观察大量的偶然误差，就能发现一定的规律，而且误差的个数越多，这种规律就越明显。下面我们来分析一个实例。

例如，在相同的观测条件下，独立地观测217个三角形的全部内角。由于观测总带有误差，使各三角形内角和不等180°（180°是三角形内角和的真值），则三角形内角和的真误差Δ，可按下式计算：

$$\Delta_i = 180° - (L_1 + L_2 + L_3) \tag{5-1}$$

式中L_1、L_2、L_3为第 i 个三角形三内角的观测值，i 是三角形个数，$i=1$、2……217。

现设3″为误差区间，将该组真误差按绝对值的大小排列，共结果列于表5-1。

从表5-1可以看出，误差分布具有这样的规律：绝对值小的误差比绝对值大的误差

表 5-1 误差分布统计表

误差区间	正误差个数	负误差个数	总　　数
0～3	30	29	59
3～6	21	20	41
6～9	15	18	33
9～12	14	16	30
12～15	12	10	22
15～18	8	8	16
18～21	5	6	11
21～24	2	2	4
24～27	1	0	1
27以上	0	0	0
和	108	109	217

多；绝对值相等的正、负误差，其个数相近；绝对值最大的误差不超过一定限度（本例为27″）。在无数的测量结果中，都显示出同样的规律，因此，从大量的实践中，人们总结出偶然误差的特性为：

（1）在一定的观测条件下，偶然误差的绝对值不会超出一定的限度；

（2）与绝对值大的误差比较，绝对值小的误差出现的可能性较大；

（3）绝对值相等的正误差和负误差，出现的可能性相等；

（4）偶然误差的算术平均值，随着观测次数的无限增加而趋向于零，即：

$$\lim_{n\to\infty}\frac{[\Delta]}{n}=0 \tag{5-2}$$

式中 $[\Delta]=\Delta_1+\Delta_2+\cdots\cdots+\Delta_n$。

上述第四个特性是由第三个特性导出来的。第三个特性告诉我们，在大量的偶然误差中，正负误差有互相抵消的可能。

第三节　评定精度的标准

在相同条件下进行观测的一组观测值，对应着同一种误差分布，其中的每一个观测值，都具有相同的精确程度，所以称这一组观测值为等精度观测值。

设在相同条件下对某量进行 n 次观测，得到一组等精度观测值为 L_1、$L_2\cdots\cdots L_n$，其真误差为 Δ_1、$\Delta_2\cdots\cdots\Delta_n$。评定该组观测值的精度，通常用中误差、极限误差和相对误差作为标准。

一、中误差

对某量进行 n 次等精度观测，取各真误差平方和平均数的平方根（称中误差又称均方误差），用 m 表示即：

$$m=\pm\sqrt{\frac{[\Delta\Delta]}{n}} \tag{5-3}$$

由偶然误差特性知，同精度观测值的真误差其大小和符号各不相同，而一组等精度的观测值具有相同的中误差，其中误差的大小反映观测值精度的高低。

例　有两个作业组分别在不同条件下，对某个三角形的三内角各观测了10次，分别算得三角形内角和的真误差如下：

一组：　+2″，+3″，−3″，−4″，+5″，　0″，+1″，−2″，+4″，−5″

二组：　−1″，+2″，　0″，−2″，−4″，+9″，−8″，−1″，−2″，−3″

试求这两组三角形内角和的中误差。

解：按公式（5-3）计算其中误差如下：

$$m_1=\pm\sqrt{\frac{(+2)^2+(+3)^2+(-3)^2+(-4)^2+(+5)^2+0^2+(+1)^2+(-2)^2+(+4)^2+(-5)^2}{10}}$$

$$=\pm3''.3$$

$$m_2=\pm\sqrt{\frac{(-1)^2+(+2)^2+0^2+(-2)^2+(-4)^2+(+9)^2+(-8)^2+(-1)^2+(-2)^2+(-3)^2}{10}}$$

$$=\pm4''.3$$

比较 m_1 和 m_2 可知，第一组的观测精度高于第二组，其中误差各为 $\pm3''.3$ 和 $\pm4''.3$。

由此可知，中误差的数字前应冠以“±”号，这表示偶然误差为“+”或为“−”的可能性相同；中误差的数字后还应写上单位。

二、极限误差

偶然误差第一特性告诉我们，在一定的测量条件下，偶然误差的绝对值，不会超过一定的限度。如果某个观测值的偶然误差超过这个限度，这个观测值就不符合要求，应该舍去。这个限度称极限误差，又称容许误差或最大误差。那么这个极限误差应是多大呢？根据误差理论并经实践证明：观测值中大于两倍中误差的偶然误差，其出现的可能性约为5%；大于三倍中误差的偶然误差，其出现的可能性只占0.3%左右，因此，测量工作中常取二倍中误差作为极限误差，并用Δ_j表示，即：

$$\Delta_j = 2m \tag{5-4}$$

在有的测量实践中也取3倍中误差为极限误差。

上面所述的真误差、中误差、极限误差都带有单位，在测量上统称为绝对误差。

三、相对误差

在测量实践中，有时，单靠中误差还不能评定观测结果的精度。例如，直线丈量1000m和100m的两段距离，其观测值的中误差均为5cm，那么能不能说这两段距离是等精度的呢？显然是不能的。为此，应引入另一个评定精度的标准即相对误差。

相对误差等于绝对误差的绝对值与相应观测值之比，用K表示，它是一个分子为1的分数，即：

$$K = \frac{\text{绝对误差的绝对值}}{\text{相应观测值}} = \frac{1}{N} \tag{5-5}$$

相对误差随着所用的绝对误差的不同，而有不同的名称。如果绝对误差是用中误差，则称相对中误差；如果绝对误差用极限误差，则称相对极限误差，等等。上例中，距离1000m和100m的相对中误差各为：

$$K_1 = \frac{|\pm 0.05|}{1000} = \frac{1}{20000}$$

$$K_2 = \frac{|\pm 0.05|}{100} = \frac{1}{2000}$$

可见，前者的精度高于后者。相对误差没有单位。

第四节　算术平均值及其中误差

设在相同的观测条件下，对某未知量观测了n次，其观测值为L_1、L_2……L_n，则这n个观测值的平均值称算术平均值，用x表示即：

$$x = \frac{L_1 + L_2 + \cdots\cdots + L_n}{n} = \frac{[L]}{n} \tag{5-6}$$

设未知量的真值为X，其真误差为Δ_i，即：

$$\Delta_1 = X - L_1$$
$$\Delta_2 = X - L_2$$
$$\cdots\cdots\cdots\cdots\cdots\cdots$$
$$\Delta_n = X - L_n$$

将以上各式相加得：

$$[\Delta]=nX-[L]$$

故 $$X=\frac{[L]}{n}+\frac{[\Delta]}{n} \tag{5-7}$$

设Δ_x为算术平均值的真误差，即：

$$\Delta_x=\frac{[\Delta]}{n}$$

将上式代入（5-7）式得：

$$X=x+\Delta_x \tag{5-8}$$

由偶然误差第四特性知，当观测次数无限增多时，Δ_x趋近于零即：

$$\lim_{n\to\infty}\Delta_x=0$$

则 $$X=\lim_{n\to\infty}(x+\Delta_x)=\lim_{n\to\infty}x \tag{5-9}$$

即当观测次数无限增加时，算术平均值x趋近于真值X。在实际工作中，对某量的观测次数不可能无限多，于是常把有限个观测值的算术平均值作为该未知量的最可靠值，称为最或是值。它是该未知量的最后结果。

当按（5-3）式求出观测值的中误差后，可按下式求出算术平均值的中误差M：

$$M=\pm\frac{m}{\sqrt{n}} \tag{5-10}$$

即算术平均值的中误差比观测值的中误差小$\sqrt{n}$倍。

第五节　同精度观测值的中误差

若对某未知量进行n次同精度观测，设观测值为L_1、L_2………L_n，未知量的真值为X，各观测值的真误差为Δ_1、Δ_2………Δ_n。由中误差的定义知，该未知量同精度观测值中误差的计算公式为：

$$m=\pm\sqrt{\frac{[\Delta\Delta]}{n}}$$

式中

$$\begin{aligned}\Delta_1&=X-L_1\\ \Delta_2&=X-L_2\\ &\cdots\cdots\\ \Delta_n&=X-L_n\end{aligned} \tag{5-11}$$

由于未知量的真值往往不知道，真误差也就无法求得。所以，一般不利用上式计算中误差。

未知量的算术平均值用（5-6）式可以求得，它与观测值之差称观测值改正数，简称改正数，用V表示即：

$$\begin{aligned}V_1&=x-L_1\\ V_2&=x-L_2\\ &\cdots\cdots\\ V_n&=x-L_n\end{aligned} \tag{5-12}$$

为了评定精度，必须导出用改正数计算观测值中误差的公式。将（5-11）式减（5-12）式得：

$$
\begin{aligned}
\Delta_1 &= V_1 + (X - x) \\
\Delta_2 &= V_2 + (X - x) \\
&\cdots\cdots\cdots\cdots \\
\Delta_n &= V_n + (X - x)
\end{aligned}
\tag{5-13}
$$

将（5-13）式自乘后相加得：

$$[\Delta\Delta] = [VV] + n(X - x)^2 + 2[V](X - x) \tag{5-14}$$

将（5-12）各式取和并顾及（5-6）式得：

$$[V] = nx - [L] = n \cdot \frac{[L]}{n} - [L] = 0$$

将上式代入（5-14）式并两边同除 n 得：

$$\frac{[\Delta\Delta]}{n} = \frac{[VV]}{n} + (X - x)^2 \tag{5-15}$$

将（5-13）各式相加得：

$$[\Delta] = [V] + n(X - x)$$

由于 $[V] = 0$，则 $(X - x) = \frac{[\Delta]}{n}$，将它代入(5-15) 式得：

$$
\begin{aligned}
\frac{[\Delta\Delta]}{n} &= \frac{[VV]}{n} + \frac{[\Delta]^2}{n^2} \\
&= \frac{[VV]}{n} + \frac{[\Delta\Delta]}{n^2} \\
&\quad + \frac{2(\Delta_1\Delta_2 + \Delta_1\Delta_3 + \cdots\cdots + \Delta_1\Delta_n + \cdots\cdots + \Delta_{n-1}\Delta_n)}{n^2}
\end{aligned}
$$

上式第三项，当 n 无限增大时，其值可视为零，于是上式可写成：

$$\frac{[\Delta\Delta]}{n} = \frac{[VV]}{n} + \frac{[\Delta\Delta]}{n^2}$$

即

$$\frac{[\Delta\Delta]}{n} = \frac{[VV]}{n - 1}$$

将上式两边开平方根，并顾及（5-3）式得：

$$m = \pm\sqrt{\frac{[VV]}{n - 1}} \tag{5-16}$$

上式就是用改正数计算观测值中误差的公式。

将（5-16）式代入（5-10）式即得用改正数计算算术平均值中误差的公式：

$$M = \pm\sqrt{\frac{[VV]}{n(n - 1)}} \tag{5-17}$$

例 某段距离按同精度丈量6次，其观测值列于表5-2中。试求这段距离的算术平均值、观测值中误差和算术平均值中误差（计算结果见表5-2）。

表 5-2

观测次数	观测值 L (m)	改正数 V (mm)	VV	精度评定
1	175.456	+1	1	$m=\pm\sqrt{\frac{[VV]}{n-1}}$
2	175.460	−3	9	$=\pm\sqrt{\frac{113}{5}}=\pm 4.8\text{mm}$
3	175.450	+7	49	
4	175.455	+2	4	$M=\pm\sqrt{\frac{[VV]}{n(n-1)}}$
5	175.458	−1	1	$=\pm\sqrt{\frac{113}{6\times5}}=\pm 1.9\text{mm}$
6	175.464	−7	49	
	$x=175.457$	$[V]=-1$	$[VV]=113$	

复习思考题

1．什么叫偶然误差？什么叫系统误差？它们产生的原因有哪些？试举例说明。

2．什么叫中误差、极限误差？它们各有什么作用？

3．什么叫相对误差？它适用于什么情况？

4．等精度丈量某直线5次，其观测值为150.57m，150.56m，150.52m，150.54m和150.55m。求该直线的算术平均值和相对中误差。

5．用J_6级经纬仪，对某个角测量了6个测回，其结果为53°49′15″（20″，25″，18″，17″，22″）。求这个角的算术平均值和算术平均值的中误差。

6．在等精度观测中，对某个角观测了4个测回，求得其算术平均值中误差为±15″。若要这个角的算术平均值中误差小于10″，那么这个角最少应观测多少个测回。

第六章　大比例尺地形测图

第一节　概　述

地形测图，就是将地面上客观存在的地物、地貌测绘到图纸上。根据需要，可将地形图分为大、中、小三种比例尺。1:500～1:5000比例尺的地形图称大比例尺地形图，1:10000～1:50000比例尺的地形图称为中比例尺的地形图，比1:50000更小的称小比例尺地形图。

地形图因比例尺不同，成图的方法也不同。大比例尺地形图为专业用图，一般按本专业的实际需要制定相应的规范。小面积测区大都采用平板仪测图或经纬仪测绘法；中比例尺地形图是国家的基本图，是按国家制定的统一规范，采用航测方法成图的；小比例尺地形图是根据大比例尺的地形图和其他测量资料编绘而成。

测绘地形图必须坚持"从整体到局部"、"从控制到碎部"的测量原则。其具体做法是：为测绘全国性的地形图，首先应在全国范围内建立国家平面控制网和国家高程控制网。国家平面控制网一般采用三角测量、三边测量、边角测量和导线测量等常规方法，并用精密的仪器测定，然后计算各控制点的平面坐标；国家高程控制网主要用水准测量方法测定各水准点的高程。国家平面控制网和高程控制网现行规范分为一、二、三、四等四个等级，其中一等控制网精度要求最高。由于国家控制点间的边长都在2km以上，常不能满足大比例尺测图要求。为此，又需在国家控制点的基础上建立专门为测图服务的控制网，称图根控

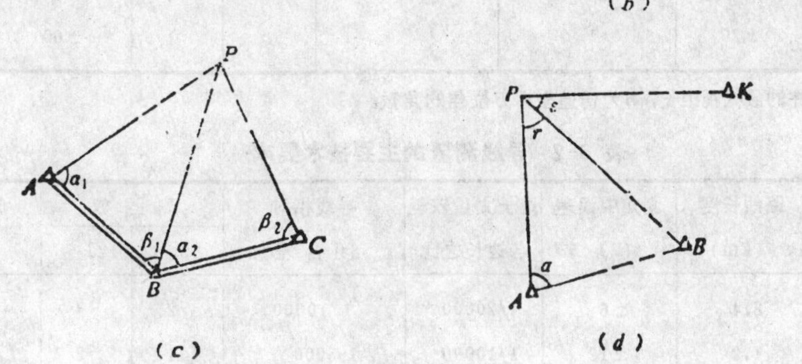

图 6-1

(*a*) 线形锁；(*b*) 后方交会；(*c*) 前方交会；(*d*) 侧方交会

制网。因测区条件不同，图根控制网可布设成线形锁、经纬仪导线、前方交会、后方交会和侧方交会等，如图6-1、图6-3和图6-5、图6-6所示，并用经纬仪测角和钢尺或光电测距仪测距（对于导线来说）计算各图根点的坐标，然后在各图根点上安置仪器测绘各图根点周围地物、地貌，绘制成既表现平面位置又表现高低起伏的地形图，或只测地物绘制成只表现平面位置的平面图。这项工作称碎部测量。

若要测绘一个较小区域的地形图（或平面图），且测区内已有国家控制点，就以国家控制点为基础，直接布设图根控制网，然后再测绘地形图；如测区无国家控制网，可先在测区布设独立的小三角网（图6-2）和经纬仪导线（图6-3），其精度一般介于国家四等控制网和图根点之间，其起始边的坐标方位角可用罗盘仪测定或假定，然后在独立控制网下再加密图根网并测绘地形图。

作为独立控制网的小三角测量和导线测量，可分为一、二两级，其技术要求见表6-1和表6-2。

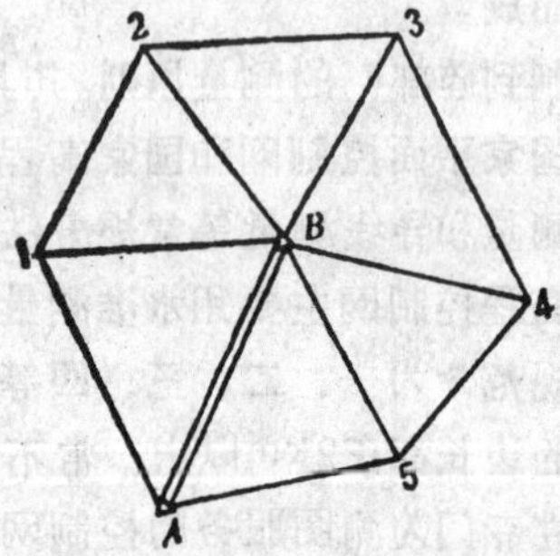

图 6-2

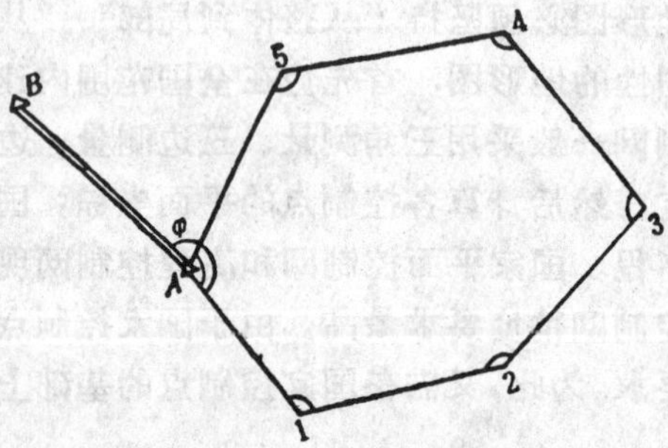

图 6-3

表 6-1 小三角测量的主要技术要求

等级	平均边长 (m)	测角中误差 (″)	起始边的边长相对中误差	最弱边的边长相对中误差	测回数 J_2	测回数 J_6	三角形最大闭合差（′）	坐标方位角闭合差（′）
一	1000	±5	1/40000	1/20000	2	6	±15	$\pm 10\sqrt{n}$
二	500	±10	1/20000	1/10000	1	2	±30	$\pm 20\sqrt{n}$
图根	1.7*R*	±20				1	±60	$\pm 40\sqrt{n}$

注：*R*为测图允许的最大视距长，*n*为传递坐标方位角的角数。

表 6-2 导线测量的主要技术要求

等级	平均边长 (m)	路线长度 (km)	测角中误差 (″)	边长丈量较差与边长之比	导线相对闭合差	测回数 J_2	测回数 J_6	角度闭合差 (″)
一	200	2.4	±6	1/20000	1/10000	2	4	$\pm 12\sqrt{n}$
二	100	1.2	±12	1/10000	1/5000	1	2	$\pm 24\sqrt{n}$
图根	1.5R	1.0M	±20		1/2000		1	$\pm 40\sqrt{n}$

注：*R*为测图最大视距长；*M*为测图比例尺分母；*n*为测站数。

地面上的各种地物不可能按其真实尺寸描绘于图纸上，必须缩小若干倍后才能描绘在图纸上。图上某直线长度与地面上相应水平长度之比称比例尺。比例尺可分数字比例尺、直线比例尺和复式比例尺。下面仅介绍数字比例尺和直线比例尺。

数字比例尺是一个分子为1的分数。设图上某直线长为 l，地面上相应的水平长度为 L，则比例尺为：

$$\frac{l}{L}=\frac{1}{M} \tag{6-1}$$

M称比例尺分母，$M=\frac{L}{l}$。常用的比例尺有1:500、1:1000、1:2000、1:5000等。比例尺的大小视分数数值的大小而定，即分母越大比例尺越小。

知道了比例尺就可以根据图上长度求地面上相应的水平距离，也可将地面上的水平长度化为图上长度。例如，已知在1:10000比例尺的图上，量得两点间的长度 l 为1.25cm，则地面上相应水平距离$L=Ml=125$m；又如已知地面上水平距离 $L=230$m，将它绘在1:1000地形图上，其图上相应长度$l=\frac{L}{M}=23$cm。

用数字比例尺绘图，每段距离都要经过换算，很不方便。若用直线比例尺（或复式比例尺）就可减少这种换算的麻烦。直线比例尺（或复式比例尺）可在测绘地形图（或平面图）的同时，将它绘在图廓的下方，故又称图示比例尺。图示比例尺随图纸一同伸缩，这样在同一幅图上量得的距离，就可基本上消除因图纸伸缩而带来的量测误差。

直线比例尺的绘制方法：

（1）在图纸上绘一条直线，把它分成2cm或1cm长的若干等分，每等分长称比例尺的基本单位。

（2）把最左端的一个基本单位分成二十或十等分，并在该基本单位的右分点上注记0。

（3）自0起在向左向右的各基本单位的分点上，注记各线段所代表的实地水平距离。

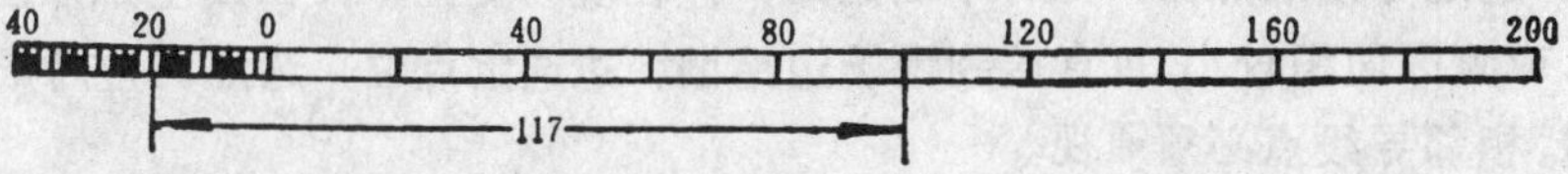

图 6-4

图6-4为1:2000的直线比例尺。

直线比例尺的应用方法是：用分规的两脚尖分别对准图上的两点，然后将分规移至直线比例尺上，使一脚尖对准0分划右边的某个分划，另一脚尖落在0分划左边的小分划中，分规两脚尖的读数之和为所量的实地水平距离，不足一小分划的零数可以估读。图6-4相应的实地水平距离为117m。

第二节　经纬仪导线测量

导线测量可分精密导线测量（即国家一、二、三、四等导线）、低于独立小三角网的

一、二级导线测量和比一、二级导线精度更低的图根导线测量。本节仅介绍一、二级导线测量，其技术要求见表6-2。

所谓导线，就是由若干个控制点连成的连续折线，其控制点叫导线点，相邻两导线点的连线称导线边，相邻两导线边所夹的水平角称转折角，已知边与导线边所夹的水平角称连接角。经纬仪导线的转折角和连接角用经纬仪测定，其边长可用钢尺、光电测距法和视距法测定。导线因测距方法不同，又可分钢尺量距导线、光电测距导线和视距导线等。

根据测区的形状和已知数据的分布情况，导线可布设成下列几种形式：

（1）附合导线，如图6-5所示，是指从已知控制点A起，经过若干个导线点1、2、3……等又附合到另一个已知点C的连续折线。

（2）闭合导线，如图6-3所示，是指从已知控制点A起，经过若干个导线点1、2、3、4、5点，又闭合差到原已知点A的连续折线。

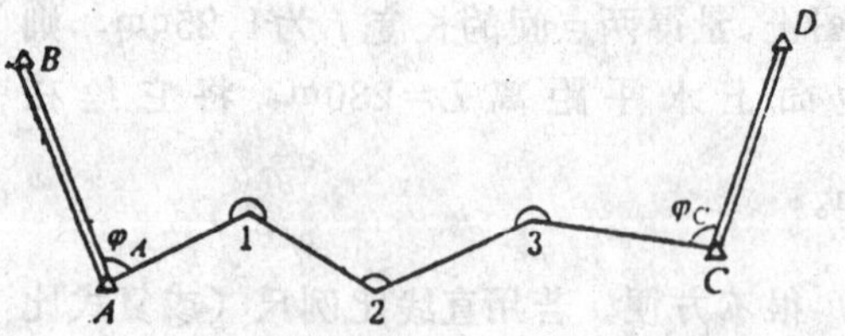

图 6-5

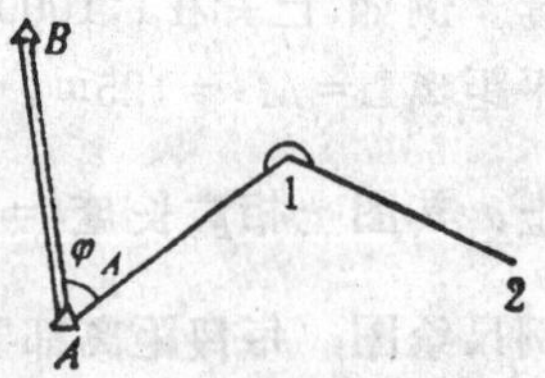

图 6-6

（3）支导线，如图6-6所示，是指从已知控制点A起，经过若干个导线点1、2的连续折线。

导线测量的优点是布设灵活，适用于通视困难地区、城镇、工矿等建筑物密集的区域。导线测量包括外业和内业两部分工作。

一、导线测量的外业

导线测量外业包括踏勘和选点、测角、量边三项工作。

1．踏勘和选点　选点前应收集测区的现有地形图和已知控制点等有关资料，并将已知控制点展绘于地形图上，按表6-2要求和实际地形在图上进行设计，然后带设计图到实地去踏勘、选定导线点点位；如有不当之处，应在现场更正，并在图上加以注明。若测区无地形图，或测区面积较小，可直接到现场边踏勘、边选定点位。选点时应考虑以下几点：

（1）相邻导线点必须通视。

（2）等级导线点应便于加密，图根导线点应选在视野开阔、便于测图、测角和量边的地方。

（3）导线点应选在土质坚实、便于保存和容易寻找的地方。

（4）相邻导线边应大致相等，并应尽量避免由短边突然转向长边的情况。

导线点选定后，要在每个点上打木桩，并在木桩上钉一小钉作为导线点点位的临时标志。需要长期保存的导线点应埋石桩或混凝土桩，桩面设有一个代表精确点位的永久性标志，然后统一编号，并绘制选点略图，以便于寻找。

2．测角　导线的转折角和连折角，用J_6或J_2级经纬仪测定，其测回数见表6-2。转折角一般可采用测回法。测连接角时，当测区已知点数较多时，常用方向法。为防止可能照错目标，可在一已知点A上架仪器，照准另外两个已知点M和N（图6-7a），测两个连接角

φ和φ'，则$\varphi'-\varphi=\alpha_{AM}-\alpha_{AN}=\angle MAN$，作为检查；图6-7（$b$）（$c$）也可用同法作检查。各测站观测结束后，应以表6-3规定的技术要求作检查，合格后可搬站。

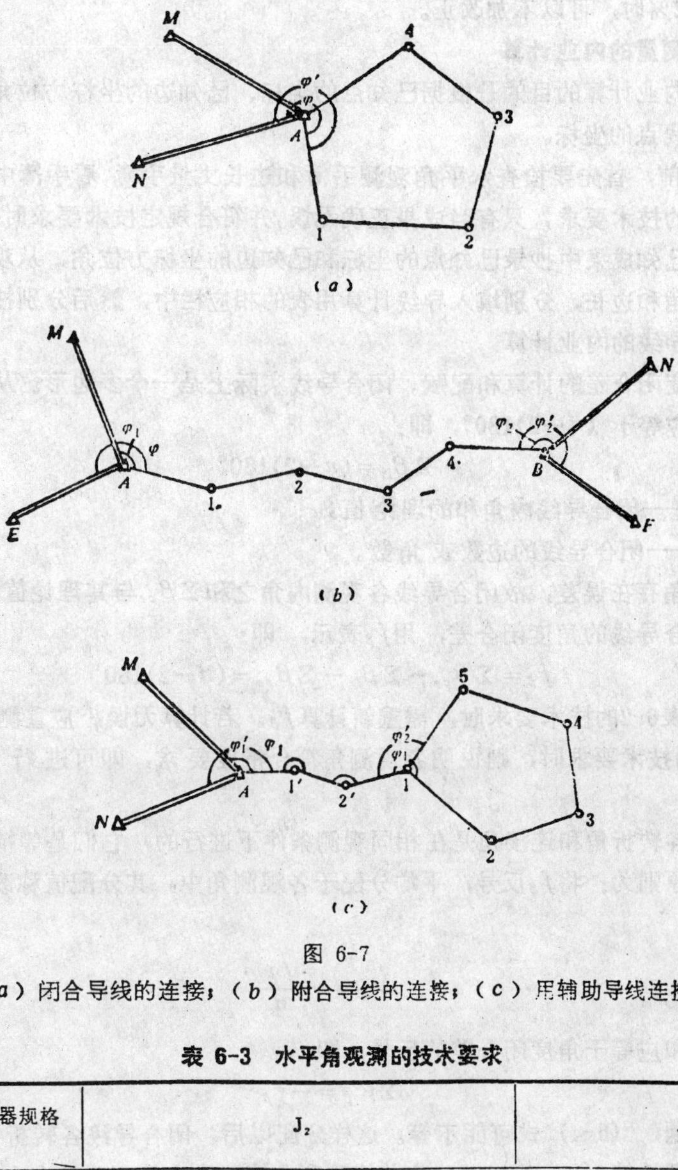

图 6-7

（a）闭合导线的连接；（b）附合导线的连接；（c）用辅助导线连接

表 6-3 水平角观测的技术要求

项目 \ 仪器规格	J_2	J_6
光学测微器两次符合读数之差	3″	
半测回归零差	12″	18″
一测回内2C互差	18″	
同一方向值各测回互差	12″	24″

注：C为视准差。

3．量边　导线边长因精度要求、仪器设备和地形条件的不同、可分别用钢尺、光电测距（见第二章）或视距法（见第四章）测定。

用钢尺丈量导线边长时，钢尺要经过鉴定。量距时，每尺段应测定两次，读至5mm，两次较差不应超过1cm，并应测定钢尺温度。然后加尺长、温度、倾斜等三项改正。对图根导线来说，当尺长改正数小于尺长的1/10000、尺温不超过钢尺检定时温度的±10℃、尺子倾斜小于2%时，可以不加改正。

二、导线测量的内业计算

导线测量内业计算的目的是根据已知点的坐标、已知边的坐标方位角以及观测角和边长，计算各导线点的坐标。

内业计算前，首先要检查水平角观测手簿和边长丈量手簿,看手簿中有无记错、算错是否符合规定的技术要求；只有当成果正确无误,并符合规定技术要求时，才能开始计算。计算前还应从已知成果中抄录已知点的坐标和已知边的坐标方位角，从观测手簿中抄录各转折角、连接角和边长，分别填入导线计算用表的相应栏中，然后分别按下列程序计算：

1．闭合导线的内业计算

（1）角度闭合差的计算和配赋。闭合导线实际上是一个多边形。从平面几何学知，多边形内角和应等于 $(n-2)180°$，即：

$$\Sigma\beta_{li}=(n-2)180°$$

式中　$\Sigma\beta_{li}$——闭合导线内角和的理论值；

n——闭合导线的边数或角数。

由于观测角存在误差，故闭合导线各观测内角之和 $\Sigma\beta_{ce}$ 与其理论值 $\Sigma\beta_{li}$ 不相等。它们的较差称闭合导线的角度闭合差，用 f_β 表示，即：

$$f_\beta=\Sigma\beta_{ce}-\Sigma\beta_{li}-\Sigma\beta_{ce}=(n-2)180° \qquad (6\text{-}2)$$

当 f_β 大于表6-2的技术要求时，需重新计算 f_β。若计算无误，应重测可疑的角度。当 f_β 小于表6-2的技术要求时，则说明各观测角符合精度要求，即可进行角度闭合差的分配。

由于导线各转折角和连接角是在相同观测条件下进行的，它们是等精度观测，故角度闭合差的配赋原则为：将 f_β 反号，平均分配于各观测角中，其分配值称改正数，用 V_β 表示，即：

$$V_\beta=-\frac{f_\beta}{n} \qquad (6\text{-}3)$$

各角改正数之和应等于角度闭合差的反号，即：

$$\Sigma V_\beta=-f_\beta \qquad (6\text{-}4)$$

但由于取位问题，（6-4）式可能不等。这样分配以后，闭合导线各转折角改正后的角值之和仍不等于理论值 $(n-2)180°$，其差值称剩余值。剩余值可分配在夹角两边长短相差悬殊的角上。

（2）各导线边坐标方位角的推算。由图6-8可知，相邻两导线边的坐标方位角 α 与转折角 β（或连接角）有如下关系，即：

$$\alpha_{BC}-\alpha_{BA}=\beta_l$$

由第二章知，直线 AB（或 BC）的正坐标方位角 α_{AB}（或 α_{BC}）和反方位角 α_{BA}（或 α_{CB}）相差180°，故上式可写为：

$$\alpha_{BC}=\alpha_{AB}+\beta_l\pm180° \qquad (6\text{-}5)$$

或

$$\alpha_{BA}-\alpha_{BC}=\beta_r$$

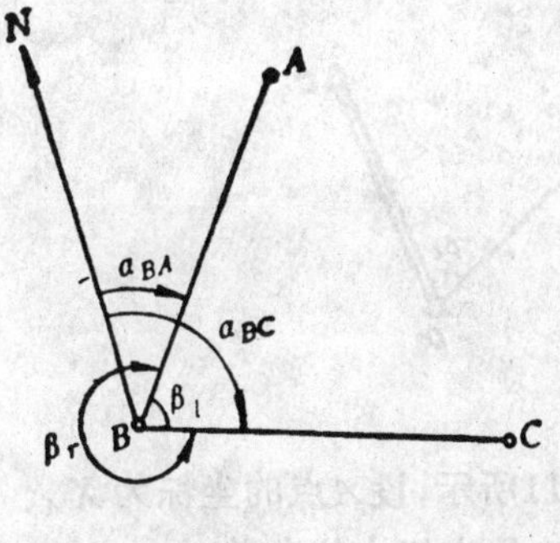

图 6-8

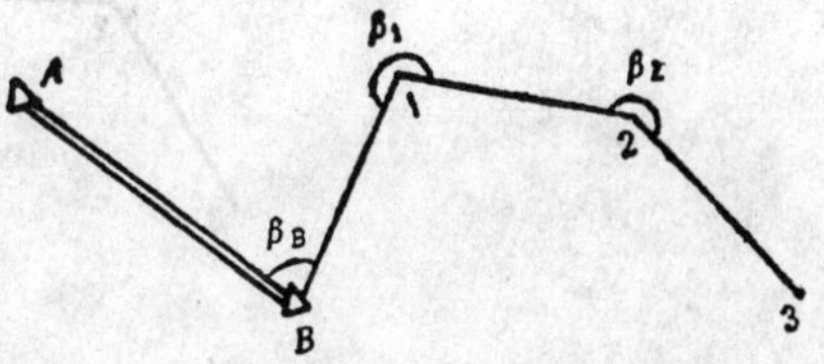

图 6-9

$$\alpha_{BC}=\alpha_{AB}-\beta\pm180^\circ \qquad (6\text{-}6)$$

实际计算时，当（$\alpha_{AB}\pm\beta$）大于180°时，应减180°；当（$\alpha_{AB}\pm\beta$）小于180°时，应加180°。

例1 如图6-9所示，已知AB边的坐标方位角为165°45′26″，测得导线的左角为$\beta_B=89°52'34''$、$\beta_1=275°15'21''$、$\beta_2=215°41'45''$，试计算各导线边的坐标方位角。

解：

$$\begin{array}{lr}
\alpha_{AB}\cdots\cdots & 165°45'26'' \\
+ & 89\ 52\ 34 \\ \hline
 & 255\ 38\ 00 \\
- & 180 \\ \hline
\alpha_{B1}\cdots\cdots & 75\ 38\ 00 \\
+ & 275\ 15\ 21 \\ \hline
 & 350\ 53\ 21 \\
- & 180 \\ \hline
\alpha_{12}\cdots\cdots & 170\ 53\ 21 \\
+ & 215\ 41\ 45 \\ \hline
 & 386\ 35\ 06 \\
- & 180 \\ \hline
\alpha_{23}\cdots\cdots & 206°35'06''
\end{array}$$

例2 如图6-10所示，已知DC边的坐标方位角为50°45′31″，测得导线的各右角为$\beta_D=105°11'43''$，$\beta_1=259°25'55''$，$\beta_2=120°35'18''$。试求各导线边的坐标方位角。

解： 应用（6-6）式按竖式计算如下：

$$\begin{array}{lr}
\alpha_{DC}\cdots\cdots & 50°45'31'' \\
+ & 180 \\ \hline
\alpha_{CD}\cdots\cdots & 230\ 45\ 31 \\
- & 105\ 11\ 43 \\ \hline
 & 125\ 33\ 48 \\
+ & 180 \\ \hline
\alpha_{D1}\cdots\cdots & 305\ 33\ 48 \\
- & 259\ 25\ 55 \\ \hline
 & 46\ 07\ 53 \\
+ & 180 \\ \hline
\alpha_{12}\cdots\cdots & 226\ 07\ 53 \\
- & 120\ 35\ 18 \\ \hline
 & 105\ 32\ 35 \\
+ & 180 \\ \hline
\alpha_{23}\cdots\cdots & 285°32'35''
\end{array}$$

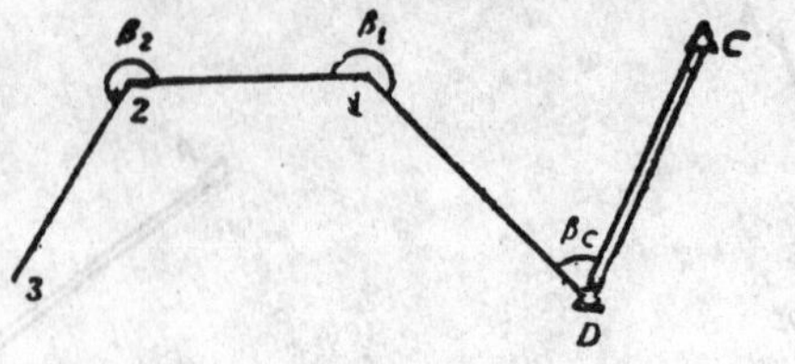

图 6-10

（3）坐标增量闭合差的计算和配赋。如图6-11所示，设A点的坐标为X_A、Y_A，B点的坐标为X_B、Y_B，A、B两点的平距为s_{AB}，AB边的坐标方位角为α_{AB}，B点坐标减A点的坐标称A点到B点的坐标增量，用ΔX_{AB}、ΔY_{AB}表示，即：

$$\left.\begin{aligned}\Delta X_{AB}&=X_B-X_A\\ \Delta Y_{AB}&=Y_B-Y_A\end{aligned}\right\}\tag{6-7}$$

由图6-11可看出：

$$\left.\begin{aligned}\Delta X_{AB}&=s_{AB}\cos\alpha_{AB}\\ \Delta Y_{AB}&=s_{AB}\sin\alpha_{AB}\end{aligned}\right\}\tag{6-8}$$

坐标增量有正负之分，其正负号取决于直线的坐标方位角，具体见图6-12和表6-4。

闭合导线各边的纵坐标增量总和和横坐标增量总和，在理论上都应等于零，即：

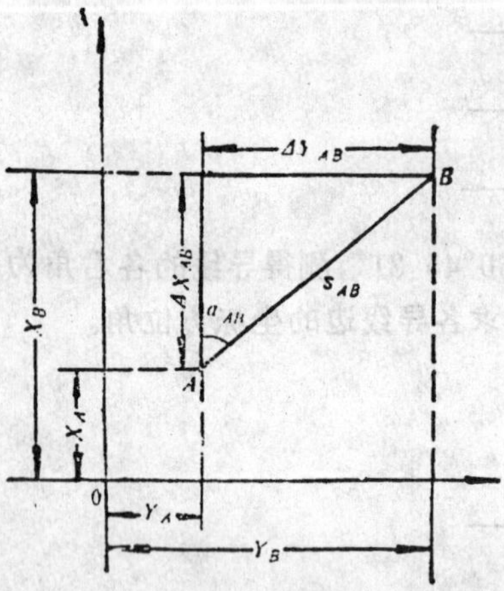

图 6-11

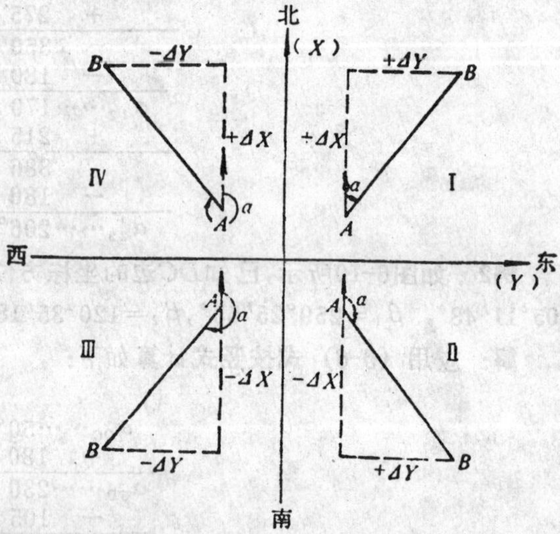

图 6-12

$$\left.\begin{aligned}\Sigma\Delta X&=0\\ \Sigma\Delta Y&=0\end{aligned}\right\}\tag{6-9}$$

但在实际上，由于各边的丈量误差和各角观测误差的存在（因角度闭合差是平均分配于各角的，但各角的实际误差不一定相等，所以调整后的各角仍含有误差），闭合导线的纵坐标增量总和和横坐标增量总和都不等于零，其值称纵、横坐标增量闭合差，用f_X、f_Y表示即：

表 6-4 坐标增量的符号

坐标方位角	所在象限	坐标增量的符号	
		ΔX	ΔY
0°～90°	Ⅰ	+	+
90°～180°	Ⅱ	−	+
180°～270°	Ⅲ	−	−
270°～360°	Ⅳ	+	−

$$\left.\begin{aligned} f_X &= \Sigma\Delta X \\ f_Y &= \Sigma\Delta Y \end{aligned}\right\} \tag{6-10}$$

由于坐标增量闭合差的存在（图6-13），根据A点的坐标，用带有误差的坐标增量依次计算各导线点的坐标，最后再算出A点的坐标A'。一般A'不与A重合，其间距AA'称导线全长闭合差，用f_s表示。由图6-13知，f_s与f_X、f_Y的关系为：

$$f_s=\sqrt{f_X{}^2+f_Y{}^2} \tag{6-11}$$

导线全长闭合差除以导线全长，称导线相对闭合差，用K表示即：

$$K=\frac{f_s}{\Sigma s}=\frac{1}{\dfrac{\Sigma s}{f_s}} \tag{6-12}$$

用相对闭合差可以衡量导线测量的精度。当K大于表6-2的技术要求时，应重新进行各项计算；如计算无误，则应重测可疑成果，甚至全部成果。当K小于表6-2技术要求，则可将坐标增量闭合差进行分配，其分配原则是：将f_X、f_Y反号，与边长成比例的分配给各边的坐标增量，其分配值称纵、横坐标增量改正数，用V_X、V_Y表示。第i边的坐标增量改正数为：

$$\left.\begin{aligned} V_{Xi} &= -\frac{f_X}{\Sigma s}s_i \\ V_{Yi} &= -\frac{f_Y}{\Sigma s}s_i \end{aligned}\right\} \tag{6-13}$$

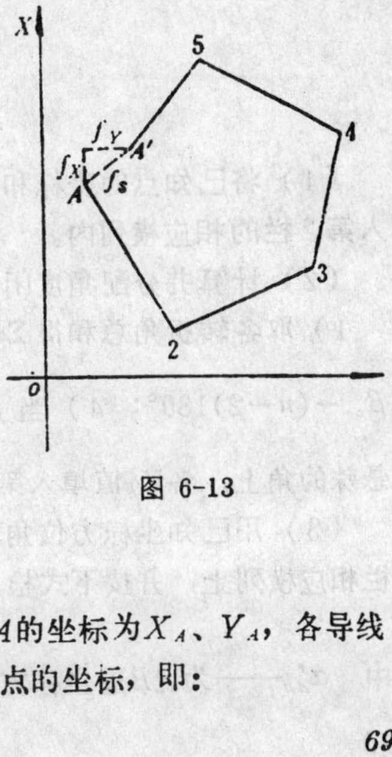

图 6-13

式中 Σs——导线全长；

s_i——第i边的边长。

闭合导线各边增量改正数之和，等于增量闭合差的反号，即：

$$\left.\begin{aligned} \Sigma V_X &= -f_X \\ \Sigma V_Y &= -f_Y \end{aligned}\right\} \tag{6-14}$$

在计算时，可用（6-14）式来检查。

（4）坐标计算。如图6-13所示，设闭合导线已知点A的坐标为X_A、Y_A，各导线边改正后的坐标增量为ΔX、ΔY，按（6-7）式可计算各导线点的坐标，即：

$$\left.\begin{aligned}X_2&=X_A+\Delta X_{A2}\\Y_2&=Y_A+\Delta Y_{A2}\\&\cdots\cdots\cdots\\&\cdots\cdots\cdots\\X_A'&=X_5+\Delta X_{5A}\\Y_A'&=Y_5+\Delta Y_{5A}\end{aligned}\right\}\tag{6-15}$$

式中 X_A'、Y_A'——A点坐标的计算值。

若$X_A'=X_A$，$Y_A'=Y_A$，则说明计算无误；否则应查明原因进行更正。

例3 图6-14为图根导线，其已知数及从观测手簿抄录的边长、转折角和连接角均列于图中。试计算各导线点的坐标。

解： 计算步骤（见表6-5）如下：

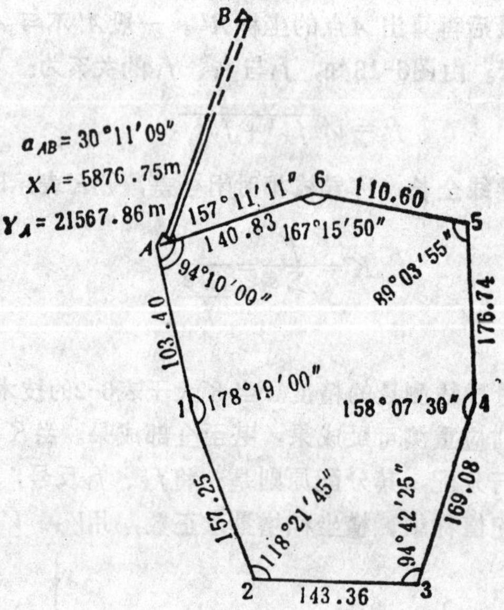

图 6-14

（1）将已知点的坐标和观测边长分别填入表第10、11和5栏的相应横列，将观测角填入第2栏的相应横列内。

（2）计算并分配角度闭合差。

1）取各转折角总和得$\Sigma\beta_{ce}$；2）计算$(n-2)180°$；3）计算角度闭合差$f_\beta=\Sigma\beta_{ce}-(n-2)180°$；4）当$f_\beta<40''\sqrt{n}$时，计算$V_\beta=-\frac{f_\beta}{n}$，剩余值分在长短边长相差悬殊的角上，各$V_\beta$值填入第3栏相应横列上。

（3）用已知坐标方位角和改正后角值，按（6-5）式推算各边坐标方位角，填入第4栏相应横列上，并按下式检核：

$$\alpha_{AB}'=\alpha_{AB}$$

式中 α_{AB}'——为AB边坐标方位角的推算值；

α_{AB}——为AB边已知坐标方位角。

（4）计算各边的坐标增量、坐标增量闭合差，并分配增量闭合差。

1）用各边坐标方位角和观测边长按（6-8）式计算各边的坐标增量，并注意，正负号，填入第6和第8栏的相应横列上；

2）应用（6-10）、（6-11）、（6-12）各式分别计算纵、横坐标增量闭合差f_X、f_Y、导线全长闭合差和相对闭合差K，写在表6-5的下方；

3）当$K<\frac{1}{2000}$，按（6-13）式计算纵、横坐标增量改正数V_X、V_Y，填入第7和第9栏的相应横列上，并按下式检查：

$$\Sigma V_X=-f_X$$
$$\Sigma V_Y=-f_Y$$

4）按(6-15)式计算各导线点的坐标，填入第10、11栏相应横列上，并按下式检查：

$$X'_A=X_A$$
$$Y'_A=Y_A$$

式中 X'_A、Y'_A——为A点纵、横坐标的计算值；

X_A、Y_A——为A点纵、横坐标的已知值。

表 6-5 闭合导线计算表

点名	观测角β（左）° ′ ″	改正数	坐标方位角α ° ′ ″	边长 s（m）	ΔX 计算值	ΔX 改正数	ΔY 计算值	ΔY 改正数	X（m）	Y（m）
1	2	3	4	5	6	7	8	9	10	11
B										
			210 11 09							
A	（连接角）157 11 11								5876.75	21567.86
			187 22 20	103.40	−102.54	0	−13.27	−0.01		
1	178 19 00	−4″							5774.21	21554.58
			185 41 16	157.25	−156.48	+0.01	−15.58	−0.02		
2	118 21 45	−3							5617.74	21538.98
			124 02 58	143.36	−80.27	+0.01	+118.78	−0.02		
3	94 42 25	−3							5537.48	21657.74
			38 45 20	169.08	+131.85	+0.01	+105.84	−0.02		
4	158 07 30	−3							5669.34	21763.56
			16 52 47	176.74	+169.12	+0.01	+51.32	−0.03		
5	89 03 55	−4							5838.47	21814.85
			285 56 38	110.60	+30.38	+0.01	−106.34	−0.02		
6	167 15 50	−4							5868.86	21708.49
			273 12 24	140.83	+7.88	+0.01	−140.61	−0.02		
A	94 10 00	−4							5876.75	21567.86
			30 11 09							
B										
Σβ	900° 00′ 25″		（检查）		−0.06	+0.06	+0.14	−0.14		

$(n-n)\ 180=900$

$f_\beta=+25''$　　$f_{yun}=\pm 40\sqrt{n}=\pm 106''$　　$f_X=-0.06$　　$f_Y=+0.14$　　$K=\frac{f_s}{\Sigma S}=\frac{1}{6675}$

$f_s=\sqrt{f_x^2+f_y^2}=\pm 0.15\text{m}$

2．附合导线的内业计算　附合导线内业计算的步骤与闭合导线的计算步骤相同，仅角度闭合差和纵、横坐标增量闭合差的计算公式不同。

（1）角度闭合差的计算。由图6-15知，附合导线起、终边的坐标方位角都为已知，由起边的坐标方位角α_{BA}和连接角、转折角可推算终边的坐标方位角α_{CD}。从理论上讲，其终边坐标方位角的推算值（用α'_{CD}表示），应等于已知值（用α_{CD}表示），但由于观测角存在误差，α'_{CD}与α_{CD}并不相等，其差值称附合导线角度闭合差f_β，即：

$$f_\beta=\alpha'_{CD}-\alpha_{CD} \tag{6-16}$$

附合导线各边坐标方位角的推算值为：

$$\alpha'_{A(2)}=\alpha_{BA}+\beta_1\pm180°$$

$$\alpha'_{(2)(3)}=\alpha'_{A(2)}+\beta_2\pm180°$$

$$\cdots\cdots\cdots\cdots\cdots\cdots\cdots\cdots$$

$$\alpha'_{CD}=\alpha'_{(n-1)(n)}+\beta_n\pm180°$$

取以上各式之和得：

$$\alpha'_{CD}=\alpha_{BA}+\sum_1^n\beta\pm n180°$$

将上式代入（6-16）式，得角度闭合差的计算公式：

$$f_\beta=\alpha_{BA}+\sum_1^n\beta\pm n180°-\alpha_{CD} \tag{6-17}$$

当β角为右角时，f_β可按下式计算。

$$f_\beta=\alpha_{BA}-\sum_1^n\beta\pm n180° \tag{6-18}$$

式中　α_{BA}——为起边BA的坐标方位角；

α_{CD}——为终边CD的坐标方位角；

n——导线连接角和转折角的总数。

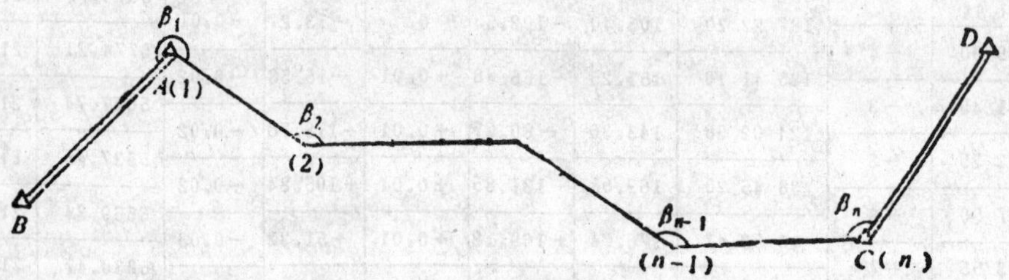

图 6-15

当f_β小于表6-2的技术要求时，f_β可分配，其分配方法与闭合导线相同。

（2）坐标增量闭合差的计算。由图6-15知，附合导线起、终点的坐标为已知，由起点A的坐标（X_A、Y_A）和各导线边的坐标增量ΔX、ΔY，可计算导线终点C的坐标（X'_C、Y'_C）。从理论上讲，终点坐标的计算值应等于其已知值，但由于测角和量边误差的影响，X'_C、Y'_C与已知值X_C、Y_C产生一个差数，称附合导线纵、横坐标增量闭合差，即：

$$\left.\begin{aligned}f_X&=X'_C-X_C\\f_Y&=Y'_C-Y_C\end{aligned}\right\} \tag{6-19}$$

各导线点坐标的计算值为：

$$X'_{(2)}=X_A+\Delta X_{A(2)} \qquad Y'_{(2)}=Y_A+\Delta Y_{A(2)}$$

$$X'_{(3)}=X'_{(2)}+\Delta X_{(2)(3)} \qquad Y'_{(3)}=Y'_{(2)}+\Delta Y_{(2)(3)}$$

$$\cdots\cdots \qquad \cdots\cdots$$

$$X'_C=X'_{(n-1)}+\Delta X_{(n-1)C} \qquad Y'_C=Y'_{(n-1)}+\Delta Y_{(n-1)C}$$

分别取上面各式之和得：

$$X'_C=X_A+\Sigma\Delta X \qquad Y'_C=Y_A+\Sigma\Delta Y$$

将上两式分别代入（6-19）式得：

$$\left.\begin{aligned} f_X&=\Sigma\Delta X-(X_{zho}-X_{qi}) \\ f_Y&=\Sigma\Delta Y-(Y_{zho}-Y_{qi}) \end{aligned}\right\} \qquad (6\text{-}20)$$

即纵、横坐标增量闭合差分别等于纵．横坐标增量总和减起、终点坐标之差。当起、终点为同一点时，（6-20）式就与（6-10）式完全相同，故闭合导线是附合导线的一个特例。

例4　图6-16为附合图根导线，其已知数据、观测角和边长均列于图中。试求各导线点的坐标。

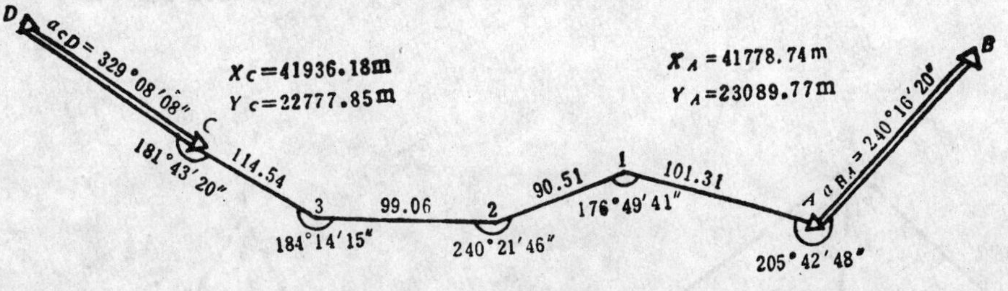

图 6-16

表 6-6　附合导线计算表

点名	观测角β（左） ° ′ ″	改正数 ″	坐标方位角α ° ′ ″	距离 s （m）	ΔX(m) 计算值	ΔX(m) 改正数	ΔY(m) 计算值	ΔY(m) 改正数	X（m）	Y（m）
1	2	3	4	5	6	7	8	9	10	11
B										
			240　16　20							
A	205　42　48	0							41778.74	23089.77
			265　59　08	101.31	−7.09	+0.01	−101.06	0		
1	176　49　41	−1							41771.66	22988.71
			262　48　48	90.51	−11.32	+0.01	−89.80	0		
2	240　21　46	−1							41760.35	22898.91
			323　10　33	99.06	+79.30	+0.01	−59.37	0		
3	184　14　15	0							41839.66	22839.54
			327　24　48	114.54	+96.51	+0.01	−61.69	0		
C	181　43　20	0							41936.18	22777.85
			329　08　08							
D										
Σ	988　51　50			405.42	+157.40		−311.92			

$f_\beta=+2''$　　$X_{zho}-X_{qi}=+157.44$

$f_{\beta yun}=\pm40''\sqrt{n}=\pm1'28''$　　$Y_{zho}-Y_{qi}=-311.92$　　$k=\frac{f_s}{\Sigma n}=\frac{1}{10135}$

$f_X=-0.04$　　$f_Y=0$

$f_S=\sqrt{f_X{}^2+f_Y{}^2}=\pm0.04\text{m}$

解：附合导线的计算步骤与闭合导线相同，其角度闭合差和纵、横坐标增量闭合差的计算公式见（6-17）式和（6-20）式，计算结果见表6-6。

第三节 前方交会

按小三角测量和经纬仪导线测量方法布设的图根点的密度还不能满足测图要求时，可以以小三角点、导线点或高一级控制点为已知点，用测角交会法加密图根点。测角交会又称解析交会法或经纬仪交会法，它是用经纬仪测角，然后经计算求得待定点坐标。测角交会有前方交会、侧方交会和后方交会。本节仅介绍前方交会。

一、前方交会的外业

前方交会的外业与经纬仪导线一样，有踏勘、选点和观测，即在已布设小三角点和导线点的地形图上，先选出前方交会点，然后去实地确定点，打木桩，并在木桩上钉上小钉，以表示点位。选点时应注意以下两点：

（1）待定点P必须与三个已知点通视，构成如图6-17的图形。

（2）待定点P与相邻两已知点方向间的交角γ称交会角，交会角应在30°～150°之间。

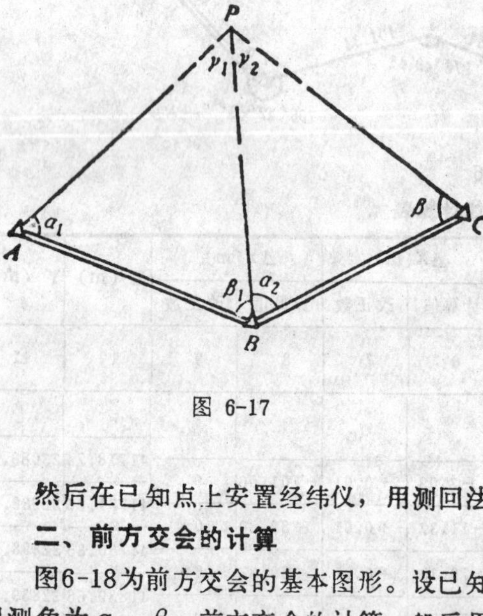

图 6-17

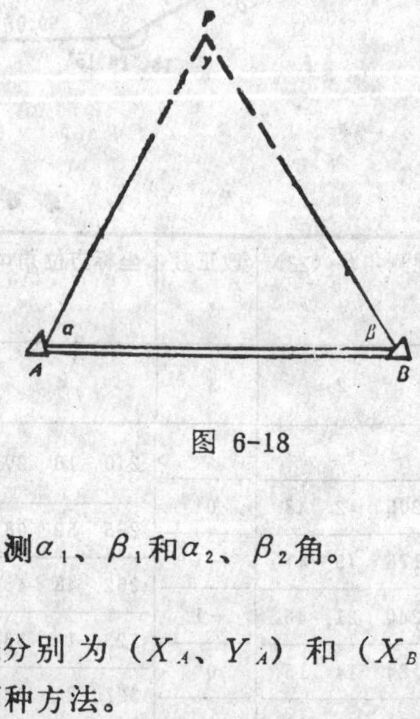

图 6-18

然后在已知点上安置经纬仪，用测回法或方向法测α_1、β_1和α_2、β_2角。

二、前方交会的计算

图6-18为前方交会的基本图形。设已知点的坐标分别为（X_A、Y_A）和（X_B、Y_B），观测角为α、β。前方交会的计算一般采用下面的两种方法。

1．第一种方法 其计算的要点是，根据已知点的坐标反算已知边的坐标方位角和边长，然后用正弦公式计算已知点至待求点的边长，用坐标方位角公式计算其坐标方位角，再用边长和坐标方位角计算坐标增量，最后计算待求点坐标。

根据坐标计算边长和坐标方位角称坐标反算。根据同一条边的边长和坐标方位角计算该边的坐标增量，然后再计算坐标称坐标正算。

（1）坐标反算。根据A、B点的坐标，反算AB边的坐标方位角和边长。由图6－11知，反算公式为：

$$\left.\begin{aligned} \mathrm{tg}\,\alpha_{AB}&=\frac{Y_B-Y_A}{X_B-X_A}=\frac{\Delta Y_{AB}}{\Delta X_{AB}} \\ s_{AB}&=\frac{Y_B-Y_A}{\sin\alpha_{AB}}=\frac{X_B-X_A}{\cos\alpha_{AB}} \end{aligned}\right\} \tag{6-21}$$

（2）用正弦定理计算AP、BP的边长s_{AP}、s_{BP}。先计算交会角γ。由图6-18知：

$$\gamma=180°-(\alpha+\beta) \tag{6-22}$$

知道$\triangle ABP$的三个内角和一条边长，就可用正弦定理计算另外两条未知边，即：

$$\left.\begin{aligned} s_{AP}&=S_{AB}\frac{\sin\beta}{\sin\gamma}=S_{AB}\frac{\sin\beta}{\sin(\alpha+\beta)} \\ s_{BP}&=S_{AB}\frac{\sin\alpha}{\sin\gamma}=S_{AB}\frac{\sin\alpha}{\sin(\alpha+\beta)} \end{aligned}\right\} \tag{6-23}$$

（3）推算AP、BP边的坐标方位角。用已知边AB的坐标方位角和观测角α、β按坐标方位角计算公式推算。由图6-18知：

$$\left.\begin{aligned} \alpha_{AP}&=\alpha_{AB}-\alpha \\ \alpha_{BP}&=\alpha_{BA}+\beta \end{aligned}\right\} \tag{6-24}$$

并可用下式作检查

$$\alpha_{AP}-\alpha_{BP}=\gamma=180°-(\alpha+\beta) \tag{6-25}$$

（4）计算待求点P的坐标。根据AP、BP边已算出的边长s_{AP}、s_{BP}和坐标方位角α_{AP}、α_{BP}，计算AP、BP边的坐标增量，即：

$$\left.\begin{aligned} \Delta X_{AP}&=S_{AP}\cos\alpha_{AP} \\ \Delta Y_{AP}&=S_{AP}\sin\alpha_{AP} \\ \Delta X_{BP}&=S_{BP}\cos\alpha_{BP} \\ \Delta Y_{BP}&=S_{BP}\sin\alpha_{BP} \end{aligned}\right\} \tag{6-26}$$

然后根据已知点A、B的坐标和AP、BP边的坐标增量，用坐标正算公式计算P点坐标，即：

$$\left.\begin{aligned} X_P&=X_A+\Delta X_{AP} \\ Y_P&=Y_A+\Delta Y_{AP} \\ X_P&=X_B+\Delta X_{BP} \\ Y_P&=Y_B+\Delta Y_{BP} \end{aligned}\right\} \tag{6-27}$$

由图6-18知，以A、B两点计算P点的两组坐标，其值应相等。但由于计算中的凑整误差，使两组坐标产生1～2mm的较差，可取其平均值作为P点的坐标。为避免外业观测中测错角度，并提高待求点P的精度，前方交会常布设成图6-17的形状，此时还要用同法解$\triangle BCP$。当由两个三角形分别解得P点坐标的较差小于$2\times0.1M$（mm）（M为测图比例尺分母）时，取其中数作为P点的最终坐标。

计算时应注意，当由两个三角形解出BP边的边长s_{BP}和坐标方位角α_{BP}各不相等时，不能取两组s_{BP}、α_{BP}的平均值来计算P点的坐标。应当用两组s_{BP}、α_{BP}分别计算P点坐标，否则将失去检查意义。

2．第二种计算方法　在计算前交点P的坐标时，可不用推算AP、BP的边长和坐标方位角，仅根据已知点A、B的坐标和观测角α、β，便可直接用余切公式计算P点的坐标。其余切公式为：

$$\left.\begin{aligned} X_P&=\frac{X_A\operatorname{ctg}\beta+X_B\operatorname{ctg}\alpha-Y_A+Y_B}{\operatorname{ctg}\alpha+\operatorname{ctg}\beta}\\ Y_P&=\frac{Y_A\operatorname{ctg}\beta+Y_B\operatorname{ctg}\alpha+X_A-X_B}{\operatorname{ctg}\alpha+\operatorname{ctg}\beta}\end{aligned}\right\} \tag{6-28}$$

计算时应注意：

（1）按余切公式计算P点坐标时，A、B、P应按反时针排列，否则P点的计算值与实际值不符。

（2）当P点坐标算出后，可以以P点和A点坐标为已知值，同法再算B点坐标，即：

$$X_B=\frac{X_P\operatorname{ctg}\alpha+X_A\operatorname{ctg}\gamma-Y_P+Y_A}{\operatorname{ctg}\gamma+\operatorname{ctg}\alpha}$$

$$Y_B=\frac{Y_P\operatorname{ctg}\alpha+Y_A\operatorname{ctg}\gamma+X_P-X_A}{\operatorname{ctg}\gamma+\operatorname{ctg}\alpha}$$

B点坐标的计算值与已知值较差应不超过1～2mm。

（3）由两个三角形推算P点的坐标，由于测角误差的存在，两组坐标不会相等，当较差小于$2\times0.1M$（mm）时，取其平均值作为P点的最终坐标。

例5　试根据A、B、C三点的坐标和观测角α_1、β_1、α_2、β_2（表6-7），求P点坐

表 6-7　前方交会计算表

示意图		野外图		备考	
	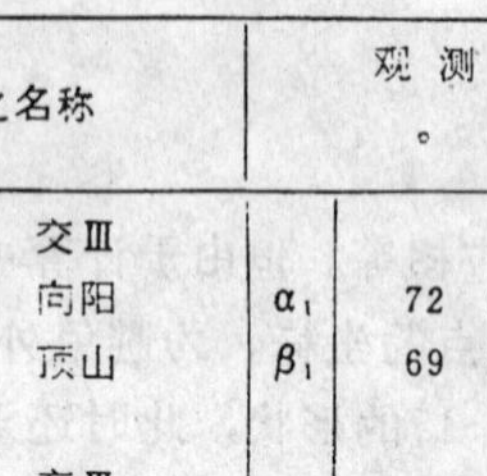		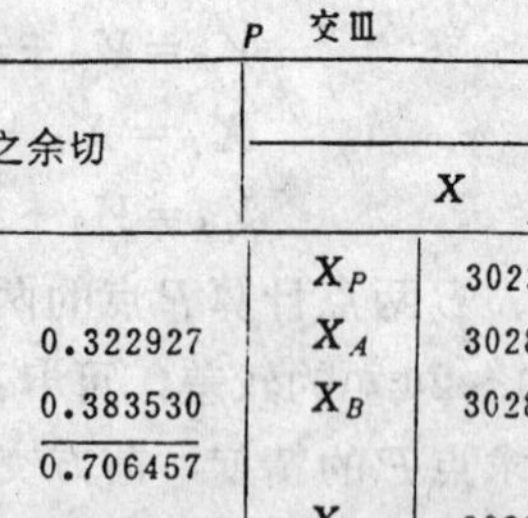		

角之名称		观测角				角之余切		坐标			
			°	′	″			X		Y	
P	交Ⅲ							X_P	302396.76	Y_P	486053.64
A	向阳	α_1	72	06	12	ctgα_1	0.322927	X_A	302845.15	Y_A	486244.67
B	顶山	β_1	69	01	00	ctgβ_1	0.383530	X_B	302874.73	Y_B	485918.35
						Σ	0.706457				
P	交Ⅲ							X_P	302396.76	Y_P	486053.66
B	顶山	α_2	55	51	45	ctgα_2	0.678006	X_B	302874.73	Y_B	485918.35
C	红村	β_2	72	36	57	ctgβ_2	0.313078	X_C	302662.83	Y_C	485656.11
						Σ	0.991084				
								中数X_P	302396.76	中数Y_P	486053.65

标。

解： 应用（6-28）式计算，计算结果见表6-7。

第四节 三角高程测量

地面点的高程除用水准测量的方法测定外，还可以用三角高程测量方法测定。用水准测量测定的高程，其精度较高，但测量速度较慢，且只适用于平坦地区。在山区，常采用三角高程测量的方法测定地面点的高程。它的速度快，且能达到一定的精度要求。

一、三角高程测量的原理

如图6-19所示，设A点的高程H_A为已知。为了求得B点的高程，需在A点安置经纬仪，在B点竖立标尺，用望远镜中丝切标尺顶部，测得垂直角为δ，再量得A点处的仪器高K和B点处的觇标高L。若已知A、B两点的水平距离为S，由图可知，A、B两点的高差为：

$$h_{AB}=S\,\mathrm{tg}\,\delta+K-L \tag{6-29}$$

二、三角高程测量的外业

三角高程路线的布设形式，取决于平面控制网的布设形式。若平面控制网布设成导线或小三角网形式，三角高程路线可沿各导线边或小三角网的短边布设成附合或闭合路线，各边应进行对向观测即直觇和反觇观测，然后取直、反觇高差的平均值作为观测高差。这样能防止错误，并提高观测精度，其起点的高程可用水准测量的方法测定。如平面控制网布设成测角交会网，其交会点的高程可由几个已知高程的点通过直觇或反觇观测，按三角高程测量的方法求得。

所谓直觇，就是在已知点A上安置仪器，照准未知点B测定AB方向的垂直角δ_A；所谓反觇就是在未知点B上安置仪器，照准已知点A，测定BA方向的垂直角δ_B。

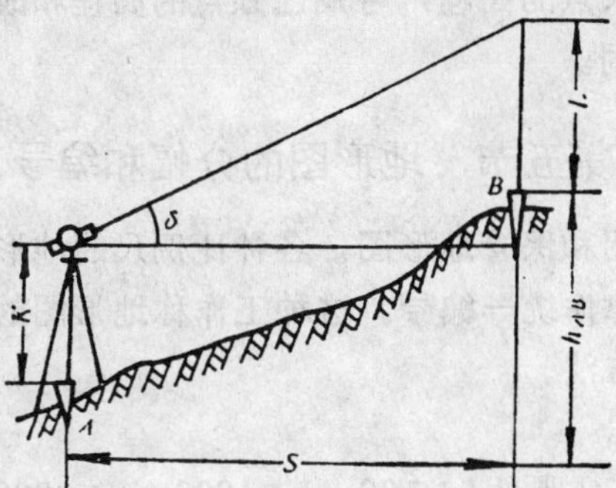

图 6-19

三角高程测量的外业主要是测垂直角，它一般与水平角观测同时进行，每一测站的操作步骤如下：

（1）在测站点上安置仪器，量仪器高，量至5mm；

（2）用中丝法测垂直角（见第四章第四节）；

（3）量取觇标高，量至5mm；

三、三角高程测量的内业计算

表 6-8 高差计算用表

待求点	1		2	
已知点	A	A	1	1
觇法	直	反	直	反
δ	$-2°02'18''$	$+2°35'22''$	$+4°37'24''$	$-4°03'30''$
s	315.03	315.03	306.07	306.07
$s\operatorname{tg}\delta$	−11.21	+14.25	+24.75	−21.72
K	+1.44	+1.42	+1.45	+1.43
L	−2.90	−3.00	−3.00	−2.95
h	−12.67	+12.67	+23.20	−23.24
平均高差	−12.67		+23.22	

三角高程测量的内业计算包括手簿检查、高差计算、高差闭合差的计算分配和高程计算等。内业计算前首先应对手簿进行全面、仔细的检查。当确认观测成果正确无误并符合规范要求时，将垂直角、仪器高、觇标高和平距转抄到高差计算用表6-8，然后开始内业计算。

1．高差计算　高差计算按（6-29）式，在表6-8中进行计算。当直反觇高差较差小于规定限差时，取直、反觇高差的平均值作为观测高差。

2．高差闭合差的计算和分配　用直、反觇算得的平均高差，按水准测量高差闭合差的计算公式计算。当高差闭合差小于规定的限差时，可进行高差闭合差的分配，其分配方法与水准测量高差闭合差的分配方法同。

3．高程计算　各待求点的高程，可用已知点的高程和改正后的高差计算，计算方法与水准测量的高程计算相同。

第五节　地形图的分幅和编号

为了测绘、拼接、使用和保管地形图，各种比例尺的地形图都按一定的规律进行分幅，每幅图又按一定的规律作统一编号。这种工作称地形图的分幅编号。地形图有正方形和梯形两种分幅和编号的方法。

一、正方形分幅和编号

供各项工程设计和施工需要的1：500、1：1000、1：2000及小区域1：5000的大比例

表 6-9 正方形分幅的图廓规格

比例尺	图廓大小 (cm^2)	实地面积 (km^2)	一幅1：5000地形图中包含的图幅数
1：5000	40×40	4	1
1：2000	50×50	1	4
1：1000	50×50	0.25	16
1：500	50×50	0.0625	64

尺地形图，均可采用正方形分幅。它按平面直角坐标的纵、横坐标线（以公里或百米为单位）进行划分，图幅的上、下以横坐标线为界，图幅的左、右以纵坐标线为界，图廓呈正方形。图廓的规格见表6-9，分幅关系如图6-20所示。

正方形分幅编号有两种方法

1．当测区已与国家控制网连接时，图幅的编号由下列两项组成

（1）图幅所在投影带中央子午线的经度；（2）图幅西南角的纵、横坐标（以km为单位）。

例如图6-20为1:5000比例尺地形图，其图幅编号为114°—3108.0—256.0即图幅所在中央子午线的经度为114°，图幅西南角的坐标为$X=3108.0$km，$Y=256.0$km。

2．当测区未与国家控制网连接时，图幅编号由下列两项组成

（1）测区起点的纵、横坐标（以km为单位）；（2）图幅西南角的纵、横坐标（以km为单位）。

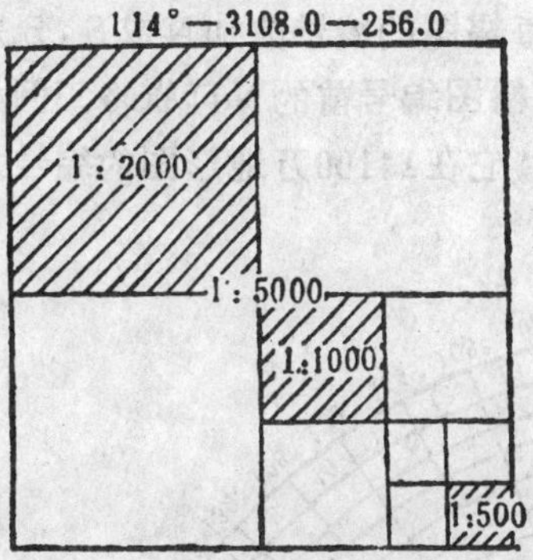

图 6-20

图 6-21

例如图6-21所示的1:2000比例尺的地形图，其图号为25—25—24—27即测区起点坐标$X=25$km，$Y=25$km，图幅西南角点的坐标$X=24$km，$Y=27$km。

小面积测区的大比例尺地形图，一般为工程设计和施工用图。地形图分幅可从实际出发，根据用图单位的要求，也可按阿拉伯数字的顺序进行编号，其数字的排列顺序为从左到右，从上而下，如图6-22所示，图中虚线为测区范围。小面积测区大比例尺地形图的图廓尺寸也可采用40×50cm²。测绘带状地形时，还可采用任意坐标线分幅，以减少板数及图幅的拼接。

二、梯形分幅和编号

梯形分幅是按经纬线进行划分的，左右以经线为界，上下以纬线为界，图廓呈梯形。

1．1：100万地形图的国际分幅和编号　为了统一划分全球的地形图，国际地理学会对1：100万地形图作了分幅和编号方法的规定，称1：100万地形图的国际分幅和编号。

1：100万地形图的国际分幅规定是从赤道起、向南、向北到纬度88°止，每隔纬度4°各划分成22个横列，依次用拉丁字母A、B……V表示；由经度180°起、自西向东以经差6°把全球划分成60个纵行，依次用阿拉伯数字1～60表示。这样，每幅1:100万地形图就成为一个梯形，其编号为“横列号—纵行号”。由于经线收敛于两极，当纬度较高时，经差6°的实际宽度显得很窄，因此又规定在纬度60°以上的地区，左右图廓的经差取12°，

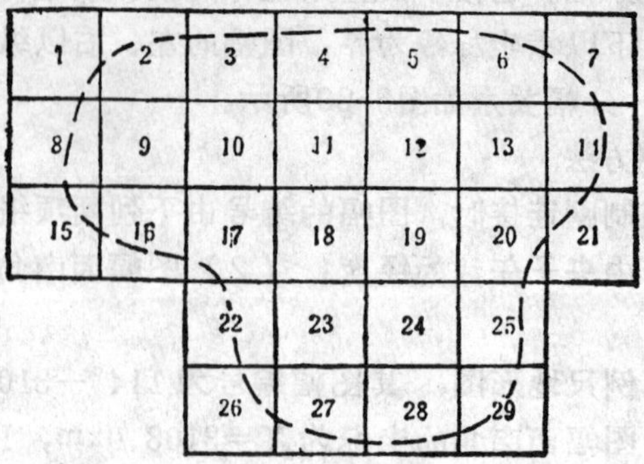

图 6-22

纬度76° 以上的地区，经差取24°：以纬度88° 为图廓的极圈图，则用Z表示。图6-23为北半球1：100万地形图的分幅情况。

为了区分图幅是在北半球还是在南半球，又规定在每幅图的编号前加N或S，分别表示北半球或南半球。由于我国领土全部位于北半球，故每幅图编号前的N可省略。例如我国A地，其地理坐标为东经118°56′30″，北纬37°20′36″，它在1:100万地形图的编号为J－50（在图6-23中用斜线表示）。

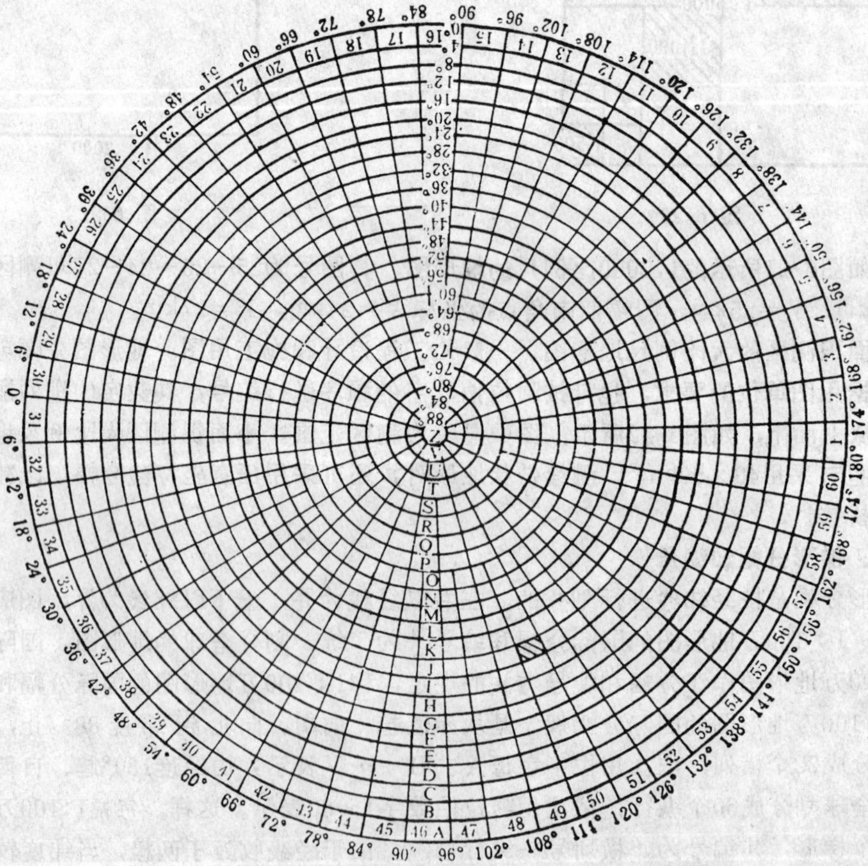

图 6-23

2．1:50万、1:20万、1:10万地形图的分幅和编号　1:50万、1:20万、1:10万地形图的分幅编号，都是在1：100万地形图的基础上进行的。每幅1：100万地形图可分别等分 4 幅、36幅和144幅1:50万、1：20万和1:10万的地形图，并分别用A、B、C、D，〔1〕、〔2〕……〔36〕和1、2……144表示，它们的编号均在1:100万地形图编号的后面连接各自的顺序号。例如*A*地在1:50万、1:20万和1:10万地形图中的编号分别为J—50—D、J—50—〔23〕和J—50—94，如图6-24、图6-25和图6-26中用斜线表示的梯形。

1：50万地形图的分幅与编号

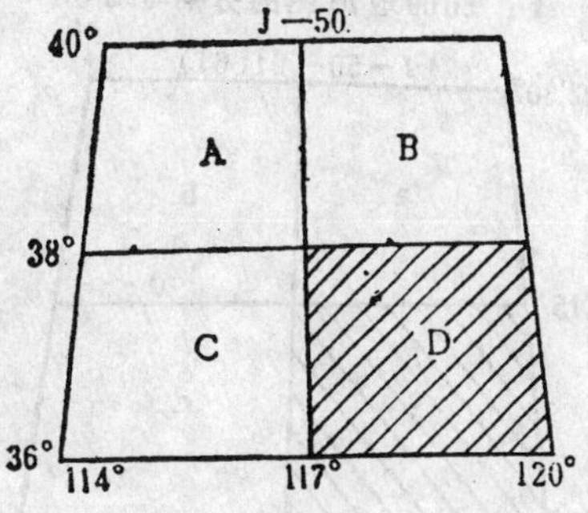

图 6-24

1：20万地形图的分幅与编号

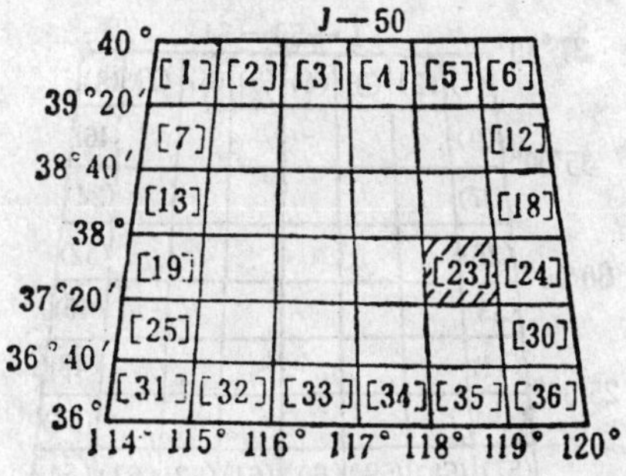

图 6-25

1：10万地形图的分幅与编号

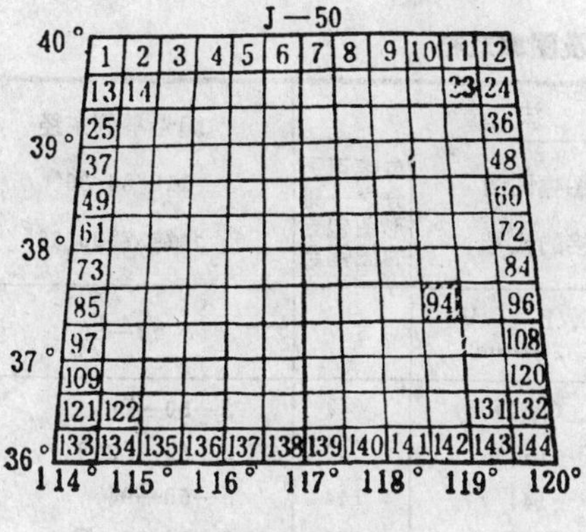

图 6-26

1：5 万和 1：2.5万地形图的分幅与编号

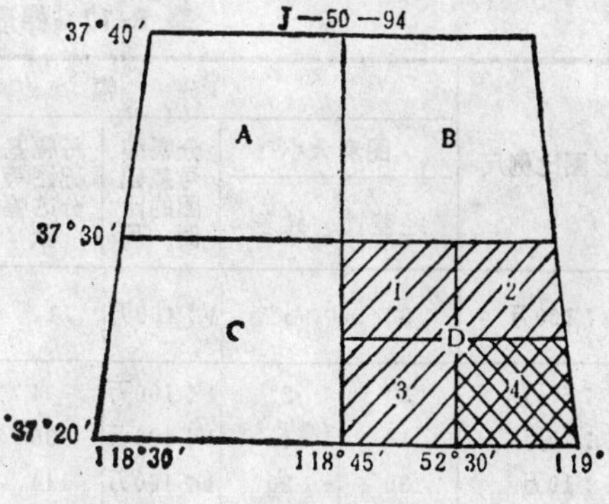

图 6-27

3．1：5万、1:2.5万、1：1万地形图的分幅和编号　1：5万地形图的分幅和编号是在1:10万地形图的基础上进行的。每幅1：10万地形图按经差15′，纬差10′分成 4 幅1:5万地形图，分别用*A*、*B*、*C*、*D*表示；其编号是在 1:10 万地形图编号的后面，连接1：5万地形图的顺序号。例如*A*地在1:5万地形图的编号为J—50—94—D，如图6-27所示。

1：2.5万地形图的分幅和编号是在1：5万地形图的基础上进行的。每幅1：5万地形图按经差7′30″，纬差5′分成 4 幅1:2.5万地形图，分别用1、2、3、4表示；其编号是在1：5万地形图编号后面.连接1:2.5万地形图的顺序号。例如*A*地在 1:2.5 万地形图的编号为J—50—94—D—4，如图6-27所示。

1：1万地形图的分幅和编号是在1:10万地形图的基础上进行的。每幅1:10万地形图按经差3′45″，纬差2′30″分成64幅1：1万地形图，分别用(1)、(2)……(64)表示；其编号是在1:10万地形图编号后面，连接1:1万地形图的顺序号。如A地在1:1万地形图的编号为J—50—94—(64)，如图6-28所示。

4. 1:5000地形图的分幅和编号　1:5000地形图的梯形分幅和编号，是以1:1万地形图为基础按经差1′52.5″，纬差1′15″将一幅1:1万地形图分成4幅1:5000地形图，用a、b、c、d表示；其编号是在1:1万地形图编号后面连接1:5000地形图的顺序号。如A地在1:5000地形图的编号为J—50—94—(64)—c，如图6-29所示。

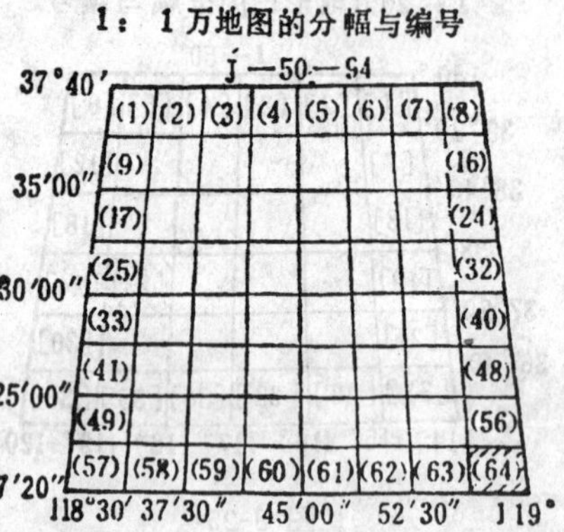

图 6-28

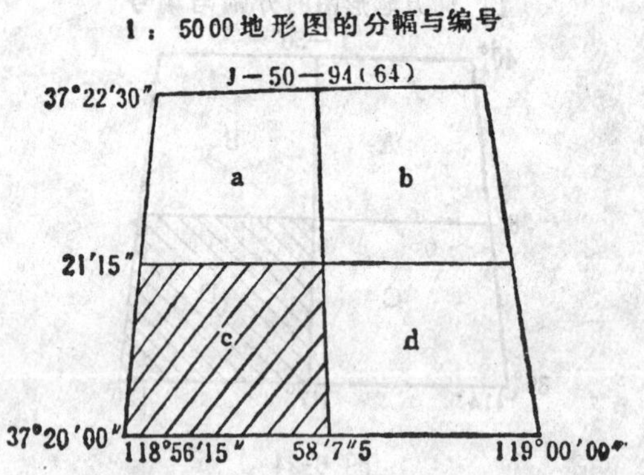

图 6-29

表 6-10　梯形图幅的编号及图廓规格

地形图比例尺	分幅编号方法						编号举例东经118°56 30″ 北纬37°20 36″
	图廓大小		分幅编号基础图的比例尺	每幅基础图等分的幅数	在基础图幅图号后连接的代号	每幅百万分之一地形图包含的图幅数	
	经差	纬差					
1:100万	6°	4°	1:100万	1	横列：A、B……V 纵行：1、2……60	1	J—50
1:50万	3°	2°	1:100万	4	A、B、C、D	4	J—50—D
1:20万	1°	40′	1:100万	36	[1]、[2]……[36]	36	J—50—[23]
1:10万	30′	20′	1:100万	144	1、2……144	144	J—50—94
1:5万	15′	10′	1:10万	4	A、B、C、D	576	J-50—94—D
1:2.5万	7′30″	5′	1:5万	4	1、2、3、4	2304	J-50—94—D—4
1:1万	3′45″	2′30″	1:10万	64	(1)、(2)……(64)	9216	J—50—94—(64)
1:5000	1′52″.5	1′15″	1:1万	4	a、b、c、d	36864	J—50—94—(64)—C

为了便于记忆和对照使用，现将梯形图幅的分幅和编号方法及A地所在图幅的编号列于表6-10。

第六节　地物地貌在地形图上的表示

将地球表面上的地物、地貌、按一定的比例尺和规定的符号测绘到图纸上，是测绘地形图的基本任务。为此，必须了解地物、地貌在地形图上的表示方法。

一、地物在地形图上的表示方法

地物是固定在地面上的不同形状物体的总称。它可分为两大类：一是自然物体，如河流、湖泊；二是人工地物、如房屋、水库、道路等。

测绘地形图时，要将地面上各类地物按垂直投影的方法，用相似的几何图形和特定的符号表示。由于地物的种类繁多，形状各异，因此，表示地物符号要有确定的位置，符号要形象、易记、易绘，并能区分地物的种类和性质。为此，国家测绘局对各种比例尺地形图的地物地貌的表示方法，作了统一规定，称地形图图式。

地物符号可分比例符号、非比例符号、线状符号和注记符号。

1．比例符号　将地物的轮廓按测图比例尺缩绘于图上的符号称比例符号。因此，比例符号与地面上的实际地物相似，如房屋、河流、竹林等，如图6-30所示。

2．非比例符号　当地物的轮廓很小，不能按比例缩绘于图上时，可采用规定的符号表示，这种符号称非比例符号，如独立树、钻孔、图根点、水准点等，如图6-31所示。

3．带状符号　带状狭长地物如小路、电线、栏杆等，其长度能按测图比例尺缩绘，但其宽度不能按比例尺缩绘，这种符号称带状符号，如图6-32所示。

图 6-30

(a) 普通房屋；(b) 河流；(c) 竹林

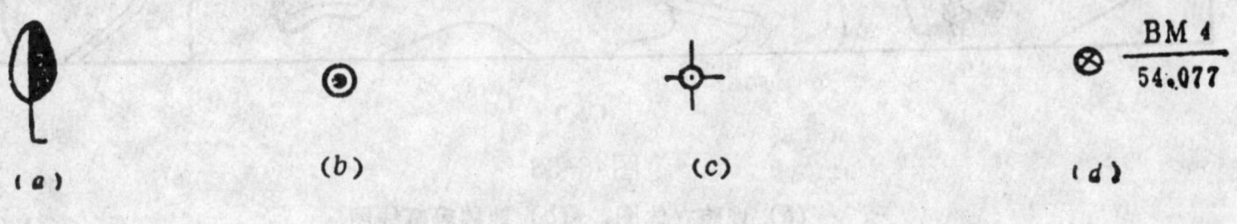

图 6-31

(a) 独立树；(b) 钻孔；(c) 图根点；(d) 水准点

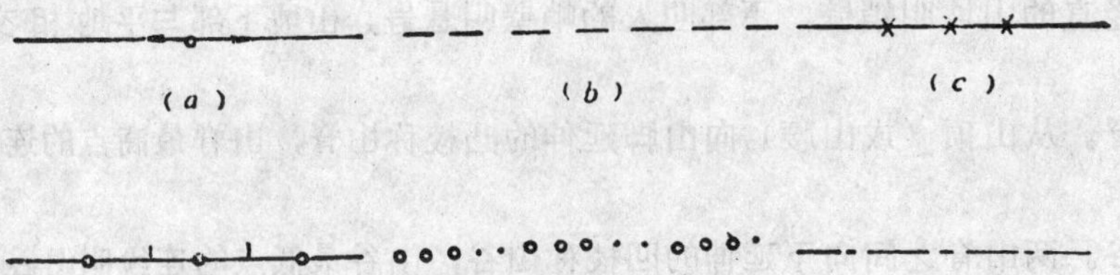

图 6-32

(a) 低压电力线；(b) 小路；(c) 篱笆；(d) 栏杆；(e) 活树篱笆；(f) 县市界

4．注记符号　有些符号仅用符号还不能说明问题时，常注以名称、材料、高程等，如图6-31中的水准点的名称点号为BM4，高程54.077m就属于注记符号。

二、地貌在地形图上的表示方法

地面上高低起伏的外貌称地貌，表示地貌的常用符号有等高线及其专用符号。为了正确掌握等高线及其专用符号，首先必须正确地了解地貌。

1．地貌的基本形态　地貌虽然错综复杂（图6-33*a*），但仍可归纳为下列几种基本形状。

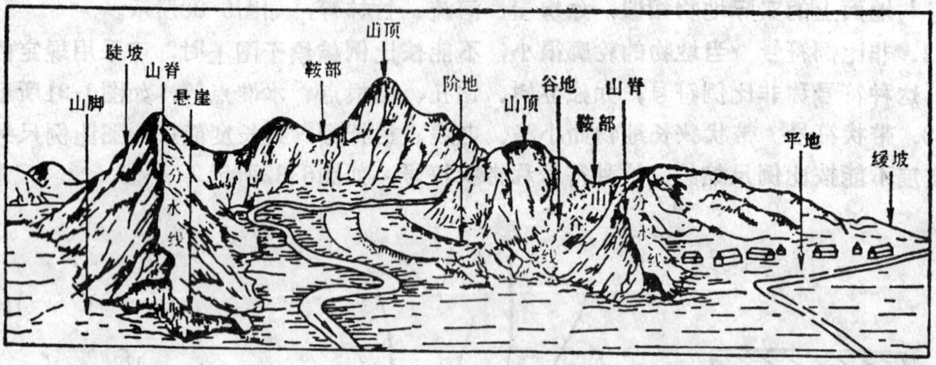

(*a*)

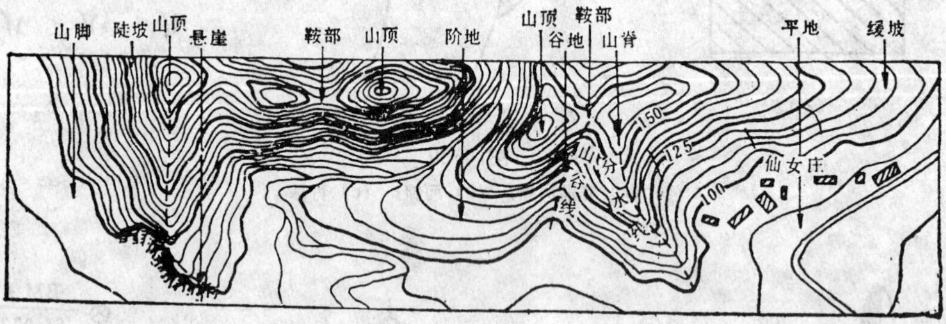

(*b*)

图 6-33

(a) 地貌立体图；(*b*) 地貌等高线图

（1）山。隆起而高于四周的高地称山，高大的称山麓，矮小的（低于200m）称山丘。山的最高点称山顶，山的各个侧面叫山坡。山坡倾角在20°以下叫缓坡，20～45°的叫陡坡，几乎成竖直的山坡叫峭壁，下部凹入的峭壁叫悬岩，山坡下部与平地相交处称山脚。

（2）山脊。从山顶（或山腰）向山脚延伸的凸棱称山脊，山脊最高点的连线叫山脊线或分水线。

（3）山谷。两山脊之间向下延伸的凹棱称山谷，山谷最低点的连线叫山谷线或合水线，山谷最低处叫谷底。

（4）鞍部。相邻两山顶之间的低凹部分，形如马鞍的称鞍部；山脊线和山谷线的相交处必为鞍部。

（5）盆地。陷落而低于四周的凹地称盆地，小而浅的称洼地。

2．用等高线表示地貌　地面上高程相等的相邻点连成的闭合曲线称等高线，如静止的海水面与小岛的交线就是一条等高线，等高线的形状随小岛与海水面相交处的形状而定。当海水不断上升，若把海水面每上升1m为间隔，将小岛与海水面相交的闭合曲线垂直投影到按测图比例尺缩绘的图纸上，图上各闭合曲线就是用来表示小岛的等高线。等高线的形状与小岛相应高程的形状完全相同，如图6-34所示。等高线不但能表示地貌的形状和高低起伏，且简单准确，因此被广泛使用。地貌基本形态的等高线见图6-33(*b*)和图6-35(1)、(2)。

3．等高距及等高线的分类

（1）等高距。相邻两等高线之间的垂直距离（即高差）称等高距。等高距愈小，图

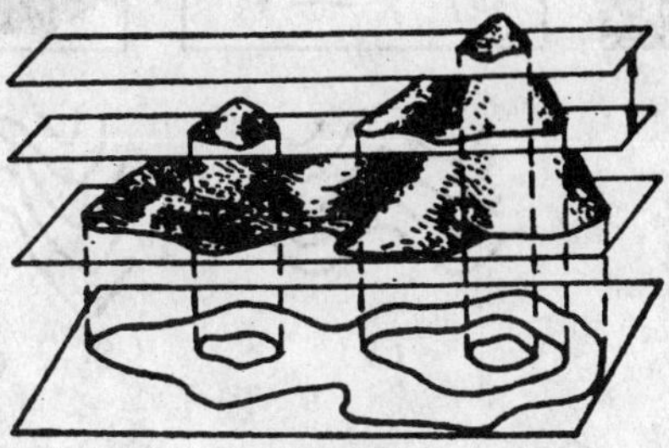

图 6-34

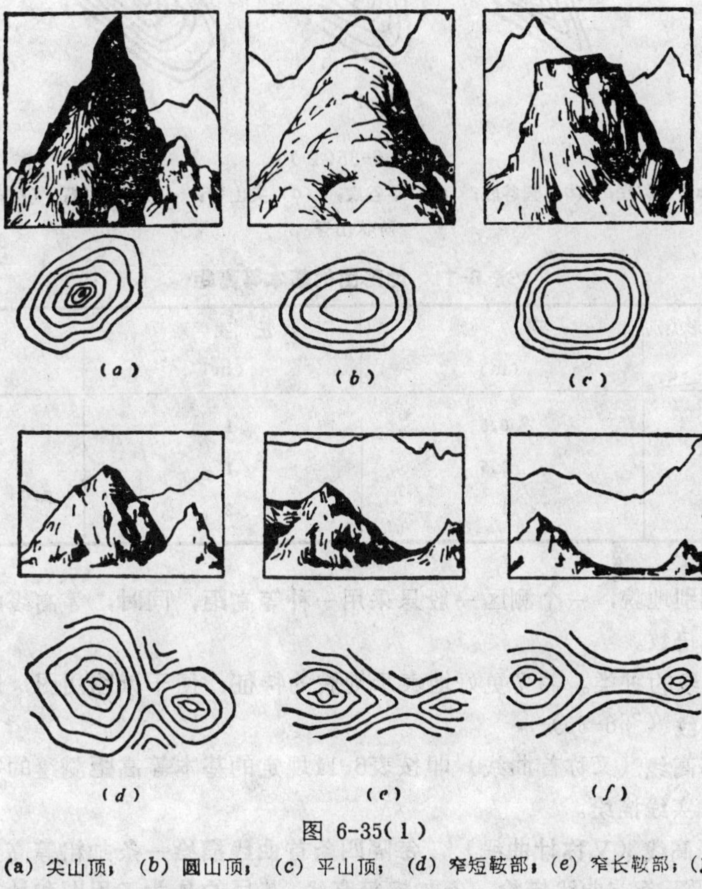

图 6-35(1)

(a) 尖山顶；(*b*) 圆山顶；(*c*) 平山顶；(*d*) 窄短鞍部；(*e*) 窄长鞍部；(*f*) 平宽鞍部

上的等高线愈密，地貌显示得愈详细，但测图所化费的时间就愈多，有时，还会失去图纸的清晰性。等高线愈大，图上等高线愈稀，有时不能正确的显示地貌。因此，等高距的选择，应根据测图比例尺的大小、测区地面坡度和测图目的等因素全面考虑。表6-11是现行大比例尺地形测量规范规定的测图等高距。

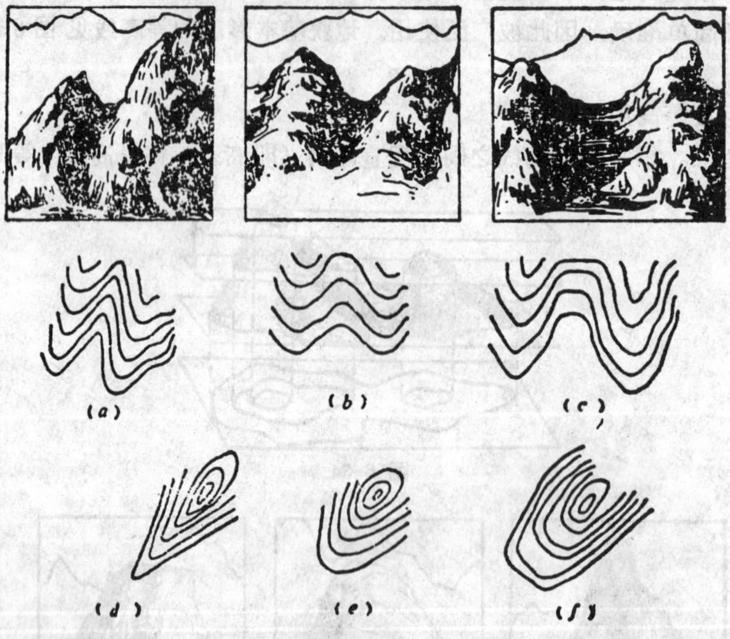

图 6-35(2)

(a) 尖谷底；(b) 圆谷底；(c) 平谷底；(d) 尖山脊；(e) 圆山脊；(f) 台阶状山脊

表 6-11 地形图的基本等高距

等高距(m) / 地形类别 / 比例尺	平地 (m)	丘陵地 (m)	山地及高山地 (m)
1:1000	0.5	1	1
1:2000	0.5	1	2
1:5000	1	2	5

为了正确判别地貌，一个测区一般只采用一种等高距，同时，等高线的高程必须是所采用等高距的整倍数。

（2）等高线的种类。为了更好地表示地貌的特征，便于读图用图，地形图上主要采用下列三种等高线（图6-36）：

1）基本等高线（又称首曲线）即按表6-11规定的基本等高距测绘的等高线。在地形图中首曲线用细实线描绘。

2）加粗等高线（又称计曲线），每隔四条首曲线描绘一条加粗等高线；当等高距为2.5m时，则每隔三条首曲线描绘一条加粗等高线，其目的是为了用图和计算高程的方便。

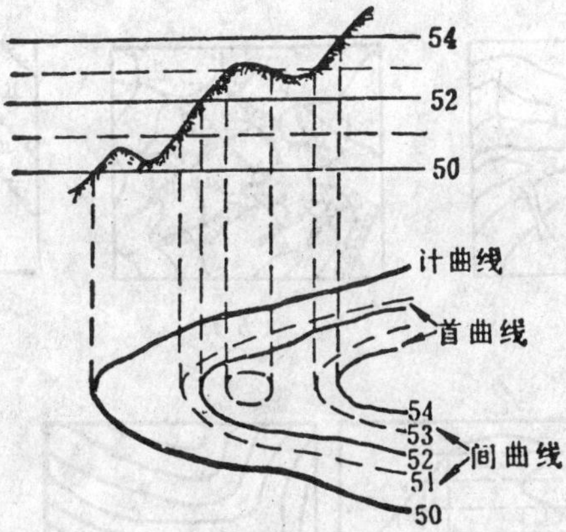

图 6-36

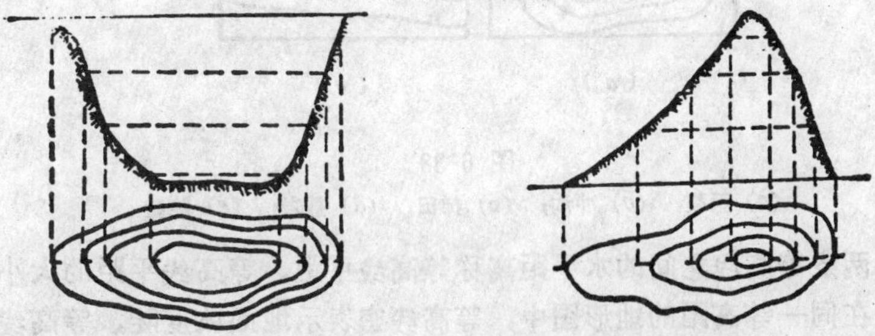

图 6-37

(a) 盆地，(b) 山头

在地形图中各计曲线应注记其等高线相应的高程。

3）半等高距（又称间曲线），是按二分之一基本等高距内插描绘的等高线。在平坦地面当首曲线间距过稀时，可加绘间曲线，以显示首曲线不能显示的地貌特征。间曲线在图上用长虚线表示，一般应对称，但可以不闭合。

用等高线表示地貌，山头和盆地的等高线形状相似，不易区分，为此，常在等高线上画上一条指向坡度下降方向并与等高线垂直的短线，称为示坡线，以示区别，如图6-37(a)、(b)所示。

特殊地貌如梯田、悬岩、雨裂、冲沟等，仅用等高线是不能显示的，此时可按规定的符号配合等高线和高程注记来表示（图6-38）。

4．等高线特性　为了用等高线正确表示地貌，必须充分掌握等高线的特性。

（1）在同一条等高线上各点的高程相等，但高程相等的点不能说都在同一条等高线上。

（2）等高线应是圆滑闭合曲线，但由于一幅图的范围有限，等高线若不在本图幅内闭合，也会跨越一幅或多幅图闭合。等高线不能起于图中，不能止于图中。只有间曲线可以在不需要表示的地方中断。

（3）在地形图上除了悬岩处，不同高程的等高线不能相交。

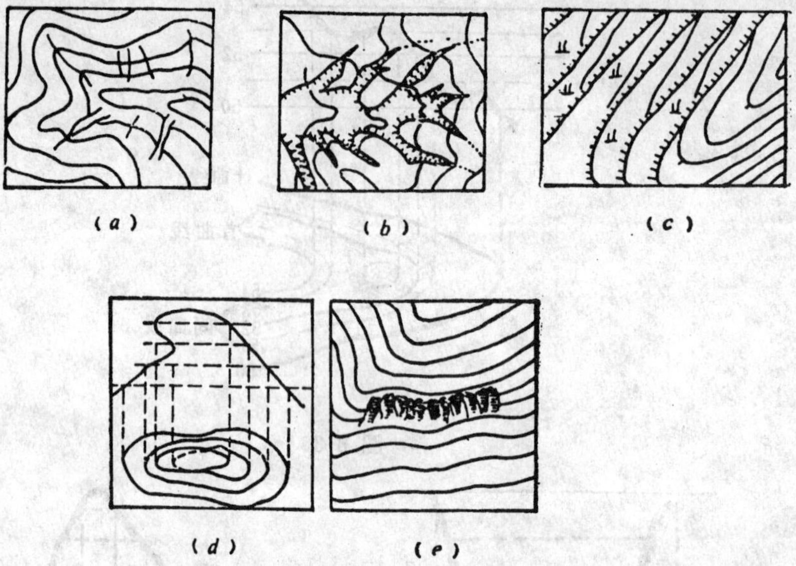

(a) (b) (c)

(d) (e)

图 6-38

(a) 雨裂；(b) 冲沟；(c) 梯田；(d) 悬岩；(e) 陡壁

（4）相邻两条等高线之间的水平距离称等高线平距。等高线平距的大小与地面坡度的大小成反比。在同一等高距的地形图中，等高线密表示地面坡度陡，等高线稀表示地面坡度缓，如图6-33(*b*)所示。

（5）等高线通过山脊、山谷线，应与山脊、山谷线成正交。表示山谷的等高线应凸向高处，表示山脊的等高线应凸向低处。

第七节　测图前的准备工作

测图前的准备工作，包括资料准备、测图纸准备、坐标格网绘制、控制点展绘和测图仪器检查校正等。

一、资料的准备

测图资料包括测图规范、地形图图式和各级控制点成果的抄录。测图规范和地形图图式，可根据测图目的和相应的测图比例尺选择。各控制点（包括在测区内的等级控制点和测图图根控制点）成果的抄录，并保证抄录无误。

二、测图纸的准备

以前，是将优质的绘图纸表糊在测图板上，这种图纸存在着使用和保管都不方便等缺点。目前广泛采用经打毛后的聚酯薄膜来代替图纸。使用时，在图板上面先表糊一张浅色（如白色）薄纸，再在白纸上放上聚酯薄膜，然后用透明胶纸（或夹子）将聚酯薄膜粘贴（或固定）在测图板上。粘贴时，要保证聚酯薄膜平整。

聚酯薄膜是一种电气绝缘材料，它具有牢固耐磨，不怕潮湿，伸缩变形小，轻，便于保存和携带等优点；如图面污染，还可以用清水或肥皂水洗涤。用聚酯薄膜测图完毕后，可直接接图边、晒图和照相制版等，大大减少了制图工序。但聚酯薄膜也存在怕折、易燃等缺点，使用和保管时，应注意防折防火。

三、坐标格网的绘制

各级控制点和图根点均可作为测绘地形图的测站点。因此，在测图前，必须把各类控制点展绘于图板上。为了精确地展绘控制点，必须在图板上绘制坐标格网。大比例尺地形图的坐标格网由边长为10cm的正方形组成，其绘制方法如下。

1．用坐标格网尺绘制坐标格网　图6-39是我国生产的五四型坐标格网尺（又称方眼尺）。它是由温度系数变化很小的合金钢制成，适用于绘制$50\times50cm^2$的正方形坐标格网。尺上有六个方孔，每孔有一斜面，最左端方孔的斜面刻有一条直线作为该尺零点的指标线，其它各孔和尺的最右端斜面均是以零点为圆心，以10、20、30、40、50cm及70.711cm为半径所作的弧线，其中70.711cm为$50\times50cm^2$正方形的对角线长度。

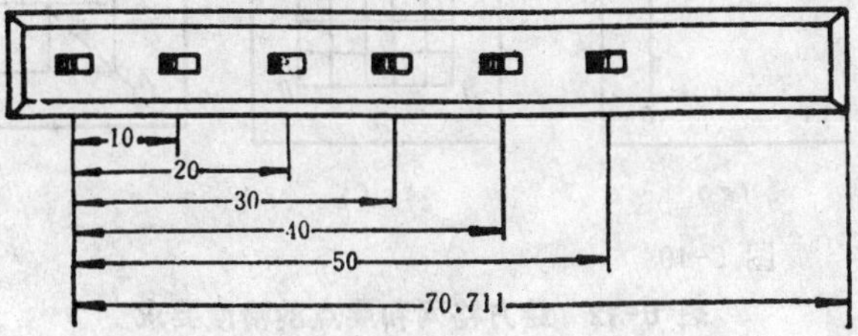

单位：cm

图 6-39

用坐标格网尺绘制坐标格网的步骤如下（图6-40）。

（1）在图板下边缘的适当位置（要目估与图板的下边缘平行，并使绘制的方格网位于图板中央）画一直线，在直线左端的适当位置定出A点；将尺的零点对准A点，使尺上其他各孔的中心位于直线上；沿各孔斜边画弧线与直线相交，设最右端的交点为B（图6-40a）。

（2）将尺的零点对准B点，目估使尺子垂直于AB线，沿各孔斜边画弧线（图6-40b）。

（3）将尺的零点对准A点，目估尺子沿对角线放置，在尺子末端画弧线，使其与右上方的弧线相交得C点（图6-40c）。

（4）将尺的零点对准A点，目估使尺子垂直于AB线，沿各孔斜边画弧线（图6-40d）。

（5）将尺的零点对准C点，目估尺子与图板上边缘平行，沿各孔斜边画弧线，并使左端最末一孔所画的弧线与左上方的弧线相交得交点D（图6-40e）。

（6）连接A、B、C、D各点，则得边长为50cm的正方形，再连接正方形两对边的相应各点，便得每边长为10cm的坐标格网（图6-40f）。

2．用直尺绘制坐标格网　如图6-41所示，先用直尺画出图纸的两条对角线，设其交点为O。在图廓西南角对角线上的适当位置（使绘制的方格网位于图中央）选择A点，以对角线交点O为圆心，以OA为半径用大圆规在对角线上分别截得B、C、D三点。用直尺连接A、B、C、D各点，得矩形$ABCD$。在AD和BC边上，分别从A和B开始，每隔10cm作五个分点，再在AB和DC边上，分别从A和D开始，每隔10cm作五个分点，然后用直尺连接两对边的相应分点，便得所需的图廓和坐标格网。

3．坐标格网的检查　坐标格网绘制的是否正确，直接影响控制点的展绘精度，必须

认真检查。表6-12中的1、2、3、4项为规范规定的检查内容和精度要求，不符合表中要求

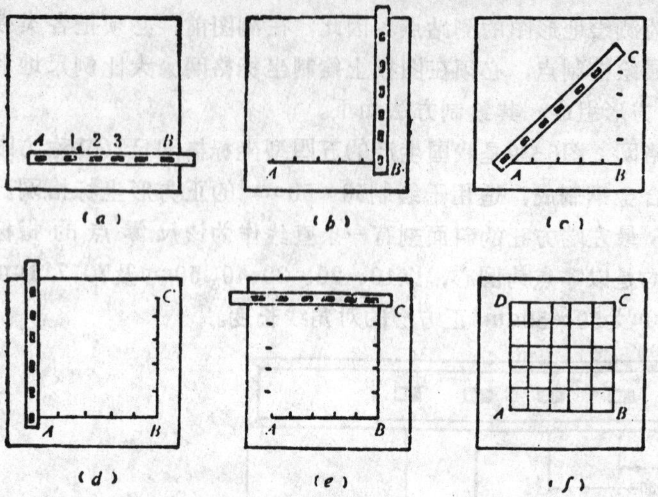

图 6-40

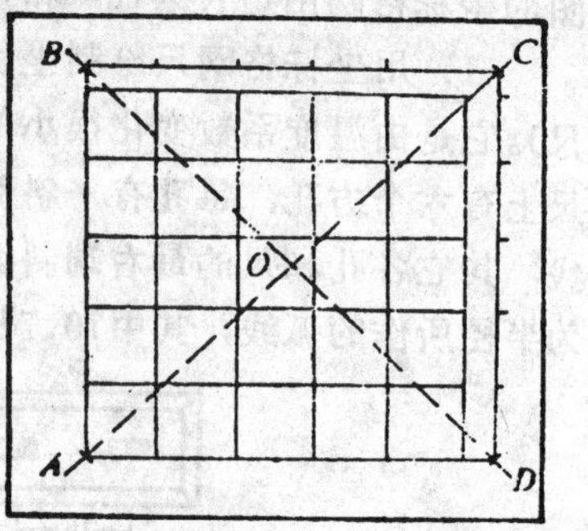

图 6-41

表 6-12 绘方格网和展点的精度要求

项　　目	展点误差（mm）
1.方格线长与理论长度之差	⩽0.2
2.控制点间的图上长度与坐标反算长度之差	⩽0.3
3.图廓边、图廓对角线图上长度与理论长度之差	⩽0.3
4.方格线的粗度与刺孔直径	⩽0.1

的坐标格网应重新绘制。

四、图廓点和控制点的展绘

（1）从测区“地形图分幅编号和测区平面控制网成果表”中抄录本图幅图廓点的坐标和图内各控制点的点号（或点名）、坐标、高程及相邻点的距离。

（2）按本图幅西南角点的坐标，注记坐标格网相应的坐标值，如图幅西南角点的坐标为$X_0=3563.0\text{km}$，$Y_0=54.0\text{km}$。注记坐标后的坐标格网见图6-42。

（3）展绘控制点。根据各控制点的坐标，找出各控制点所在的方格，如A点的坐标

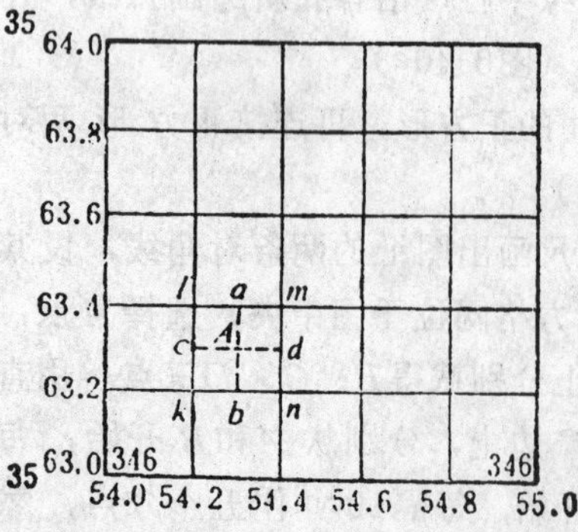

1∶2000

图 6-42

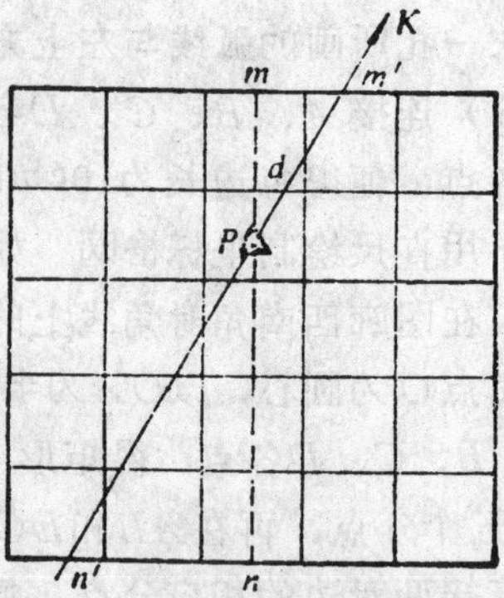

图 6-43

$X_A=3563302.34$m，$Y_A=54310.03$m。由A点的坐标知该点在$mnkl$方格内，然后从k和n按测图比例尺分别向上量102.34m($=X_A-X_0$)得c和d点，再从k和l点按测图比例尺分别向右量取110.03m($=Y_A-Y_0$)得b点和a点；连接ab和cd，其交点则为A点；同法展绘其余各点。

（4）展点完毕后，应按测图比例尺量取图上各相邻两点的距离，与相应已知边长进行比较，其误差应小于表6-12中第2项规定的精度，否则应重展。各控制点符合展点精度要求后，可用小针刺出点位（称刺点）、针孔不得大于图上0.1mm，然后画上图式中规定的符号，再注记点名（或点号）、高程。

五、至图外点方向线的展绘

为了标定图板方向，常需由图内点描向另一个不位于本图幅的控制点，为此，应预先将其方向线绘于图纸上。

如图6-43所示，P为图内控制点，K为不位于本图幅的控制点。为展绘PK方向线，设P点至图外点的坐标方位角α为已知值，过图内P点作一条平行于纵坐标轴的直线，设与P点最远的横坐标线交于m点。根据PK的坐标方位角α和P点至m点的纵坐标差Pm，可按下式计算mm'的长度：

$$mm'=Pm\text{tg}\alpha$$

过m点沿横坐标线按测图比例尺量取mm'的长度得m'点，Pm'即为PK的方向线。为了检查PK方向线的正确性，可用同样方法，在PK的相反方向得n'，若n'、P、m'位于同一直线上，这说明方向线展绘正确。此时，可在图廓外刺点将所绘方向线固定。

第八节 碎部测量

碎部测量，是将地面上的地物、地貌按规定的比例尺和地形图图式中规定的符号测绘成地形图的工作。碎部测量因所用仪器不同，可分为经纬仪测绘法、大平板仪测绘法、图板和经纬仪联合测绘法和激光地形仪测绘法。本节仅介绍经纬仪测绘法。

经纬仪测绘法就是将经纬仪安置在测站点上，将图板安放在经纬仪旁，用经纬仪观测各碎部点（即地物、地貌点）的方向、视距和垂直角，计算各碎部点的高程和测站点至碎部点的水平距离，由绘图者将各碎部点展绘于图纸上，并用规定的符号绘制成地形图的工作。其每一测站的测绘工作包括选点、观测、记录、计算、展点和绘图等工序。现分述如下。

一、选点

选点就是由跑尺员选择地物、地貌特征点，并在所选点上竖立视距尺的工作。

1．地物特征点的选择 所谓地物特征点，就是地物轮廓的转折点、拐弯点，如道路、湖泊和地类界的弯曲处，房屋的屋角等。

地物的形状虽然千差万别，它归纳起来不外由曲线和折线组成。因此，测图时，应沿曲线（或折线）的拐弯处（或转折处）立尺，但是也不可能毫无区别地将所有的拐弯处和转折处都表示在图纸上。为了使图面既清晰易读而又能充分显示地物特征，必须力求做到主次分明。对明显目标、用图时有方位作用和经济建设需要的地物必须立尺，而对于一些临时性的和对用图意义不大的地物可舍去。如在道路密集地区测图，人行小道可舍去；但在偏辟的山区，道路极少地区测图，人行小道要作重要地物测绘。

2. 地貌特征点的选择　所谓地貌特征点，就是坡度或方向的变换点，如山的最高点、洼地的最低点、鞍部的最低点、谷口点、坡度变换点、山脊点、山谷点等。

地貌的形状复杂，表面上看起来虽没有什么规律，但只要仔细进行分析，就可发现它是由许多不同坡度和不同方向的斜面组成的多面体。如果多面体各棱线的空间位置确定了，则该多面体就被完全确定。因此，在测绘地貌时，只要按上述原则测定足够数量的、决定地貌形状棱线的坡度和方向的变换点，就能充分显示测区地貌的形状。不同坡度和不同方向斜面相交的棱线，称地貌性质线简称地性线，如山脊线、山谷线、山脚线等。

二、观测

观测的内容包括测定各碎部点的方向、视距和垂直角，其具体观测步骤如下（图6-44）。

图 6-44

（1）将经纬仪安置在测站点A上，量取仪器高，量至cm。

（2）松开照准部水平制动螺旋，转动望远镜，瞄准测站起始方向B点，转动水平度盘变换手轮，使水平度盘对准0°00′00″；然后松开照准部水平制动螺旋，用望远镜瞄准另一已知点C，测出$\angle BAC$角与原角值较差应不超过±2′。

（3）松开照准部，用望远镜照准碎部点P处所立的视距尺，读上下丝。然后，用中丝切视距尺上某一分划值（或仪器高），读取中丝读数；再使竖盘水准管气泡居中，读竖盘读数，最后读水平度盘读数。

三、记录计算

记录计算是将观测者所报的数，记入碎部测量手簿（表6-13），并用计算器计算。

算出测站点至各碎部点的水平距离和碎部点的高程。设测站点的高程为H_0，测站点至碎部点的高差值为h，仪器高为K，中丝读数即觇标高为L。由视距测量原理知，测站点至碎部点的水平距离和高差的计算见（4-15）式和（4-16）式，则碎部点i的高程为

$$H_i = H_0 + h \tag{6-30}$$

四、展点和绘图

展点和绘图由绘图者完成。

1. 展点　展点是根据碎部点的方向、平距，将碎部点用量角器展绘于图纸上的工作。展点用的量角器（图6-45），是在圆周的边缘上刻有0°～180°（外圈）和180°～360°（内

表 6-13 碎部测量手簿

测站：A	仪器：经Ⅲ20456	仪器高K=1.43m
后视方向：B	指标差：0	测站高程H_o=60.12m
检查方向：C	日期：1982年5月3日	

点 号	视距读数 (m) $D=100l$	竖盘读数 °	′	水 平 角 °	′	水平距离 (m)	高差 ±h' (m)	Δ ±m	高 程 (m)	备 注
1	46.0	85	06	45	56	45.5	+4.70	0	64.82	电杆
2	73.2	87	31	326	11	73.1	+3.17	0	63.29	电杆
3	48.0	84	15	68	13	47.5	+4.78	0	64.90	房屋
4	36.8	89	05	48	39	36.8	+0.59	0	60.71	房屋
5	71.5	89	23	108	24	71.5	+0.56	0	60.68	房屋
6	58.5	94	24	113	14	58.2	−4.47	0	55.65	田坎

圈）的角度分划值，其最小分划值为30′（或20′），可用它量取角度。量角器的直径上刻有长度分划，其最小分划值为mm，可用它量取长度。用量角器展点的步骤是：先用直尺在图纸上画出从测站点a到起始方向b的零方向线，再将量角器直径上的小孔用小针固定在测站点a上。设在测站点A上测得碎部点1的水平距离为76.5m，水平方向值为136°25′，测图比例尺为1：1000。为了展绘碎部点1，可转动量角器，使零方向线ab对准量角器上136°25′，然后在量角器直径右端的7.65cm处刺点，并注记1点的高程83m（图6-45b）。

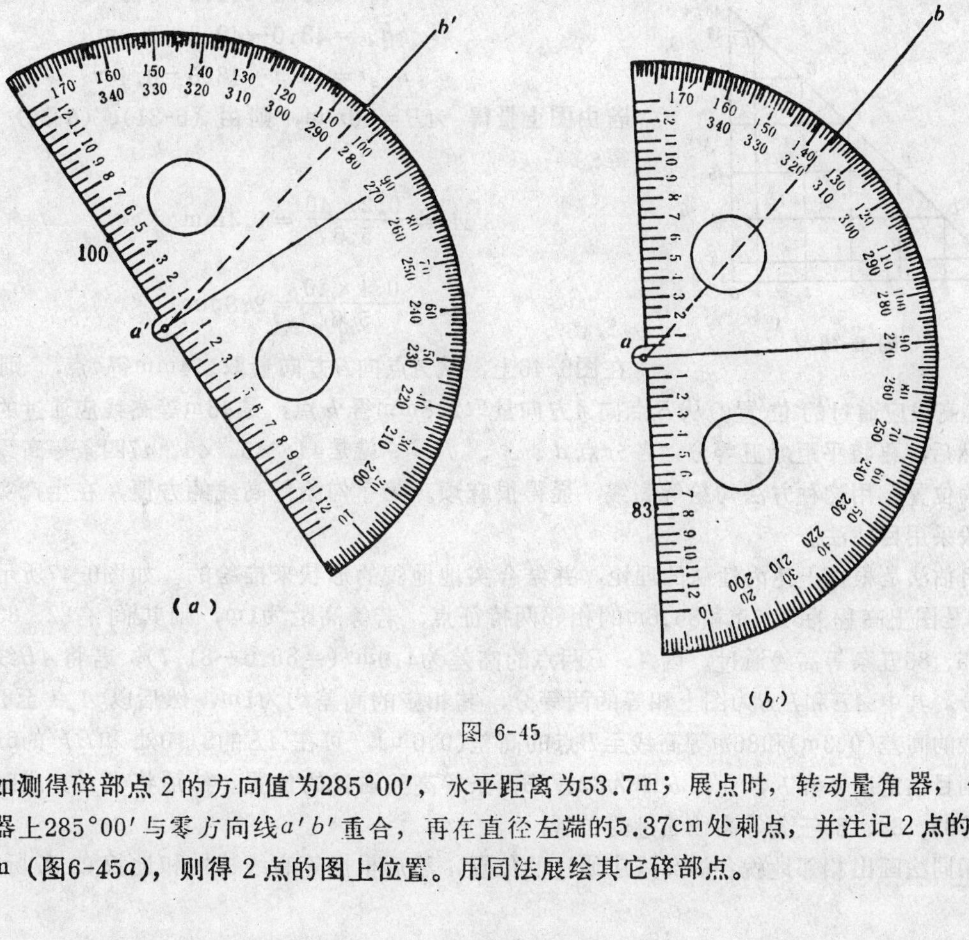

图 6-45

又如测得碎部点2的方向值为285°00′，水平距离为53.7m；展点时，转动量角器，使量角器上285°00′与零方向线$a'b'$重合，再在直径左端的5.37cm处刺点，并注记2点的高程83m（图6-45a），则得2点的图上位置。用同法展绘其它碎部点。

2、绘图　绘图是将所测碎部点，按地形图图式中规定的符号，描绘成地形图。

（1）地物的描绘。当所测碎部点为地物点时，则用相应的地物符号绘出；用比例符号表示的地物，有的应随测随绘，如道路、河流等，有的应测完一个绘一个，如房屋等。用非比例符号表示的地物，应先绘出其中心位置、再用符号表示，如钻孔等。

（2）地貌的描绘。当所测碎部点为地貌点时，应先根据地貌特征点绘出地性线，然后再勾绘等高线。因为地貌特征点是坡度变换点。因此，地性线不仅表示了山脊、山谷的方向，而且还可认为相邻两特征点间的地面坡度是相等的。由等高线原理知，相等坡度的地面，其等高线平距相等即高差与平距成正比。根据这个道理就可按比例内插法求得各条等高线在相邻两特征点间应通过的位置。如图6-46，A、B为相邻两个特征点，其高程分别为42.8m和48.4m。设其等高距为1m，则A、B两点间有43、44、45、46、47、48六条等高线通过。为了求出各等高线通过的位置，可先求出43m和48m两等高线通过的位置。其确定方法是：设C、K为43m、48m两等高线通过的位置，由图6-46知：

$$AC=\frac{CcAB}{BB'}=\frac{h_{AC}AB}{h_{AB'}} \tag{6-31}$$

$$Bk=\frac{B'K'AB}{BB'}=\frac{h_{KB'}AB}{h_{AB'}} \tag{6-32}$$

式中h_{AC}、$h_{KB'}$、$h_{AB'}$分别为A_C、KB'、AB'的高差，其值为：

$$h_{AB'}=48.4-42.8=5.6\text{m}$$

$$h_{AC}=43.0-42.8=0.2\text{m}$$

$$h_{KB'}=48.4-48.0=0.4\text{m}$$

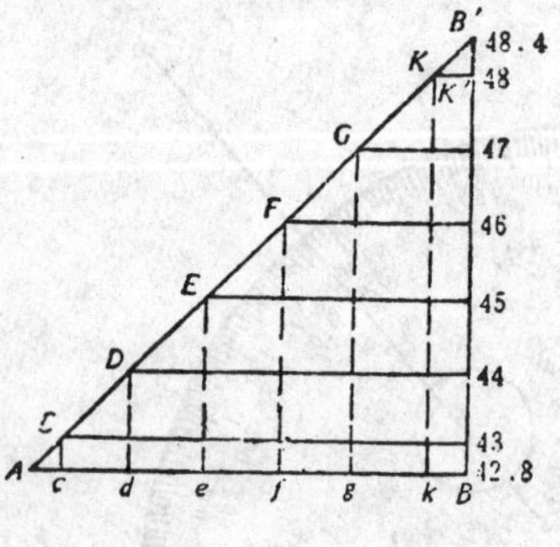

图 6-46

若由图上量得 $AB=40$mm，则由（6-31）、（6-32）式得：

$$A_C=\frac{0.2\times 40}{5.6}=1.4\text{mm}$$

$$B_k=\frac{0.4\times 40}{5.6}=2.8\text{mm}$$

在图6-46上，从A点向B方向量取1.4mm得c点，则为43m等高线应通过的位置。从B点向A方向量取2.8mm得k点，是48m等高线应通过的位置。然后，再将平距ck五等分，各分点d、e、f、g就是44、45、46、47四条等高线应通过的位置。用这种方法勾绘等高线，显得很麻烦。为了勾绘等高线的方便，在生产实践中一般采用目估法。

目估法是根据上述内插法的理论，并结合实地地貌的形状来描绘的。如图6-47所示，A、B是图上高程为81.7m和86.6m的相邻两特征点，若等高距为1m，则其间有82、83、84、85、86五条等高线通过。因A、B两点的高差为4.9m（=86.6−81.7），若将AB线段五等分，其中AE和FB为图上相等的两等分，其相应的高差约为1m，然后以A点至82m等高线的高差(0.3m)和86m等高线至B点的高差(0.6m)，可在AE的3/10处和BF的6/10处分别目估定出a和b，a、b即为82、86两条等高线通过的位置。然后将a、b分成四等分，得83、84、85三条等高线通过的位置。

用同法画出相邻地貌各等高线应通过的位置，然后根据等高线特性和地貌的实际形

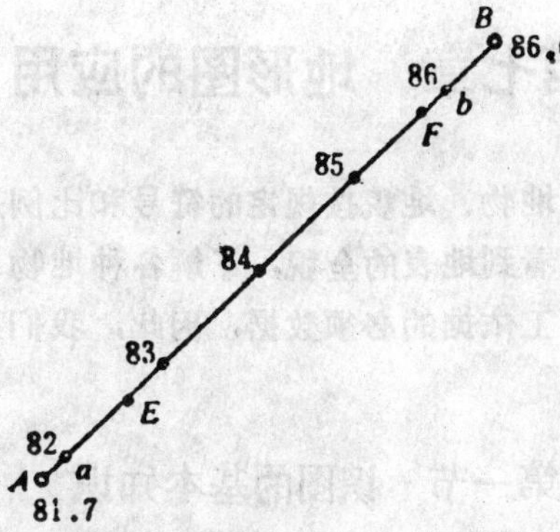

图 6-47

状，将高程相等的相邻点用等高线连接，以表示不同地貌。

复习思考题

1．什么叫数字比例尺？怎样绘制直线比例尺？如何用直线比例尺将图上长度化为实地长度和把实地平距化为图上长度？

2．导线可布设成哪几种形式？什么叫做导线的连接角和转折角？

3．试述经纬仪导线的作业程序。

4．闭合导线与附合导线的计算有何异同点？在计算时要进行哪些检核？

5．根据已知边的坐标方位角和连接角（或转折角），如何推算各边坐标方位角？如何将坐标方位角换算为相应的象限角？

6．测角交会法有几种形式？如何计算前交点的坐标？

7．试述三角高程测量的目的和原理。

8．地形图为什么要进行分幅编号？什么叫正方形分幅编号？试述其适用范围。

9．什么是地物和地貌特征？用经纬仪测绘法如何测定这些特征点？

10．试述等高线原理和等高线的特性。

11．试述等高线的种类。

12．试用等高线表示山脊、山谷、鞍部和悬岩。

13．根据图中给出的各地貌特征点的高程插绘等高线（等高距为1m）。

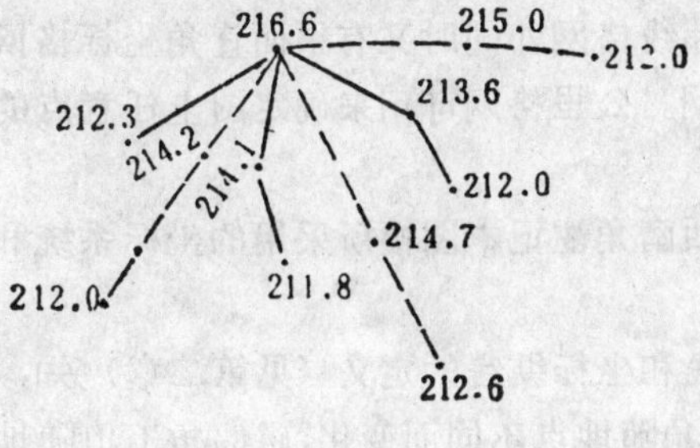

题13图

注：----山脊线

——山谷线

第七章　地形图的应用

地形图是将地球表面上的地物、地貌按规定的符号和比例尺，用一定的测量方法绘制而成的图件。从图上不但可以看到地表的全貌，了解各种地物、地貌位置的相互关系，而且还可量取作为工程设计和施工依据的必须数据，因此，我们必须学会正确地使用地形图。

第一节　识图的基本知识

识图就是全面了解地形图的内容。

一、图名、图号及接图表

图名是用本图幅内最著名或最大的地名或地物、地貌的名称来命名的。图号是按统一分幅进行的编号，它一般注记在北图廓上方的正中央。如图7-1地形图的图名为南徐堡，图号为L—52—28—(59)，该图幅为梯形分幅。

接图表一般位于图廓外的左上方，它绘有九个小格，中间绘有斜线的一格代表本图幅的位置。四周八格分别注明了相邻图幅的图名，相应的图号分别注记在图幅四周（经纬线与外图廓之间）的中部。

接图表用以表示本图幅与相邻图幅的位置关系，根据它，用图者可以迅速地找到与本图幅相邻的其他地形图，然后按接图表将相邻的地形图拼接成一张某地区的地形图。

二、比例尺

地形图的比例尺以数字比例尺和直线比例尺表示，它们注记在南图廓外的正中央。数字比例尺一般注记在直线比例尺的上方。

三、图廓和坐标格网

地形图的边框线称图廓，是由内图廓和外图廓组成。内图廓是图幅的边界。梯形图幅的内图廓由经纬线来确定，经纬线的长度由经差和纬差来决定。如1：1万的图幅，其经差为3′45″，纬差为2′30″。图7-1图幅西南角点的经度为127°37′30″，纬度为47°00′00″。由经纬线组成的坐标格网称地理坐标格网，用它可确定图上任一点的地理坐标；正方形图幅的内图廓由平面直角坐标的纵横坐标线来确定，称平面直角坐标格网。在1：1万或更小比例尺的地形图上，除有经纬线格网外同时又有平面直角坐标格网；坐标线之间的间隔以整公里为单位时，又称公里网。公里格网可用来确定图上任意点的平面直角坐标值。

四、坐标系和高程系

在每一幅图图廓外的西南角注记本图幅所采用的坐标系统和高程系统（图7-1）

五、三北方向线

由真子午线、磁子午线和坐标纵线的定义（见第二章）知，通过地面某点的该三线是不重合的，其中子午线收敛角随地点不同而变化，磁偏角不但随地点而变，还随时间而变。为了用图方便，取该图幅的平均子午线收敛角和平均磁偏角，并用图示形式扩大（即绘出的角值比实际角值大）绘在南图廓外，称三北方向线（图7-2）。

三北方向线规定只绘在1：2.5万或更小比例尺的地形图上，用它可以进行地形图定

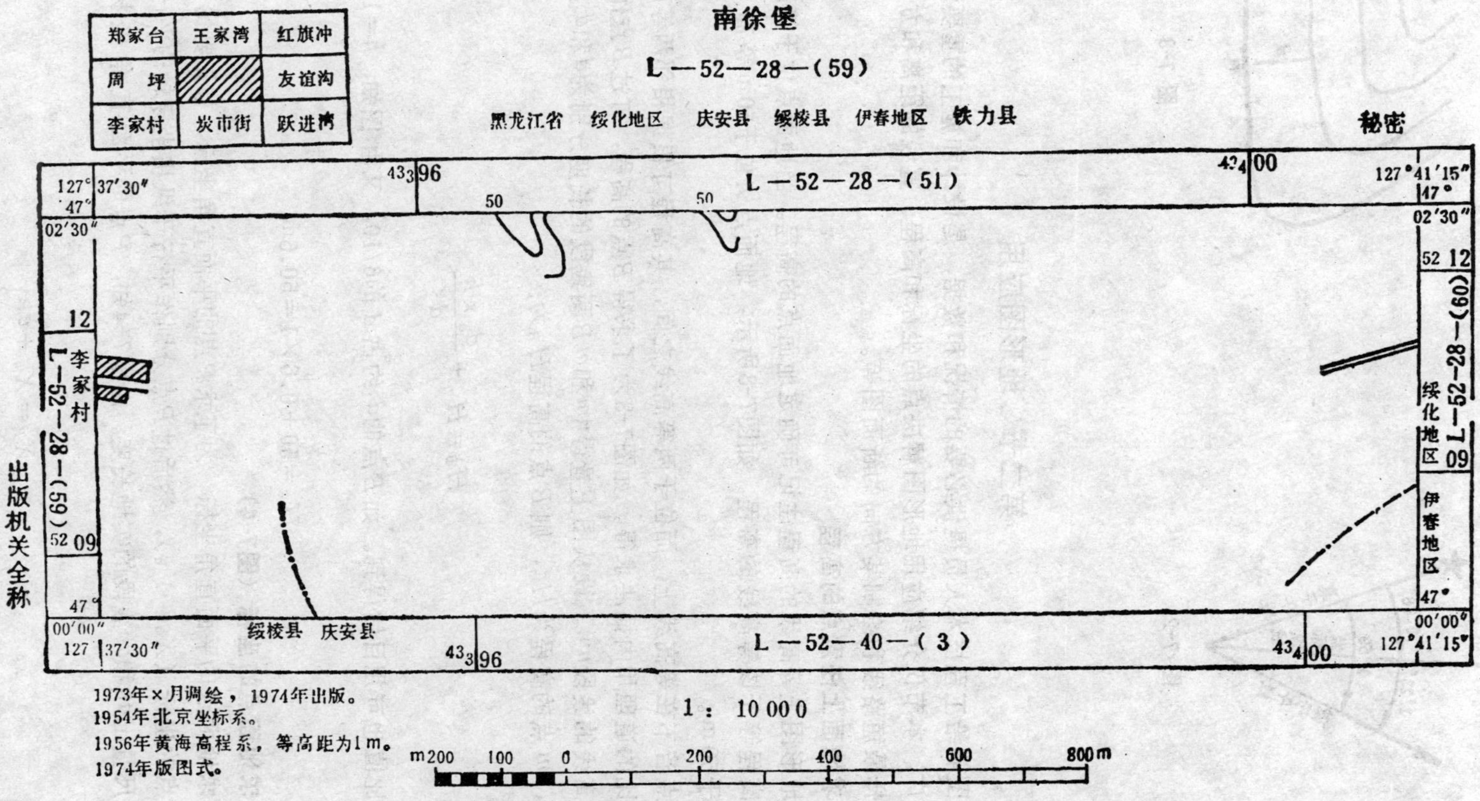
郑家台 王家湾 红旗冲
周 坪 友谊沟
李家村 炭市街 跃进湾
南徐堡
L—52—28—(59)
黑龙江省 绥化地区 庆安县 绥棱县 伊春地区 铁力县
秘密
L—52—28—(51)
L—52—40—(3)
L—52—28—(60)
绥化地区
伊春地区
李家村
L—52—28—(59)
绥棱县 庆安县
出版机关全称
127° 37′30″
47° 02′30″
127° 41′15″
47° 00′00″
1973年×月调绘，1974年出版。
1954年北京坐标系。
1956年黄海高程系，等高距为1m。
1974年版图式。
1：10 000
m200 100 0 200 400 600 800m

图 7-1

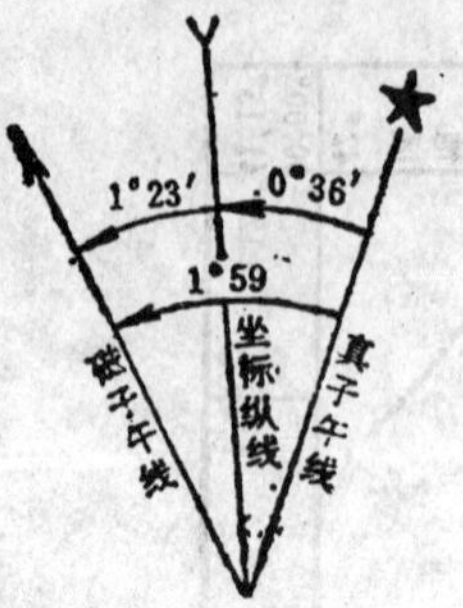

图 7-2

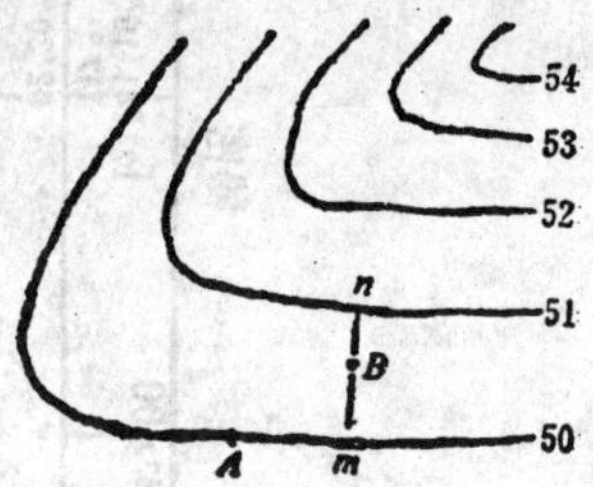

图 7-3

向。

第二节 地形图应用

地形图能给工程技术人员提供必要的情况和数据，是设计和施工的重要资料，因此应用范围很广。本节仅介绍应用地形图解决点的坐标和高程、直线的距离和方位角、按规定的坡度选择最短路线和绘制某方向的断面图等。

一、求地面上任意点的高程

根据地形图上等高线的高程注记可确定地面点的高程。当地面点位于等高线上时，则地面点的高程等于该等高线的高程。如图7-3所示，地面点A位于50m等高线上，故A点的高程等于50m。

地面点若不在等高线上，而位于两等高线之间，其高程可根据相邻两等高线的高差和平距成正比的道理用内插法求得。如图7-3为了求得B点的高程，可过B点作大致垂直于相邻两等高线的线段nm。设从图上量得nm和mB两线段的长度分别为d和d_1，若地形图等高距为h，m点的高程为H_m，则B点的高程H_B为：

$$H_B = H_m + \frac{d_1 \times h}{d} \tag{7-1}$$

d_1与d的比值也可用目估得到。如B点的d_1约占d的6/10，又由图知，$h=1$m，则B点的高程为：

$$H_B = 50 + 0.6 \times 1 = 50.6\text{m}$$

二、求地面点的坐标（图7-4）

1．求地面点的平面直角坐标　为了求P点的平面直角坐标，首先要找出P点所在方格西南角点的坐标（X_a、Y_a），然后过P点分别作平行于纵横坐标轴的平行线mn和kl，并用比例尺量出ak和an线段的实地长度。由图7-4知，P点的平面直角坐标可由下式计算：

$$\left.\begin{aligned} X_P &= X_a + ak \\ Y_P &= Y_a + an \end{aligned}\right\} \tag{7-2}$$

如果考虑图纸的伸缩，P点的坐标可用下式计算：

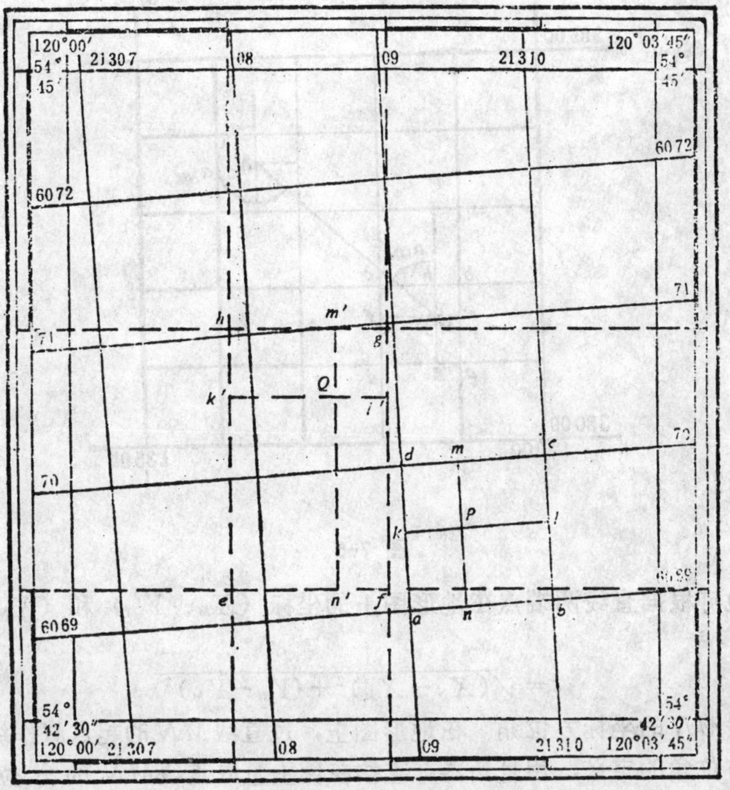

1：10000

图 7-4

$$\left.\begin{aligned} X_P &= X_a + \frac{10}{ad}ak \\ Y_P &= Y_a + \frac{10}{ab}an \end{aligned}\right\} \tag{7-3}$$

例如，从图7-4中量得$ak=536$ m，$an=395$ m，又知$X_a=6069000$ m，$Y_a=21309000$ m，则P点坐标为：

$$X_P=6069000+536=6069536 \text{ m}$$

$$Y_P=21309000+395=21309395 \text{ m}$$

2．求地面点的地理坐标　为了求得地面点Q的地理坐标，可先找到Q点所在经纬线格西南角点的经纬度（L_e、B_e），然后过Q点作经纬线的平行线$m'n'$和$k'l'$（图7-4），并量取ef、en'、eh及ek'的长度，即可按下式求得Q点的地理坐标为：

$$\left.\begin{aligned} L_Q &= L_e + \frac{60''}{ef}en' \\ B_Q &= B_e + \frac{60''}{eh}ek' \end{aligned}\right\} \tag{7-4}$$

三、求地面直线的距离和坐标方位角（图7-5）

1．求地面直线的距离　若要求地面直线MN的水平距离s，可以用直线比例尺直接

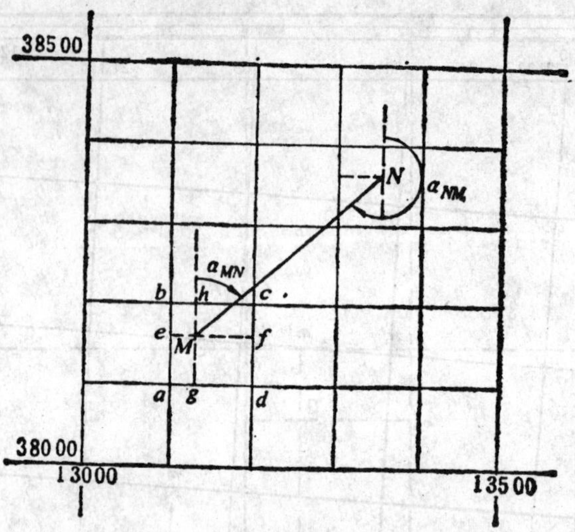

图 7-5

在图上量取，也可根据直线两端点在地形图上的坐标（X_M、Y_M）和（X_N、Y_N），用下式求得：

$$s=\sqrt{(X_N-X_M)^2+(Y_N-Y_M)^2} \tag{7-5}$$

2．求直线MN的坐标方位角　在地形图上，过直线MN的起点M作纵坐标轴的平行线。根据坐标方位角的定义，用量角器可直接在图上量取直线MN的方位角α_{MN}。为了检核，再过直线MN的终点N作纵坐标轴的平行线，同法量取直线NM的方位角α_{NM}，则：

$$\alpha_{MN}=\alpha_{NM}-180°$$

或

$$\alpha_{NM}=\alpha_{MN}+180° \tag{7-6}$$

若求得直线两端点M、N的坐标，也可用下式作检核：

$$\alpha_{MN}=\mathrm{arctg}\left(\frac{Y_N-Y_M}{X_N-X_M}\right) \tag{7-7}$$

四、按规定坡度在地形图上选择最短路线

如图7-6所示，若要在地面上A、B两点之间选择坡度为i的最短路线，需要在图上根据相邻两点的高差，算出坡度为i的斜距所对应的平距。设相邻两点的高差为h，平距为s，则：

$$s=\frac{h}{i} \tag{7-8}$$

例如为了在图7-6上选定A、B两点之间的坡度为i的最短路线，首先应按（7-8）式算出相邻等高线之间坡度为i的斜距所对应的平距；然后以A点为圆心，以平距s为半径作圆弧与离A点最近的等高线交于1和1′；再以1和1′为圆心，s为半径作圆弧与第二条等高线交于2和2′点，依此类推，直至到达B点。将A、B点和各相邻交点1、2……和1′、2′……分别连接起来，这样可在图上选出两条最短路线。最后经实地踏勘选出最理想的路线。

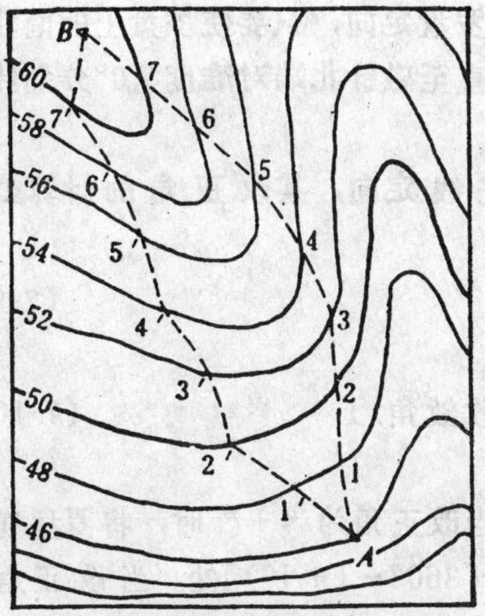

图 7-6

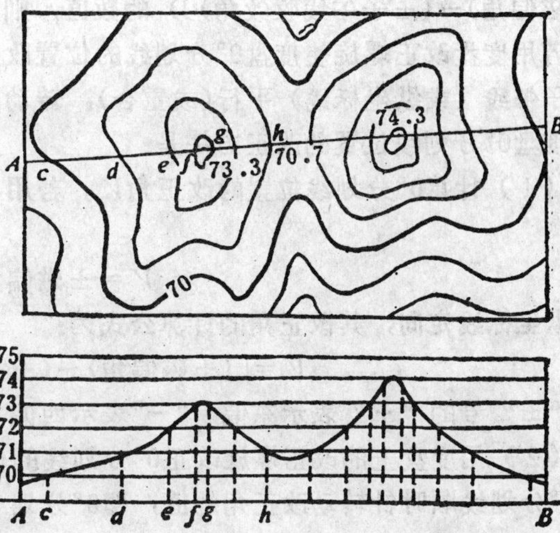

图 7-7

五、沿已知方向线作断面图

断面图可表示某方向线地面高低起伏的情况，它可用该方向线与等高线交点的高程和相邻两交点的平距绘出。如图7-7所示，欲沿 AB 方向作断面图，其方法是先在图纸上作互垂直的两条轴线，横轴表示平距，它选用与地形图相同的比例尺；纵轴表示高程。为了更好的显示地面起伏的情况，高程比例尺为平距比例尺的十倍或二十倍。

然后在横轴上选定已知方向线起点 A 的位置，并将 AB 方向线与各等高线的交点 c、d、e……等，以 A 为圆心，以 A 至各交点的平距为半径按比例将各交点转绘于横轴上。再过各交点 A、c、d……等分别作垂线，以各交点的高程按比例在各垂线上标出相应的点。最后用光滑曲线连接这些点，则得 AB 方向线的断面图。

第三节　地形图的定向和定点

地形图是地质外业工作的重要工具。地质工作者在野外使用地形图的内容包括地形图的定向和定点。

一、地形图的定向

地形图定向就是使地形图的方向与实地相应的方向一致，其定向方法有：

1．用罗盘仪定向　用地质罗盘可根据图上的磁子午线、真子午线和纵坐标线进行定向（三北线关系见图7-2）。

若图上已标出磁子午线，此时，可将地质罗盘平放于图纸上，并使罗盘盒的侧边（平行于度盘0°～180°的连线）与磁子午线重合，转动图纸，直至磁针北端指向度盘0°分划线为止，则图纸定向完毕。

若图上只绘有真子午线（即经线，也就是东、西内图廓线），此时，必须已知测区的平均磁偏角。定向时，可将罗盘盒的侧边沿真子午线方向放置，然后转动图纸，直至磁针北端指向度盘上（360°－(±磁偏角)）的数值，则图纸定向完毕。

若图纸上只有纵坐标线，此时，必须已知测区的平均磁偏角和平均子午线收敛角。定向时，可将罗盘盒侧边沿纵坐标线放置，然后转动图纸，直至磁针北端指向度盘上〔360°－〔(±磁偏角)－(±子午线收敛角)〕〕的数值，则图纸定向完毕。

若用度盘改正螺旋使度盘0°分划线的位置改正后的罗盘定向，只要使罗盘上的南北线与真子午线（或纵坐标线）平行(或重合)，转动图纸，直至磁针北端对准度盘0°分划线即可。度盘0°分划线位置的改正方法是：

（1）计算0°分划线位置的改正角V。若用真子午线定向，其改正角的计算公式为：

$$V = \pm \text{磁偏角} \tag{7-9}$$

若用纵坐标线定向，其改正角的计算公式为：

$$V = [(\pm \text{磁偏角}) - (\pm \text{子午线收敛角})] \tag{7-10}$$

式中“±”号的“＋”表示东偏，“－”表示西偏。

（2）用度盘上的改正螺旋改正0°分划线的位置。当改正角为“＋”时，将罗盘刻度圈的0°分划线顺时针转动改正角的值，即0°分划线位于〔360°－(＋V)〕处。当改正角为“－”时，将罗盘刻度圈0°分划线反时针转动改正角的值，即0°分划线位于改正角处。

2．用明显地物点和地貌点定向　如地上有明显的地物点（如塔顶、独立树、控制点）或地貌点（如山顶）时，用图者可先从图上找到自己的站立点和与实地对应的明显地物（或地貌）点，然后用三棱尺连接图上站立点和地物（或地貌）点，转动图纸，使三棱尺的棱目估对准相应地面的地物（或地貌）点，则图纸定向完毕。

二、图上定点

图上定点就是将地面上的点位标定在地形图上。在地质外业工作中，为了在图上圈定地质界线或矿体露头位置和确定剖面端点在图上的位置等，都需要进行图上定点。图上定点方法因地形图比例尺的不同而异。在大比例尺（1∶500、1∶2000、1∶5000）图中，地形图上的定点精度要求较高，通常采用经纬仪进行定点，其方法与经纬仪测绘法同。中、小比例尺的图上定点其方法如下：

1．罗盘仪交会定点　如图7-8所示，设A、B、C为地面上的三点，P点为用图者的站立点。一般P至A、B、C三方向线的夹角应在30°～150°之间，以120°为最佳。为了确定P点在图上的位置，用图者站立在P点，将改正后的罗盘放在右手掌中，并用左手支托（图7-9）；用长觇板分别向着A、B、C三点，调节反光镜和长觇板的倾斜程度(图7-9b)使反光镜上的细线平分长觇板落在反光镜上的象(图7-9a)。转动身体分别照准A、B、C三点，使A、B、C三点在反光镜中的象也被细线平分，同时注意使气泡居中，磁针静止；再轻轻按下磁针制动螺旋，分别读出磁针南端所指的角值，则得PA、PB、PC三方向的反坐标方位角α_{AP}、α_{BP}、α_{CP}。然后在图上找到与实地A、B、C相应的a、b、c三点（图7-10a），并过a、b、c三点分别作纵坐标线的平行线，根据反方位角α_{AP}、α_{BP}、α_{CP}绘出三方向线，其交点则为P点（图7-10a）。当三方向线不交于一点，则形成示误三角形(图7-10b)。若示误三角形的边长不超过2～3mm，则取其重心作为P点的位置；否则应另外找点，重新交会。

2．根据周围地物点定点　如需要在屋旁、道路交叉处和河流拐弯处附近定点时，可目估待定点A或B（图7-11）与附近地物之间的距离和大致方向，即可确定待定点在图上的位置。

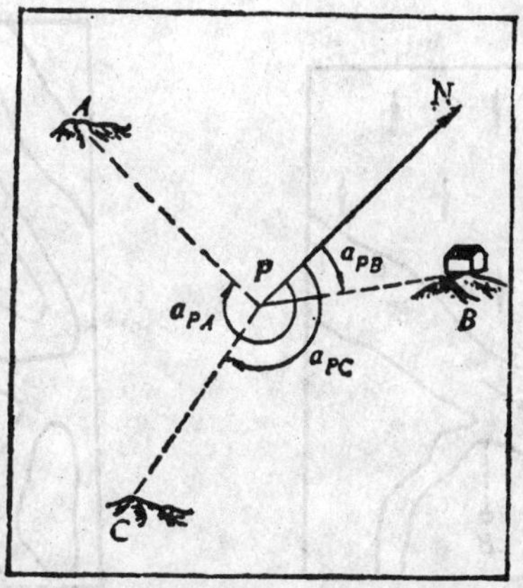

图 7-8

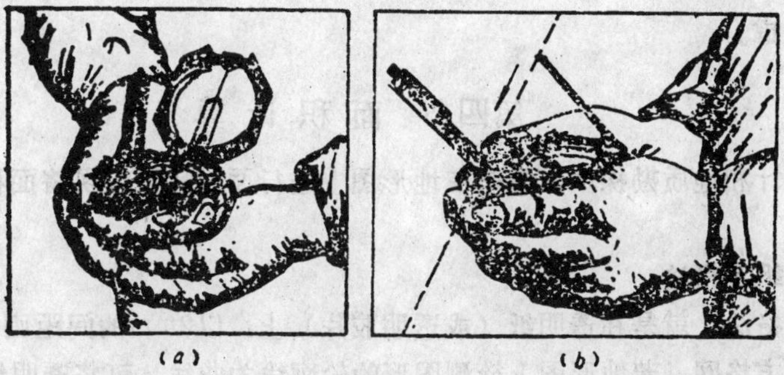

（a）　　（b）

图 7-9

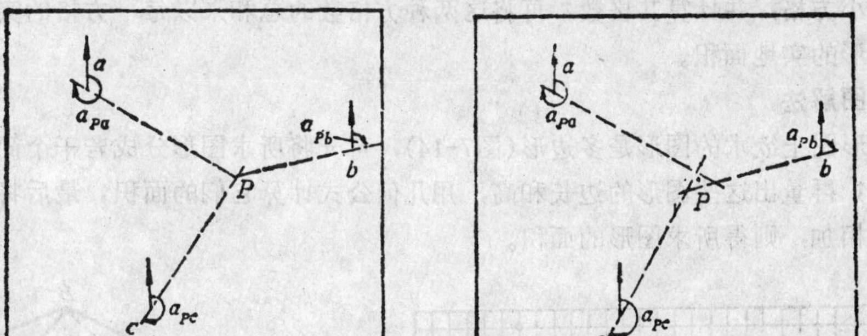

（a）　　（b）

图 7-10

若待定点附近无明显地物，不易目估，则可采用下法：若要将公路旁的P点（图7-12）标定图上，可利用离P点较远的明显地物如三角点，用改正后的罗盘测出待定点P至明显地物A的反方位角，然后过A点作纵坐标线的平行线，用量角器量出α_{AP}角，则得AP方向线；延长此线与公路边线相交，得P点在图上的位置。

3．根据周围地形定点　当待定点位于地貌特征点（如山顶、鞍部、山脊或山谷的坡度变换点）附近，可根据这些地貌特征点的等高线目估确定点在图上的位置。为了确保定点精度，大多数情况下，需要根据待定点附近的地貌特征点和待定点与附近地物间的距离

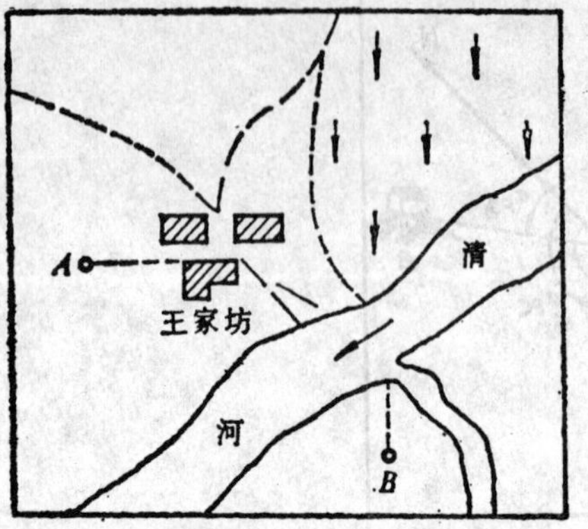

图 7-11

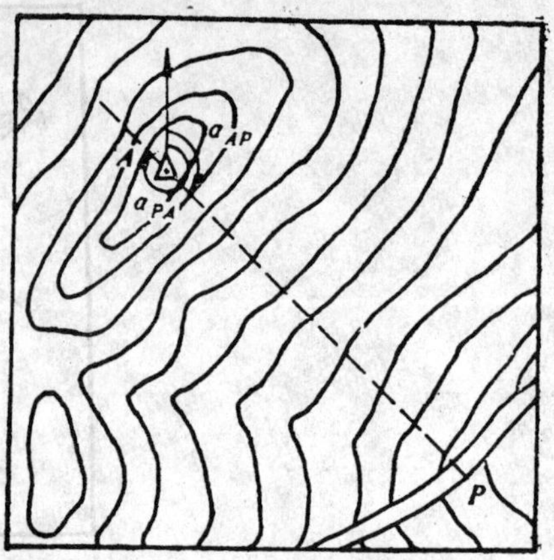

图 7-12

及方向综合考虑。

第四节　面 积 计 算

在工程设计和地质勘探中，常需在地形图上进行面积计算。现将面积计算的常用方法介绍如下：

一、透明纸方格法

透明纸方格法，就是在透明纸（或透明胶片）上，以2mm的间距画出互相垂直的两组平行线便得方格网。若地形图上欲测图形的轮廓线为曲线，可将透明纸方格纸覆盖于所测图形上(图7-13)，先数出图形内完整的小方格数，然后，用目估将不完整的小方格凑合成完整的小方格，并计算其格数；再将这两种方格数的总和乘以每一方格的实地面积，则得整个图形的实地面积。

二、图解法

若地形图上欲求的图形是多边形(图7-14)，可先将所求图形分成若干个简单几何图形如三角形；再量出这些图形的边长和高，用几何公式计算它们的面积；最后将这些简单图形的面积相加，则得所求图形的面积。

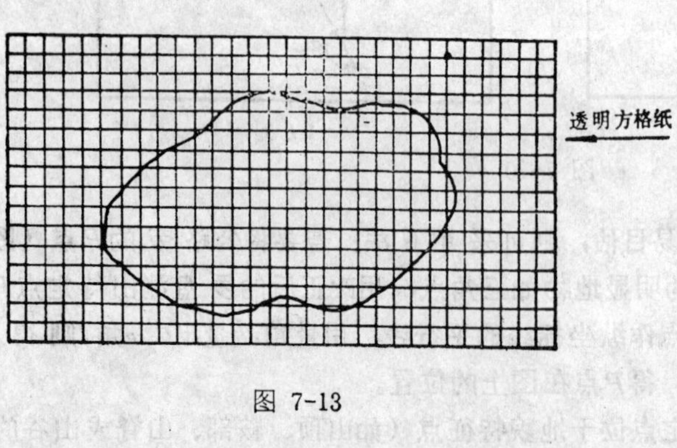

图 7-13

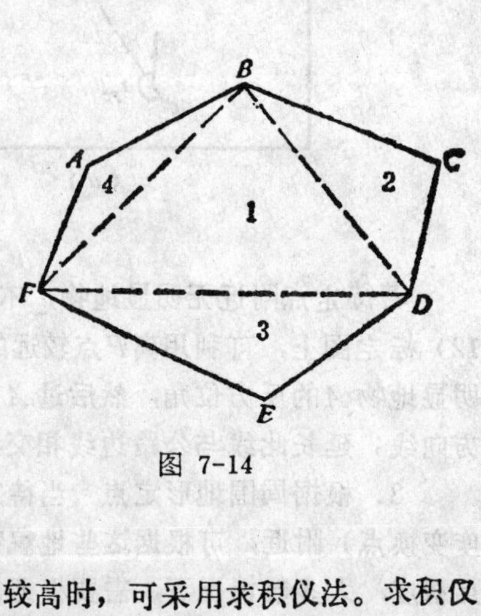

图 7-14

三、求积仪法

当图形的面积大而较复杂，且计算面积的精度要求较高时，可采用求积仪法。求积仪是专门测定面积的仪器，它既能保证一定的精度，而且测定面积的速度较快。

1．求积仪的构造　求积仪主要由航臂、极臂（描述臂）和计数机件三部分组成，如图7-15所示。在极臂的一端有一重锤，重锤的下面有一短针，短针端点称求积仪的极点，使用时短针借重锤的重量刺入图纸固定不动。极臂的另一端有一圆头短柄可以插在接合套的圆洞内，接合套又套在航臂上，把极臂和航臂连接起来。在航臂的一端有一航针，航针旁有一支撑航针的小圆柱和一手柄，用制动螺旋和微动螺旋把接合套和航臂连接在一起。航臂长是航针尖端至短柄旋转轴的距离，极臂长是极点至短柄旋转轴的距离。

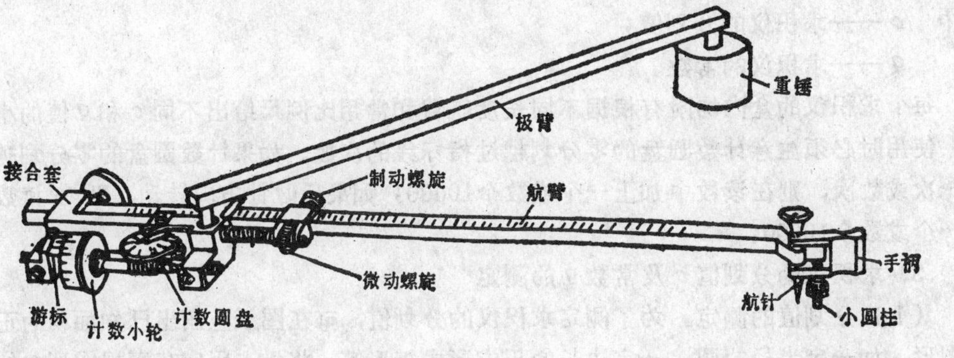

图 7-15

计数机件（图7-16）是求积仪上最重要的部件，它包括计数小轮、游标和计数圆盘。当航臂移动时，计数小轮随着转动。计数小轮每转动一周，计数圆盘便转动一格。计算圆盘共分10格，从0至9注有数字计数小轮分为10大格，每一格又分成10小格；在计数小轮旁附有游标，可直接读出计数小轮上一小格的十分之一。因此，根据这个计数机件，可读出四位数字：首先从计数圆盘上读得千位数，然后在计数小轮上读取百位数和十位数，最后按游标读取个位数。图7-16所示的读数为3673。

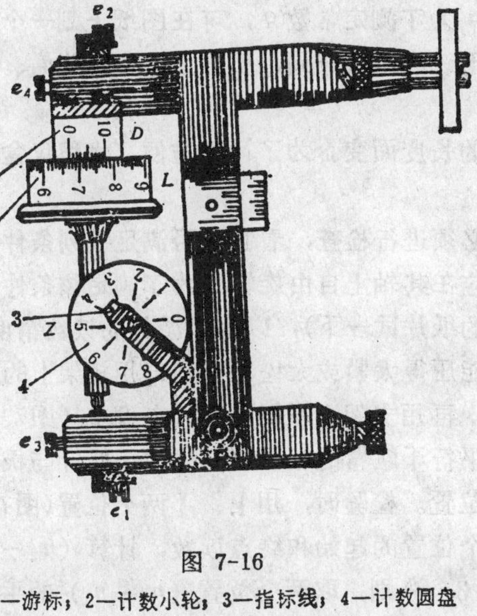

图 7-16

1—游标；2—计数小轮；3—指标线；4—计数圆盘

2．求积仪的使用

用求积仪测定待求图形的面积，可先将求积仪的极点固定在所测图形内或外，将航针尖置于所测图形轮廓线的起点，读出计数机件上起始读数n_1；然后右手握柄使航针尖顺时针方向平稳准确地沿所测图形轮廓线移动；直至回到起点，再读出计数机件上的终读数n_2；最后按下式计算出所测面积A。当极点位于所测图形内：

$$A=c(n_2-n_1)+q \tag{7-11}$$

当极点位于所测图形外：

$$A=c(n_2-n_1) \tag{7-12}$$

式中　c——求积仪的分划值；

　　　q——求积仪的常数。

每个求积仪的盒内均附有根据不同长度航臂和常用比例尺给出不同c和q值的小表。

使用时必须注意计数圆盘的零分划越过指标线的次数。如果计数圆盘的零分划越过指标一次或数次，则在读数中加上一个或数个10000；如果反时针方向转动，则在读数中减去一个或数个10000。

3．求积仪的分划值c及常数q的测定

（1）分划值的测定。为了测定求积仪的分划值，可在图纸上画出已知面积的正规几何图形，如一定半径的圆、一定边长的正方形或矩形等。将极点固定在正规图形之外，航臂尖安置在几何图形的轮廓线上，并沿图形轮廓线移动一周，设读得起、终点读数为n_1和n_2，图形的已知面积为A，由（7-12）式得计算求积仪分划值c的公式：

$$c=\frac{A}{n_2-n_1} \tag{7-13}$$

为了使求积仪求得的面积具有较高的精度，可采用金属检验尺（求积仪附件）来画图。画图方法是：将求积仪的航针插入金属检验尺的小孔中，转动检验尺一周所得面积均列在求积仪的附表中。航针尖置于不同的小孔中，则可由附表中查出圆的相应面积。

（2）c值测出后，为了测定常数q，可在图纸上划一个较大的正规图形，使极点位于图形内，用航针沿图形轮廓运行一周，所得读数分别为n_1、n_2，由（7-11）式得：

$$q=A-c(n_2-n_1) \tag{7-14}$$

求积仪常数随航臂的长度而变。为了计算方便，求积仪盒合内有相应的常数值。

4．求积仪的检验

求积仪在使用之前必须进行检查，看它是否满足下列条件：

（1）求积仪测轮应在其轴上自由旋转　为了满足该条件，首先应使测轮与游标的间隔不能过大（可用极薄的纸片试一下），以确保游标的读数精度。其次应注意测轮（计数小轮）能活动自如，即不能压得太紧或太松，否则可用轴架上的相应螺旋来调整。调节时，先松开制动螺旋e_3和e_4，再用支架上螺旋e_1和e_2来调整（图7-16）。

（2）测轮的轴应平行于航臂的轴　设测轮位于航针与极点连线的左侧称Ⅰ位置，测轮位于连线的右侧为Ⅱ位置。检验时，用Ⅰ、Ⅱ两个位置(图7-17)，将航针沿图形分别运行一周，并分别读取每个位置的起始和终点读数，计算（n_2-n_1）值。若两个位置（n_2-n_1）值的较差不超过2～3个分划，取两个位置（n_2-n_1）的平均数可消除此项误差。

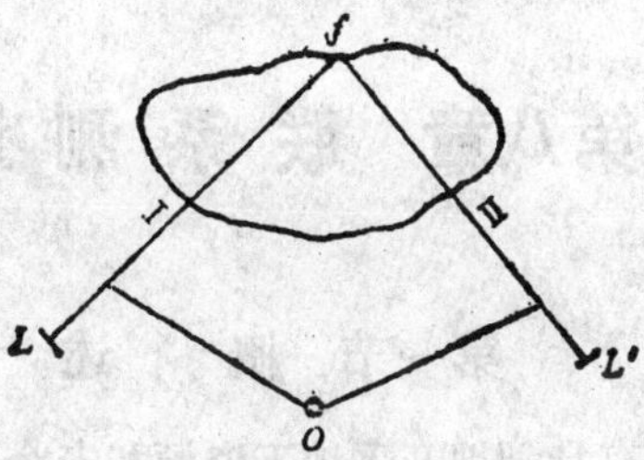

图 7-17

复习思考题

1. 识图有哪些内容？
2. 试述用地质罗盘进行地形图定向的方法。
3. 当某地区的磁偏角为东偏3°40′，试改正你的罗盘分划线的位置。
4. 图上定点有几种方法？各如何进行？
5. 求积仪由哪几部分组成？如何用求积仪测定图形面积？

第八章 联系测量

第一节 概 述

地下开采的矿山，为了有计划地开采地下资源和安全生产，为了解决巷道的设计施工及其他有关问题，必须知道地面和井下的相对位置关系。例如要确定井下某一采区上方的地面情况，有无建筑物或河流，就要求地面和井下采用同一平面坐标系；要确定该采区至地面的垂直距离，就要求地面和井下采用同一高程系。前者是平面联系，称为定向测量，后者是高程联系，称为导入标高。定向测量的任务是在地面坐标系内测定井下起始点的坐标X、Y及起始边的坐标方位角α。导入标高的任务是在地面高程系内测定井下起始点的高程H。

同样，井下各水平（如各中段）的测量，都须采用同一坐标系。因此，井下各水平之间都要进行联系测量。

第二节 通过一个竖井的定向测量

当矿体用平硐或斜井开拓时，定向测量比较简单，就是从地面已知点沿平硐或斜井测设经纬仪导线至井下；导入标高就是从地面已知点沿平硐进行水准测量或沿斜井进行三角高程测量。当矿体用竖井开拓时，定向测量较为复杂。下面主要介绍用传统的几何方法进行一井定向测量，同时也简要介绍两井定向测量。

在一井定向测量中，井下测量起始点和起始边设在井底巷道内。定向测量要解决的两个问题，即起始点的坐标X、Y和起始边的坐标方位角α对于计算井下导线各点的坐标，虽然都是必要的，但其误差对导线点位的影响是不同的。在图8-1中，$A—B—C—\cdots\cdots—N—K$表示井下导线的正确位置。图8-1(a)表示测定起始点A的坐标不精确而有点位误差e，由此引起整个导线平行移动了e而位于$A'—B'—C'—\cdots\cdots—N'—K'$。点位误差即使达几厘米，对矿山生产也无影响。图8-1(b)表示测定起始边AB的方位角不精确而有误差θ，由此引起整个导线绕点A转动了角度θ而位于$A—B'—C'—\cdots\cdots—N'—K'$。由图8-1($b$)可知，方位角误差$\theta$对导线点位的影响随导线长度的增长而增大。由$\theta$引起导线终点$K$的点位误差为：

$$KK' = AK\frac{\theta}{\rho} = R\frac{\theta}{\rho} \tag{8-1}$$

式中 R——点A至K的直线距离。

设 $\theta = 5'$，$R = 2000$m，则

$$KK' = 2000 \times \frac{5'}{3438'} = 2.9\text{m}$$

这样大的点位误差是不允许的，而大中型矿山从井底到井田边界的距离远大于2km。据此，定向测量应重视方位角的精确测定。通常所指的定向精度就是指测定起始边坐标方位角的精度。我国《黑色冶金矿山测量技术规范》规定，通过一个竖井的两次独立定向测

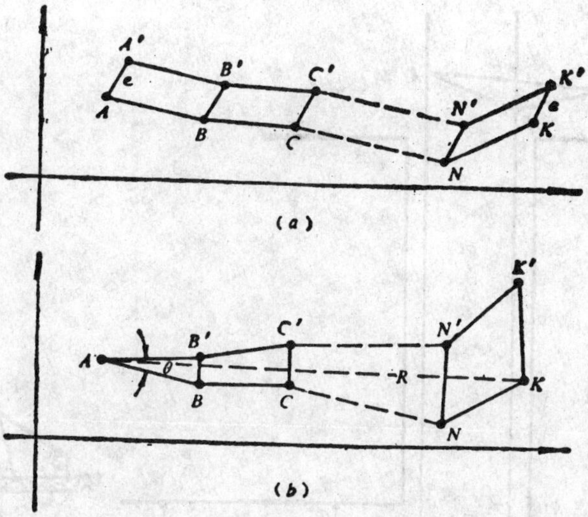

图 8-1

量结果的互差不得超过2′，即一次定向测量中误差为$2'/2\sqrt{2}=42''$。要达到这样高的精度，须有特殊的设备和相应的措施。

通过一个竖井的定向测量，常用的方法是在井筒内挂两根垂线AA'、BB'，在地面和井下进行连接测量，如图8-2所示（图a为断面图，图b为平面图）。因此定向测量分为投点（挂垂线）和连接（测边角）两部分。

同一根垂线上各处的坐标都相同，两垂线连线的方位角在不同高度上也都相同，所以投点是建立地面和井下间的公共点和公共边。连接就是通过公共点和边将坐标X、Y和方位角α从地面传递至井下。图8-2中C是地面连接点，D是地面控制点，而C'和D'是井下连接点与导线点。

一、投点

设备及布置见图8-3。垂线选用直径小、强度大的钢丝4，平时绕卷在手摇绞车1的滚筒上；投点时，钢丝经过固定在井口的导向滑轮2挂至井底，用重砣6拉直。为使钢丝稳定，在井口导向滑轮下安装定点板3，钢丝紧压在定点板的“V”形缺口内以形成稳定的悬挂点。在井底将重砣浸入稳定液5内，稳定液用清水或废机油。图8-3为稳定投点。当井筒较深，井筒内气流或滴水较大时，虽然使用稳定液，钢丝仍不能充分稳定（摆幅大于0.4mm）时采用摆动投点。这时在井底增设观测钢丝摆动的标尺，加外力使钢丝摆动。根据钢丝摆至最左和最右时的标尺读数，即可确定钢丝的稳定位置，如图8-4所示。

投点是定向测量的关键，应采取适当措施来提高投点精度，如暂时停止风机工作，在井底马头门部分的钢丝上加套管以及稳定液加盖等减小气流和滴水的影响。在保证自由悬挂的条件下，应尽量增大两垂线间距。

二、连接

常用三角形连接，如前图8-2所示。投点后，在地面和井下的连接点c和c'上观测连接三角形的一个内角γ和连接角φ（在井下为γ'和φ'），丈量连接三角形的三边a、b、c(井下为a'、b'、c')。地面和井下量得的两垂线间距，即c和c'应相等，互差不能超过

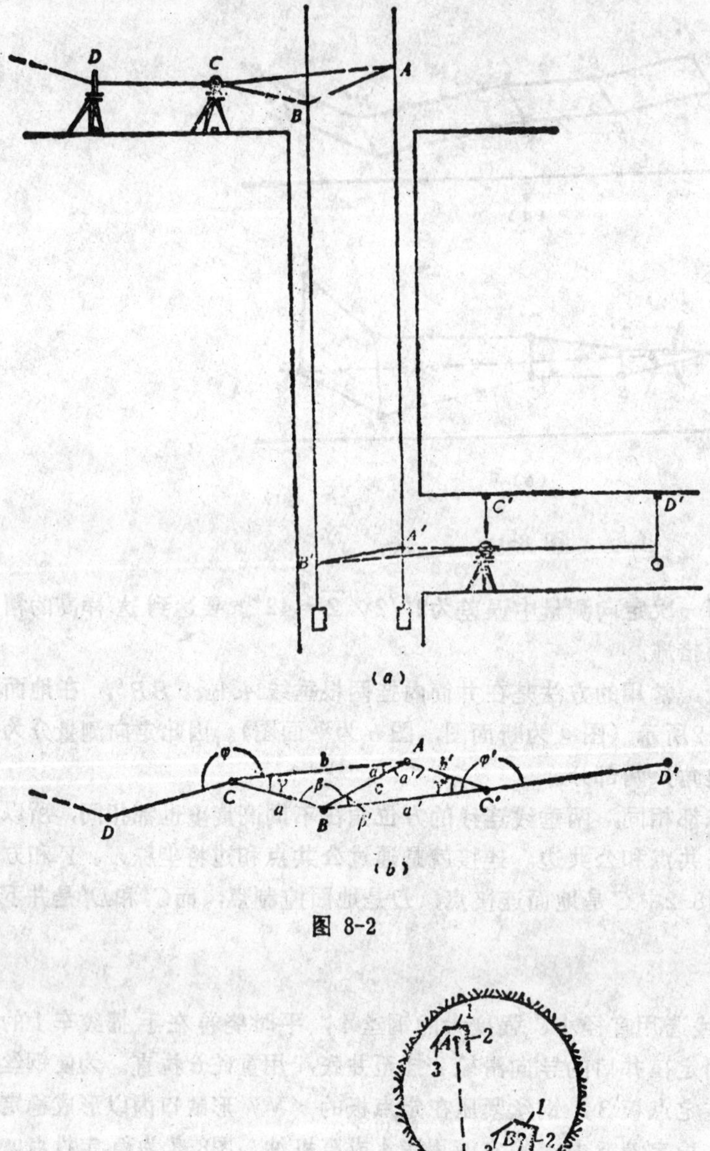

图 8-2

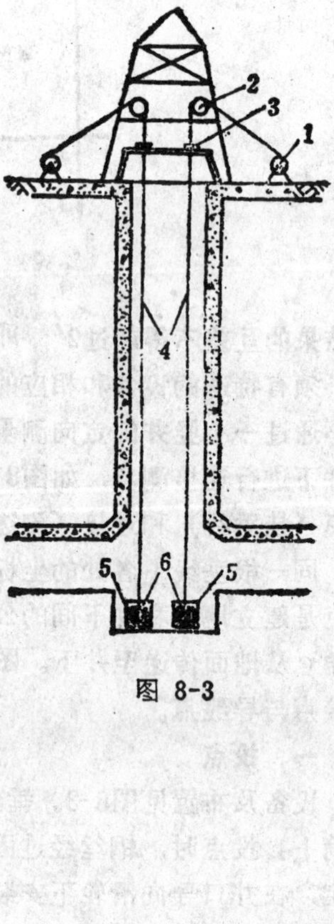

图 8-3

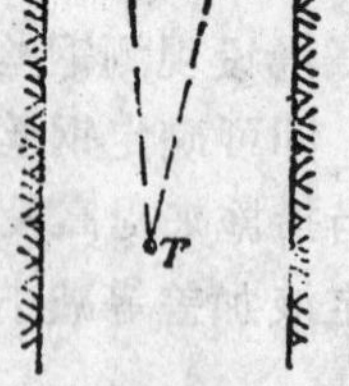

图 8-4

T—经纬仪；*A*、*B*—钢丝；1、2—标尺；3—反光镜

2mm。

为了获得较高的连接精度，经分析，连接三角形的有利形状为延伸形，即三角形的三

个顶点A、B、C大致位于一直线上。这时以垂线A（或B）为顶点的角度α（或β）用正弦公式计算，即：

$$\left.\begin{aligned}\sin\alpha=\frac{a}{c}\sin\gamma\\ \sin\beta=\frac{b}{c}\sin\gamma\end{aligned}\right\}\tag{8-2}$$

当角度α或β小于2°时，上式可简化为：

$$\left.\begin{aligned}\alpha''=\frac{a}{c}\gamma''\\ \beta''=\frac{b}{c}\gamma''\end{aligned}\right\}\tag{8-3}$$

有时受条件限制，特别是井下，连接三角形不能布置成延伸形，当α和β中较小的角度大于40°时（有些书上规定为20°，经分析与实算，以40°较合理），用边公式计算，即：

$$\left.\begin{aligned}\mathrm{tg}\frac{\alpha}{2}=\sqrt{\frac{(p-b)(p-c)}{p(p-a)}}\\ \mathrm{tg}\frac{\beta}{2}=\sqrt{\frac{(p-a)(p-c)}{p(p-b)}}\end{aligned}\right\}\tag{8-4}$$

上式中　$p=\frac{1}{2}(a+b+c)$。

由图8-2(b)可知，通过投点和连接，地面和井下就连成一条导线$D-C-A-B-C'-D'$，然后按导线计算的方法，即可推算井下起始点的坐标和起始边的方位角。

设地面DC边的方位角α_{DC}为已知，则井下$C'D'$边的方位角为：

$$\alpha_{C'D'}=\alpha_{DC}+\varphi-\alpha+\beta'+\varphi'\pm4\times180°\tag{8-5}$$

井下C'点的坐标为：

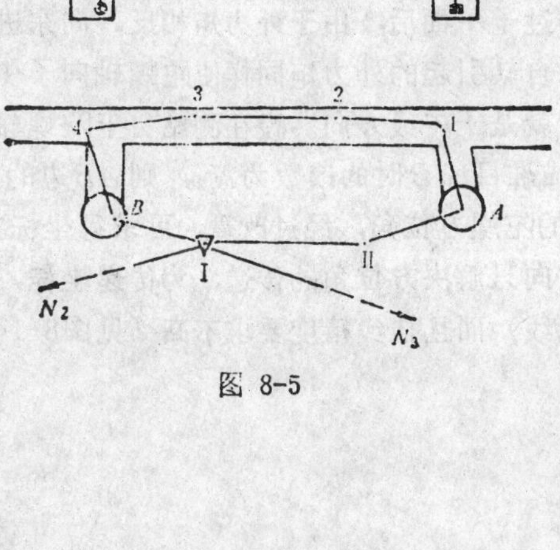

图 8-5

$$\left.\begin{aligned}X_{C'}&=X_C+\Delta X_{CA}+\Delta X_{AB}+\Delta X_{B'C'}\\Y_{C'}&=Y_C+\Delta Y_{CA}+\Delta Y_{AB}+\Delta Y_{B'C'}\end{aligned}\right\}\tag{8-6}$$

以上是通过一个竖井的定向测量。当有两个竖井且井底已有巷道连通时，应进行两井定向，如图8-5所示。它包括投点和连接两部分，但每个井筒内只挂一根垂线，在地面测定两根垂线A、B的坐标，在井下两垂线间测设连接导线A—1—2—3—4—B，就可算得连接导线各点的坐标和各边的方位角。

与一井定向比较，两井定向有如下两个优点：

（1）由于两垂线间距（实为两井间距）增大，因而定向精度提高；

（2）由于简化了投点工作，因而占用井筒的时间缩短，而且两个竖井不要求同时投点，对生产影响小。

第三节　陀螺仪定向简介

上节介绍的定向测量是建立在几何学原理基础上的。本节介绍的定向测量是以陀螺的物理特性为基础，用于定向测量的仪器是由陀螺仪和经纬仪两部分组成的陀螺经纬仪。图8-6是徐州光学仪器厂生产的60″级仪器，其下部为经纬仪，上部为陀螺仪，两者可以分开；定向时将陀螺仪安装在经纬仪支架的顶端，由电源箱供电，驱动陀螺马达高速旋转。

陀螺仪的主要部件是一个能作高速旋转的陀螺马达。陀螺马达用悬挂带吊挂着（图8-6中以虚线表示的陀螺马达只具示意性质，实际上陀螺仪内部结构较复杂），在重力作用下，陀螺轴（陀螺马达转子轴）保持水平。由物理学知道，陀螺在高速旋转时具有两个重要特性：一是定轴性，即没有外力矩作用时，陀螺轴始终保持初始转动方向；二是进动性，即在外力矩作用下，陀螺轴向陀螺转动方向和外力矩方向进动。图8-7是显示陀螺特性的实验装置。左右移动配重Q，使杠杆平衡，这时不受外力矩作用，陀螺旋转时不产生进动，只显示定轴性。左移配重Q，使杠杆失去平衡，受到右端上升、左端下降的外力矩，但陀螺旋转时，杠杆并不右升左降，仍能保持平衡，只是在水平面内作逆时针转动（从上往下看），显示出陀螺的进动；如果右移配重Q，使外力矩相反，则进动方向也相反。

定向测量是在地球上进行的，而地球绕其自转轴PP'自西向东旋转，引起水平面的西升东降和子午线的逆时针转动。若将陀螺仪置于地面上某一点A，并设陀螺轴已指向子午线（图8-8），经过一段时间后，地面点A位于A_1。根据定轴性，陀螺轴北端东偏子午线（实际是子午线在西偏），而且上升（实际是水平面在下降），在重力作用下，陀螺轴产生进动而西转。当陀螺轴转过子午面后，由于外力矩相反，向东进动。如果陀螺开始旋转时不指向子午线，由于地球自转引起的外力矩同样使陀螺轴向子午面进动，最后在子午面附近左右摆动，其稳定位置就是子午线方向。设在测站A上陀螺轴指向子午线方向时的经纬仪水平度盘读数为N_1，瞄准目标B时的读数为N_2，则AB边的方位角为N_2-N_1（严格地说，N_2-N_1是AB边的陀螺方位角，经过改算，可求得坐标方位角）。

由上可知，陀螺仪定向只解决方位角的传递，为传递坐标，仍需投点，但可只挂一根垂线（或投射一条垂直光线）而且挂线精度要求不高（见图8-1a），所以投点工作简单易行。

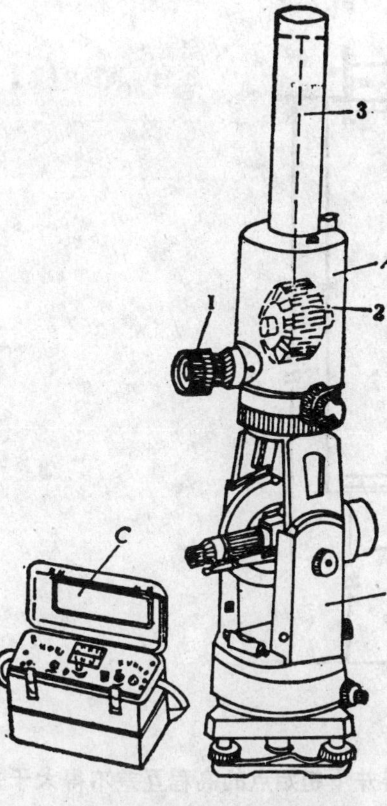

图 8-6

A—陀螺仪；*B*—经纬仪；*C*—电源箱；

1—观测陀螺摆动目镜；2—陀螺马达；3—悬挂带

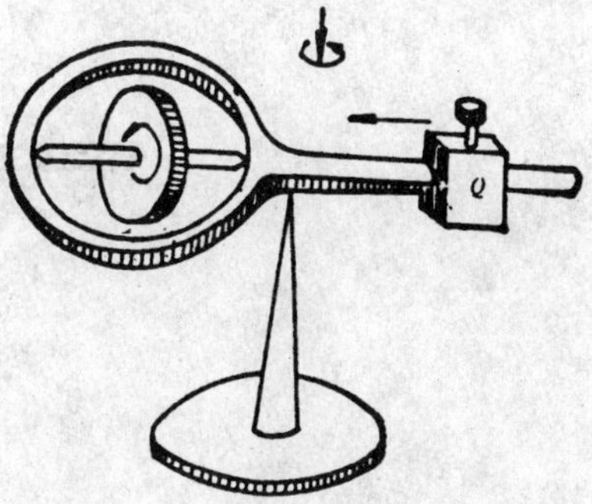

图 8-7

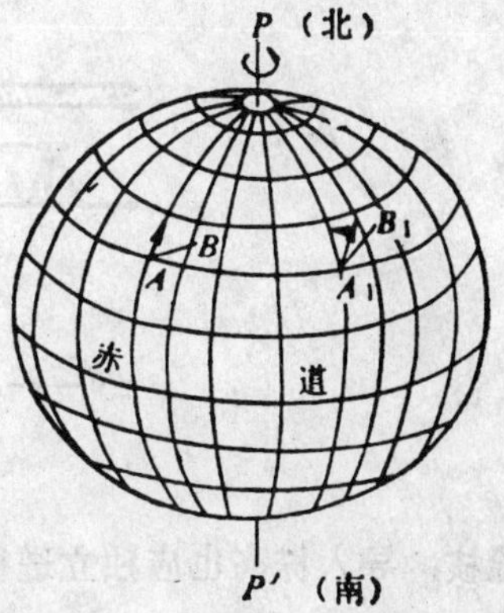

图 8-8

陀螺仪定向的优点是精度高，用精密的陀螺经纬仪定向，精度可达10″。我国从七十年代初开始研制陀螺仪，已生产出60″、20″及15″级三种类型的仪器，完全满足定向测量的精度要求。由于陀螺定向不受井筒深度及其他因素的影响，有逐步取代传统的几何定向的趋势。

第四节　通过竖井的导入标高

通过竖井将地面高程传递至井下，常用的方法有钢尺法和钢丝法两种。前者在井筒内挂钢尺，后者挂钢丝，设备布置如图8-9。图中A、B分别表示地面和井下的水准点。待钢尺从地面下放到井底并施以钢尺检定时的拉力P使之稳定后，在地面和井下各安置一台水准仪，同时读取钢尺读数n_1和n_2，再读取水准尺读数a和b，测定井上、下温度t_1和t_2，用平均温度$t=\frac{1}{2}(t_1+t_2)$表示钢尺温度。图8-9中的A、B两点间高差h为：

$$h=(n_1-n_2)-(a+b)+\Sigma\Delta l \tag{8-7}$$

式中　$\Sigma\Delta l$为钢尺比长、温度及钢尺自重伸长改正的总和。

设地面点A的高程H_A为已知，则井下B点的高程为

$$H_B=H_A-h \tag{8-8}$$

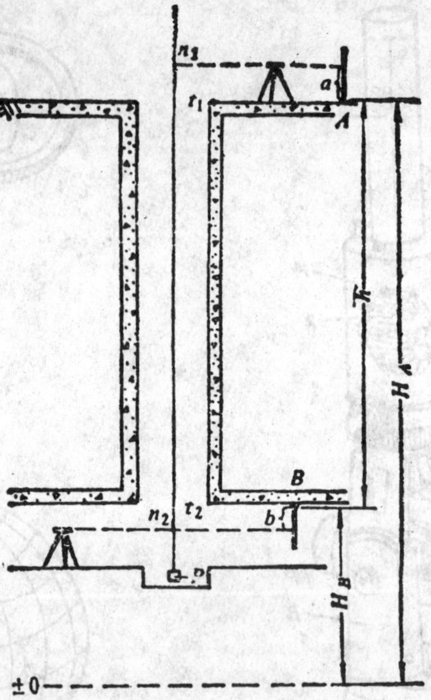

图 8-9

为检核，导入标高也应独立进行两次，两次测得井下起始点的高程互差不得大于井深的1/8000。

用钢尺法导入标高，钢尺长度略大于井深，如图8-9所示。在深井中导入标高使用特制的长钢尺，或用几支短钢尺连接起来，连接必须保证牢固，并精确测定接头处两钢尺分划间距。

用钢丝法导入标高与钢尺法的区别在于钢丝上没有分划，用做标志代替读数n_1和n_2。为此，在地面井口架设尺台，在尺台上丈量钢丝上下标志间长度（在提升钢丝过程中分段丈量）。

在井深不大的矿井，用钢尺法导入标高较方便；在井深较大又无长钢尺的情况下，宜用钢丝法，这时就用定向投点钢丝，每根钢丝作一次导入标高。为工作方便和安全，由定向投点转为导入标高时，钢丝上换较轻的重砣用以拉直钢丝。

复习思考题

1．某矿远离国家控制点，不用统一坐标系，而用矿山任意假定的坐标系，在此坐标系内进行联系测量后，能否确定井上、下测点的相对位置？

2．通过一个竖井的几何定向测量，为什么投点是关键？为什么要尽量增大两垂线间距？

3．简述陀螺仪定向的指向原理。与几何定向相比，陀螺仪定向的主要优点何在？有何缺点或不足之处？

4．通过竖井导入标高的作用是什么？为什么用钢丝法导入标高可以挂较轻的重砣，而定向投点就不可？

第九章　井下控制测量

第一节　概　　述

井下控制测量的任务是建立井下平面控制和高程控制，它是井下碎部测量及施工测量的基础。

井下控制测量是在巷道内进行的，受巷道条件的限制，平面控制测量只有导线测量一种方法，高程控制测量有水准测量和三角高程测量两种方法。

井下巷道是逐渐延伸的，为了保证巷道按设计要求施工，控制测量必须随之延伸，而碎部测量（包括施工测量）更要紧紧跟上巷道的掘进。因此，控制测量和碎部测量在时间上不能截然分开，在多数情况下，控制测量与碎部测量是交错进行的，其特点是先碎部后控制，以控制定碎部。即先敷设低精度的导线，用以指示巷道掘进方向及测绘巷道平面图，后敷设高精度导线控制低精度导线，以减小误差积累（图9-1*a*）。

井下测量的另外一些特点是：

（1）测量对象如工作面位置、采场边界在空间上不断变化，地质断层面的出露及钻孔、取样点的存在与时间有关，要求测量人员经常地、有时是重复地进行观测；

（2）巷道空间小，车辆人员来往频繁，观测条件差，要求测量人员操作熟练；

（3）井下与地面不同，很难根据其他物体判定巷道的方位，不同水平的测点互不通视，无法凭直观确定其相对位置，要求测量人员工作细心认真，测量结果有可靠的检核条件。

第二节　井下经纬仪导线测量

井下经纬仪导线是从井底起始点开始，随着巷道的向前掘进而不断延伸。通常先是支导线，待巷道连通后，应使导线闭合或附合，如图9-1所示。对于支导线，应进行往、返观测或独立两次观测。

井下导线，根据井田大小、巷道长度及导线用途不同而分为不同的等级。我国《黑色冶金矿山测量技术规范》将井下经纬仪导线分为三个等级，各等级导线的精度及要求见表9-1。

10″导线通常沿主要运输巷道敷设，作为井下首级平面控制；20″及40″导线通常沿次要巷道及采区巷道敷设，是标定巷道方向及测绘巷道轮廓的依据。

一、外业工作

井下经纬仪导线测量的外业工作包括导线点设置、水平角观测和边长丈量，现分述于下：

1．导线点设置　选择导线点位置时应注意：

（1）相邻两点间应互相通视，便于测角和量边；

（2）导线边长大致相等，最好略小于钢尺长度的整倍数；尽量避免过短边长；

（3）导线点位于岩石稳固、平整、无淋水的地点，从便于长期保存和寻找，也从便

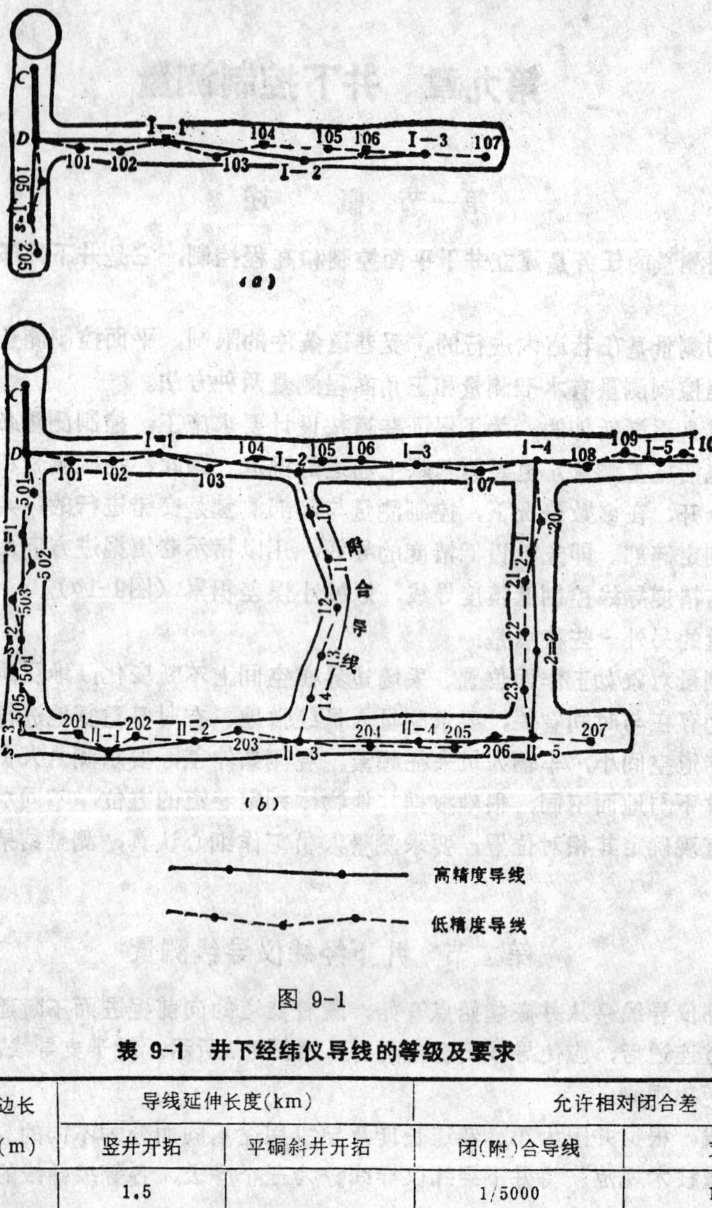

图 9-1

表 9-1 井下经纬仪导线的等级及要求

导线等级	测角中误差(″)	边长(m)	导线延伸长度(km)		允许相对闭合差	
			竖井开拓	平硐斜井开拓	闭(附)合导线	支导线
10″	10	40～140	1.5		1/5000	1/3000
			1.0	2.5	1/4000	1/2500
			0.5	1.0～2.0	1/3000	1/2000
				0.5	1/2000	1/1500
20″	20	30～90	0.5～0.7	1.1	1/2000	1/1500
			0.3	0.5	1/1500	1/1000
40″	40	20～50	0.4	0.6	1/1000	1/600
			0.2	0.3	1/800	1/500

于观测利用考虑；导线点通常设置在顶板上；

（4）巷道交叉处应设点。

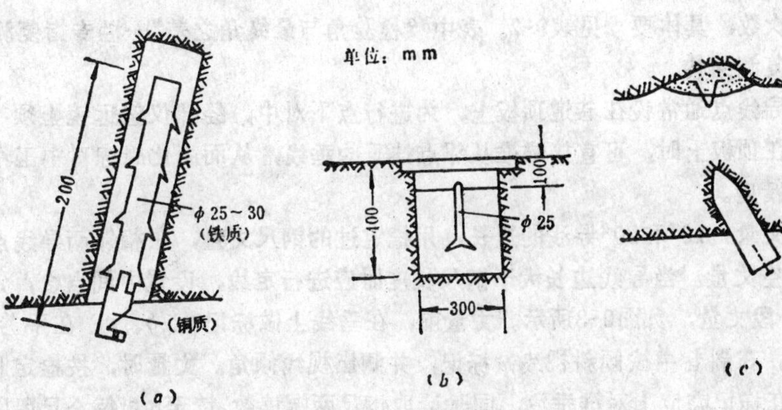

图 9-2

(a) 设于顶板的永久点；(b) 设于底板的永久点；(c) 设于顶板的临时点

导线点有永久点和临时点之分，其构造如图9-2所示。埋设永久点须先凿孔，用水泥将金属标志固定在岩石孔内。临时点都设在顶板上，可用水泥将金属丝固定在岩石的凹陷处，也可先凿一浅孔，再打入木桩，桩顶钉一小钉标志点位。

按规范规定，设置在主要巷道内的永久点，可每隔300～500m设置一组，每组至少由三个相邻点组成。多数金属矿山为使用方便，除在岩石不稳固区段内设置临时点外，主要巷道内的导线点全部埋设永久点。

导线点设置后进行编号，将点号标记在点旁。各矿都有自己的编号方法。编号应反映出点的位置、等级，不出现重号，简明易认。如点号E<u>207</u>表示该点在井田东翼二中段的第七号永久点，而W515-14表示该点是与西翼五中段第十五号临时点相联系的第十四号临时点。

2. 水平角观测　井下经纬仪导线水平角常用测回法观测，对于有复测结构的经纬仪，也可用复测法观测❶。在有短边的导线点上测角时，应注意经纬仪和觇标的精确对中，

表 9-2　井下经纬仪导线水平角观测技术要求

导线等级	使用仪器	仪器对中误差(mm)	边长20m以下		边长20～30m		边长30m以上		同一测回半测回互差(″)	检验角与最终角之差(″)	一次对中测回互差(″)	两次对中测回(或复测)互差(″)
			对中次数	每次对中测回数	对中次数	每次对中测回数	对中次数	每次对中测回数				
10″	J_2	0.6			1	1	1	1	20			
	J_6				2	1	1	2	40	40	30	60
20″	J_6	1.0	2	2	1	1	1	1	40	40	30	60
40″	J_6 J_{15}	1.2	1	1	1	1	1	1	80	80		

❶ 复测法测角的特点是利用仪器上的复测结构，使水平度盘与照准部一起转动瞄准后视点（读数不变），将所测角值累加在度盘上，其优点是减少读数次数，因而减小读数误差对角度的影响。复测次数愈多，这个优点愈显著。但瞄准前、后视过程中，都要操动复测结构，度盘有被带动的可能。现代生产的光学经纬仪读数很方便，复测法已很少使用。

适当增加对中次数，具体要求见表9-2。表中"检验角与最终角之差"一栏专指复测限差，J_2型经纬仪无复测结构。

由于井下导线点通常设在巷道顶板上，为进行点下对中，经纬仪望远镜上须有镜上中心。当邻点也在顶板上时，可直接瞄准从邻点挂下的垂线，从而简化觇标对中工作，也可提高觇标对中精度。

3．边长丈量 10″和20″导线的边长，用检定过的钢尺丈量，在相邻两导线点 A、B 上挂垂线，悬空丈量。当导线边长大于钢尺长度时应进行定线，设置中间点C，定线偏差应小于5cm，分段丈量，如图9-3所示。丈量前，在垂线上做标记a、b、c，在平巷中按水平视线做标记，在斜巷中按倾斜视线做标记，并测出视线倾角。丈量时，按检定时的拉力P拉紧钢尺，在标记高度上对准垂线，同时读取钢尺两端读数，读至mm每个尺段以不同起点丈量三次，并测定温度（20″导线可不测温度）。同一尺段三次丈量长度互差应不大于3mm。40″导线不测温度，不用拉力计，每个尺段丈量两次，互差应不大于5mm。

每条导线边长须往、返丈量，加入各种改正数后的较差，10″导线应小于边长的1/4000；20″导线应小于边长的1/2000；40″导线应小于边长的1/1000。

短程红外测距仪的使用日益普遍，用这种仪器测定井下较长的导线边长，能显著提高量边精度，减轻量边劳动强度。

二、内业工作

内业工作主要是计算导线点坐标和在图纸上展绘导线点。在计算前，应全面检查外业观测记录，以确保原始数据正确无误。

导线计算方法与第六章第二节所述同。计算取位为：角度及方位角至秒，边长及坐标至毫米。井下各级导线的角度闭合差不超过表9-3规定时，按测角数反号平均分配；导线相对闭合差不超过表9-1规定时，将坐标闭合差按边长或增量成比例反号分配。

按坐标展绘导线点的方法见前第六章第七节。

第三节 井下水准测量和井下三角高程测量

井下水准测量和井下三角高程测量都可测定井下测点的高程，前者用于倾角小于8°的平巷内，后者用于倾角大于8°的斜巷内。

一、井下水准测量

通常井下导线点兼作井下水准点。单独设置井下水准点时，根据巷道情况可设在顶板、底板或两帮稳固岩石上。永久水准点也可每隔300～500m设置一组，每组由两个点组成。

井下水准测量与地面水准测量同，见前第三章所述，但水准尺短些，通常是1.5m整

图 9-3

表 9-3 经纬仪导线角度闭合差

导线等级	允许闭合差	
	闭(附)合导线	复测支导线
10″	$20''\sqrt{n}$	$20''\sqrt{n_1+n_2}$
20″	$40''\sqrt{n}$	$40''\sqrt{n_1+n_2}$
40″	$80''\sqrt{n}$	$80''\sqrt{n_1+n_2}$

注：n—闭(附)合导线的总站数；

n_1、n_2—支导线第一次、第二次测量的站数。

尺或2m塔尺。由于要测定高程的测点（井下导线点或水准点，或其他点位）有些在顶板上，这时水准尺倒立；有些在底板或两帮上，这时水准尺正立，因而在计算前、后视立尺点高差 h 时，有如图9-4所示的四种情况：

（1）前后视点均在底板，高差

$$h_1=a_1-b_1 \tag{9-1}$$

（2）后视点在底板，前视点在顶板，高差

$$h_2=a_2+b_2=a_2-(-b_2) \tag{9-2}$$

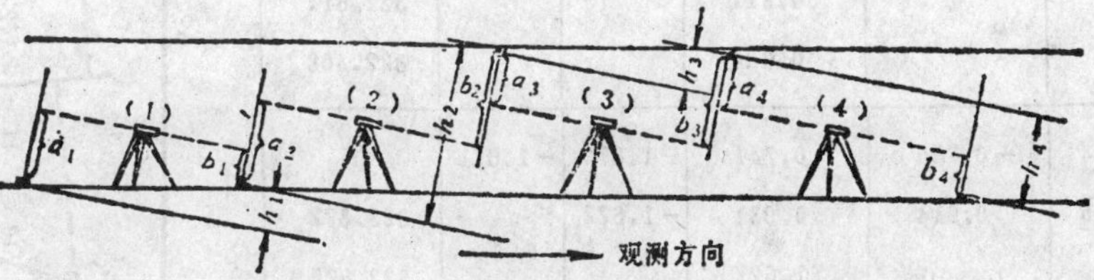

图 9-4

（3）前后视点均在顶板，高差

$$h_3=b_3-a_3=(-a_3)-(-b_3) \tag{9-3}$$

（4）后视点在顶板，前视点在底板，高差

$$h_4=-(a_4+b_4)=(-a_4)-b_4 \tag{9-4}$$

由此可见，前后视立尺点位不同，计算高差的公式也不同，但式9-1至9-4也表明，只要在水准尺读数前冠以符号，就可使用地面水准测量计算高差的公式，即测站高差 h 等于后视读数 a 减前视读数 b。对照图9-4可得出确定水准尺读数符号的规则：当测点低于水准仪视线，水准尺正立时的读数取正号；反之，当测点高于水准仪视线，水准尺倒立时的读数取负号。记录时，按此规则在读数前标记符号（可只标记负号），这是井下水准测量的特点。

井下水准路线的形式也有闭合、附合和支线三种。井下水准测量的精度等级及观测要求见表9-4。水准测量的读数、计算高差及高程均至mm，高差闭合差符合表9-4要求时，按测站数成比例反号分配，对于支线，可取往、返观测平均值。

在主要运输巷道内Ⅰ级和Ⅱ级水准同时观测时，Ⅰ级水准测定井下水准点或导线点的高程，Ⅱ级水准测定轨面或底板的高程。为此，用皮尺每隔10m或20m在轨面或底板上标

表 9-4　井下水准测量等级与要求

等　级	使用仪器	适用范围	观测要求	允许闭合差
Ⅰ	S_3	井下首级高程控制，由井底开始，沿主要巷道向井田边界敷设	每组水准点间往、返测各一次，每站用两次仪高观测，互差不大于3 mm	$15mm\sqrt{n}$
Ⅱ	S_{10}	Ⅰ级水准点间加密，也可作为小矿井的井下首级高程控制	在Ⅰ级水准点间可只进行单程观测，每站两次仪高观测，互差不大于5 mm；支线可用一次仪高往、返观测	$30mm\sqrt{n}$

注：n——测站数(复测支线为往、返观测站数之和)。

表 9-5　井下水准测量记录

测站	立尺点号	水准尺读数		高差	高差中数	高程 (m)	附　注
		第一次仪高	第二次仪高				
(1)	W353	−0.911	−0.893	0.727	0.728	324.315	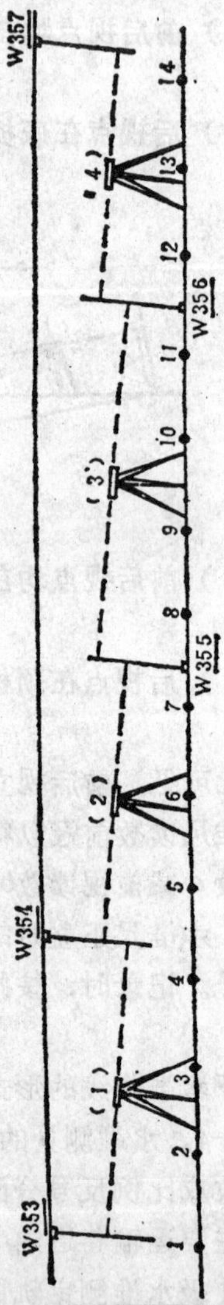
	W354	−1.638	−1.623	0.730		325.043	
	1		1.285			322.137	
	2		1.163			322.259	
	3		0.811			322.611	
	4		0.924			322.498	
(2)	W354	−0.756	−0.741	−1.670	−1.671		
	W355	0.914	0.931	−1.672		323.372	
	5		1.627			322.675	
	6		1.362			322.940	
	7		1.113			323.189	
(3)	W355	1.522	1.453	0.610	0.611		
	W356	0.912	0.841	0.612		323.983	
	8		1.697			323.128	
	9		1.315			323.510	
	10		1.141			323.684	
	11		1.122			323.703	
(4)	W356	1.395	1.370	2.733	2.733		
	W357	−1.338	−1.363	2.733		326.716	
	12		1.500			323.853	
	13		1.448			323.905	
	14		1.309			324.044	

记一点，按第二次仪高读取立于这些点上的水准尺读数；算出高程后，绘制巷道纵断面图，检查坡度是否符合设计要求。表9-5是在导线点W353至W357间的往测记录，该巷道轨面设计坡度为8‰，巷道设计高度为2.2m。图9-5是巷道轨面纵断面图，为明显地表示坡度变化，图上的垂直比例尺比水平比例尺大10倍。

二、井下三角高程测量

井下三角高程测量通常和井下经纬仪导线测量同时进行，观测及计算与地面三角高程测量同，见前第六章第四节所述。需要指出的是，为了使用地面三角高程测量高差计算公式，对仪器高i及觇标高V的符号作如下规定（与井下水准测量的规定相似）：当测点低于经纬仪视线时，量得的i（或V）取正号，反之，取负号。在图9-6中，i与V均为负值。设A、B点间视线倾角$\delta=+15°16'20''$，斜距$D=42.388$m，仪器高$i=1.042$m，觇标高$V=-1.311$m，则A点至B点的高差$h=D\sin\delta+i-V=42.388\times\sin15°16'20''-1.042+1.311=11.434$m。

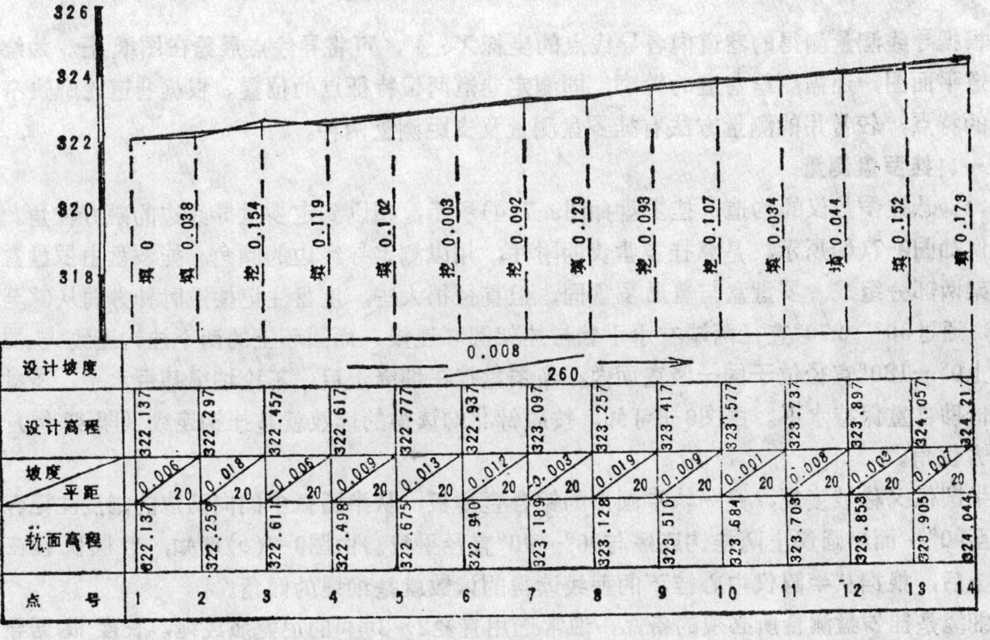

设计坡度	0.008 → 260													
设计高程	322.137	322.297	322.457	322.617	322.777	322.937	323.097	323.257	323.417	323.577	323.737	323.897	324.057	324.217
坡度/平距	0.006/20	0.018/20	-0.005/20	0.009/20	0.013/20	0.012/20	-0.003/20	0.019/20	0.009/20	0.001/20	0.008/20	0.003/20	0.007/20	
轨面高程	322.137	322.259	322.611	322.498	322.675	322.940	323.189	323.128	323.510	323.684	323.703	323.853	323.905	324.044
点号	1	2	3	4	5	6	7	8	9	10	11	12	13	14

比例尺　水平　1：2000　垂直　1：200

图 9-5

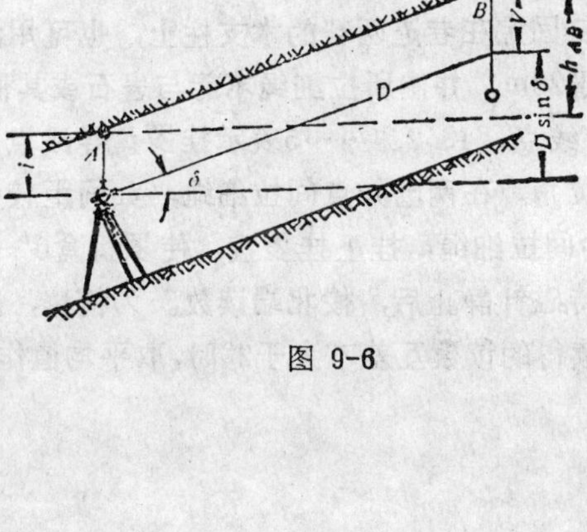

图 9-6

表 9-6 井下三角高程测量的等级和要求

等级	仪器	测回数	测回差(″)	相邻两点间往、返测高差较差(mm)	三角高程允许闭合差 (mm)
I	J_2	1		$10+0.3l$	$30\sqrt{n}$
	J_6	2	30		
II	J_6	1			$60\sqrt{n}$
	J_{15}	2	60		

注：l——导线边平距，以m为单位；
n——测站数（复测支导线为往、返测站数之和）。

井下三角高程测量应在相邻两导线点间往、返观测，其精度等级和观测限差见表9-6。高程闭合差按导线边长成比例反号分配。计算高差及高程均取至mm。

第四节　巷道平面图的测绘

根据导线测量测得的巷道内各导线点的坐标X、Y，可将导线点展绘在图纸上。为绘制巷道平面图，还需测绘巷道的轮廓，即测定巷道两帮特征点的位置。根据巷道轮廓狭窄延伸的特点，较常用的测量方法有挂罗盘测量及支距测量两种。

一、挂罗盘测量

1．悬挂罗盘仪的构造　挂罗盘如图9-7(a)所示，用以测定罗盘导线边的磁方位角。半圆仪如图9-7(b)所示，是悬挂罗盘仪的附件，用以测定导线边的倾角。挂罗盘由罗盘盒及挂架两部分组成。罗盘盒与普通罗盘同，但直径稍大些，度盘注记按逆时针方向从0°至360°，通过90°—270°直径两端有水平轴与挂架圆环连接，而圆环上的两个挂钩连线与罗盘盒上0°—180°直径位于同一竖直面内。当罗盘挂在细绳上后，不论细绳是否水平，罗盘盒能借助自重保持水平。由图9-8可知，按磁针北端读得的读数就是挂钩连线（即细绳）的磁方位角。

半圆仪又称坡度规，是一块半圆形的铝合金薄板，从半圆弧中间向两边的刻度注记各自0°至90°，而半圆仪上两挂钩连线与90°—90°直径平行。由图9-7(b)可知，半圆仪挂在细绳上后，根据从半圆仪中心挂下的垂线读得的读数就是细绳的倾角。

细绳是挂罗盘测量所必须的备品，通常选用直径2～3mm的尼龙质线绳，长度根据导线边长而定。

2．挂罗盘测量外业　挂罗盘测量以井下导线点为基础，沿次要巷道敷设挂罗盘导线，并应尽量使导线附合或闭合。导线长度不应大于200m。

（1）导线点位常用小钉固定在巷道两帮的木支柱上，也可用油漆标志在两帮特征位置上。相邻两点间距不应大于20m，并使所拉细绳不能与岩石或其他物体接触。在图9-9中，A、B、C表示经纬仪导线点，1、2、……5表示挂罗盘导线点。

（2）测定已知边磁方位角。在两已知点间拉细绳，如间距较大，可通过定线在已知边AB方向上标记a，在A和a间拉细绳，挂上挂罗盘，使罗盘盒0°一端的挂钩在前，180°一端的挂钩在后（图9-8），待磁针静止后，按北端读数。为检核，应将罗盘挂在细绳两端各测一次。同一条边在两端读得的读数互差不大于2°时，取平均值作为已知边AB的磁方位

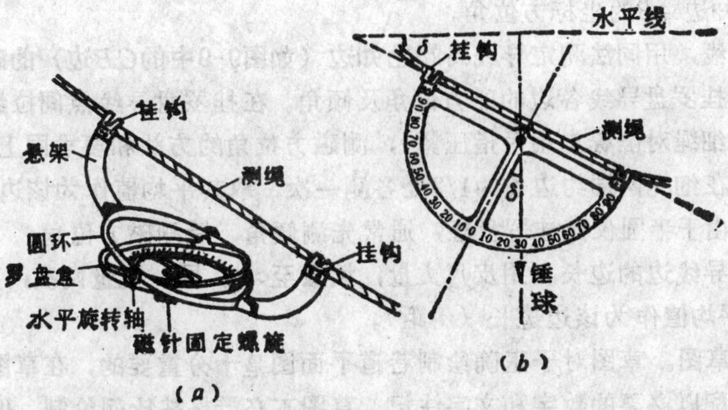

图 9-7

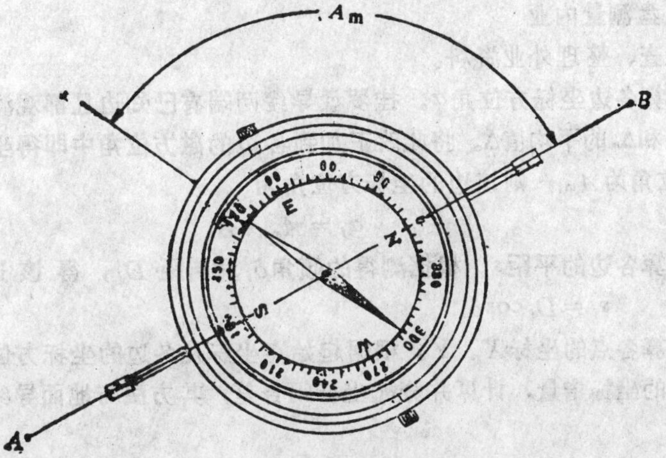

图 9-8

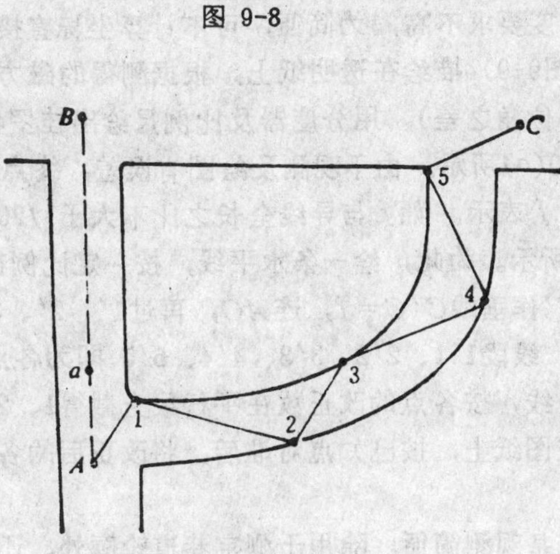

图 9-9

角A_m。

测定已知边磁方位角的目的是确定磁偏角Δ。

$$\Delta = \alpha - A_m \tag{9-5}$$

式中　α——已知边AB的坐标方位角。

对于附合导线，用同法测定导线终端已知边（如图9-9中的CB边）的磁方位角。

（3）测定挂罗盘导线各边的磁方位角及倾角。在挂罗盘导线点间拉细绳（如点位用油漆标志，则将细绳对准标志用手指压紧），测磁方位角的方法和要求同上述。测倾角用半圆仪，分别挂在细绳两端约边长的1/3处各测一次，取其平均值作为该边的倾角。测倾角应拉紧细绳，由于半圆仪比挂罗盘轻，通常先测倾角，后测磁方位角。

（4）丈量导线边的边长。用皮尺丈量，读数至cm。同一边量两次，互差不大于边长的1/200时取平均值作为该边边长（斜距）。

（5）绘制草图。草图对于正确绘制巷道平面图是十分重要的，在草图上较详细地描绘巷道的轮廓，配以必要的数字和文字注记。草图不必严格按比例绘制，但必须如实反映出巷道轮廓与邻近导线点的相对位置关系。因此，草图须在实地边测边绘。

3．挂罗盘测量内业

（1）检查、整理外业资料。

（2）计算各边坐标方位角α。挂罗盘导线两端有已知边且都观测磁方位角时，取两端磁偏改正Δ_0和Δ_n的平均值Δ。将此改正加到各边的磁方位角中即得坐标方位角。设测得第i边的磁方位角为A_{mi}，则该边的坐标方位角为

$$\alpha_i = A_{mi} + \Delta \tag{9-6}$$

（3）计算各边的平距s。根据测得的倾角δ_i和斜距D_i，得该边的水平距离为

$$s_i = D_i \cos\delta_i$$

（4）计算各点的坐标X、Y。根据起始点坐标及各边的坐标方位角和平距，计算挂罗盘导线各边的坐标增量，计算并分配坐标闭合差，其方法与地面导线同，见前第六章第二节所述。

（5）按坐标将挂罗盘导线点展绘在图纸上，对照草图连接各点即得巷道平面图。

对挂罗盘导线的精度要求不高，为简便，可不计算坐标直接绘图。这时将图纸上的经纬仪导线点A、B、C（图9-9）描绘在透明纸上，根据测得的磁方位角计算导线点上的水平角（等于相邻两边磁方位角之差），用分度器及比例尺绘出挂罗盘导线$A—1'—2'—3'—4'—5'—C'$，如图9-10(a)所示。由于观测及绘图有误差，终点C'与C不重合，线段$C'C$称为图解闭合差，常用f表示。如f与导线全长之比不大于1/200，可按与边长成比例进行分配。如图9-10(b)所示。为此，绘一条水平线，按一定比例在线上标出A、$1'$、$2'$、$3'$、$4'$、$5'$、C'，过C'作垂线$C'C=f$，连AC，再过$1'$、$2'$、$3'$、$4'$、$5'$作垂线与AC相交得1、2、3、4、5，线段$1'1$、$2'2$、$3'3$、$4'4$、$5'5$、即为各点的改正数。在图9-10(a)的各点上作$C'C$的平行线，按各点的改正数在平行线上截得1、2、3、4、5，即为改正后的点位。把透明纸盖在图纸上，按已知点对准后，将改正后的各点刺绘在图纸上，对照草图绘出巷道平面图。

挂罗盘测量的优点是观测简便，除用于测定巷道轮廓外，还用于木支架较多、空间矮小的采场。由于磁针受附近磁性物体及电磁场的影响，这种方法在使用上受到一定限制。

二、支距测量

设要测定导线点A、B间的一段巷道轮廓（图9-11），在A、B间拉皮尺，使皮尺零点

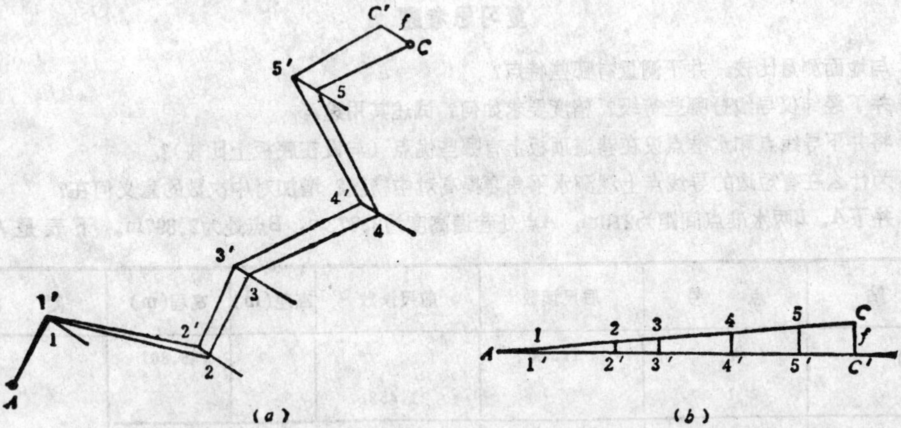

图 9-10

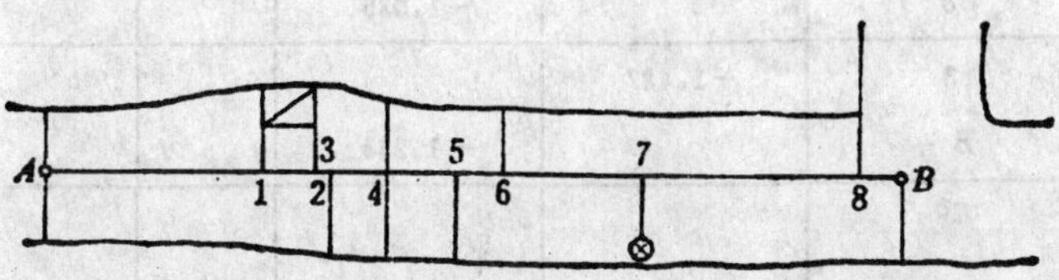

图 9-11

表 9-7 支距测量手簿

导线点号	支距点号	纵距(m)	支距(m) 左	支距(m) 右	附注
A	A	0	1.33	1.52	壁
	1	5.27	1.04		矿漏
	2	6.51	1.10		宽0.95
	3	6.94		1.89	
	4	8.32	1.47	1.95	壁
	5	9.96		1.86	
B	6	11.05	1.53		
	7	14.38		1.52	钻孔
	8	19.43	1.41		角
	B	20.66		1.83	壁

对准A；根据巷道轮廓，用另一支较短的尺子从皮尺上的某一读数起，按垂直方向往左或往右量取至特征点的距离，此距离称支距，而皮尺上的读数，即支距垂足至A点的距离称纵距。将纵距和支距记入支距测量手簿内(表9-7)，纵距和支距均读至0.01m。支距测量必须绘制详细的草图，有时将纵距和支距直接注记在草图上。支距测量方法简便，除皮尺和短钢尺外，不需其他仪器，根据测量的结果绘制巷道平面图也很方便。但当支距较大时，量支距工作量较大，且支距与纵距不垂直对点位的影响随支距的增长而增大。

复习思考题

1．与地面测量比较，井下测量有哪些特点？

2．井下经纬仪导线分哪些等级？精度要求如何？试述其用途。

3．将井下导线点和水准点设在巷道顶板上有哪些优点（与设在底板上比较）？

4．为什么在有短边的导线点上观测水平角要提高对中精度？增加对中次数的意义何在？

5．井下A、B两水准点间距为210m，A点处巷道高度为2.773m，B点处为2.897m。下表是A、B间

测站	点号	后尺读数	前尺读数	高差(m)	高程(m)	附注
(1)	A	−1.384			746.861	
	1		1.452			
(2)	1	1.403				
	2		−1.272			
(3)	2	−1.496				
	3		−1.335			
(4)	3	−1.427				
	B		−1.244			
Σ						

水准测量（往测）记录。试计算各测站高差及B点高程，在“附注”栏内绘出这段巷道的剖面示意图，并标志出水准点及转点的位置。

6．试述挂罗盘的构造及使用方法。如何将测得的磁方位角换算为坐标方位角？

7．进行挂罗盘导线测量时，为什么先测倾角后测磁方位角？

8．试述用支距法测定碎部点位的方法及该法的适用条件。

第十章　井巷施工测量

第一节　标定的基本方法

根据设计资料将设计物标设到实地的测量称为标定，亦称放样。设计图纸上的设计物，如地面各种建筑设施、井下各种巷道，其形状尽管各种各样，标定工作总是首先标定设计物的主要轴线，然后标定设计物的各个部分。作为标定的基本要素有角度、距离、高程及坡度。这些角度、距离、高程及坡度在标定前就已确定了，它们可以是设计资料给出的，也可以是在图纸上量得的或通过计算得到的。

一、标定角度

标定角度的实质是根据一已知边方向标定另一边方向。设要从实地已有方向AB的A

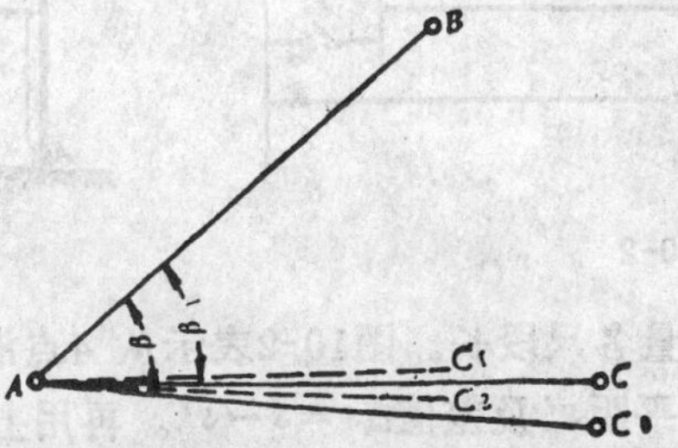

图 10-1

点，按水平角β标定方向AC，如图10-1所示。在A点安置经纬仪，瞄准B点，读取度盘读数α_1（通常拨转度盘使$\alpha_1=0$），顺时针转动照准部，利用制动和微动螺旋，使度盘上读数等于$\alpha_1+\beta$，在视线方向上标志一点C_1，倒转望远镜，用同法标志一点C_2。如C_1与C_2不重合，取中点C。AC就是所要标定的方向。

为检核，观测$\angle BAC$，设为β'，然后与已知值β比较，若差值$\Delta\beta=\beta-\beta'$较大或要求的标定精度较高，根据平距AC按下式计算C点的移动量

$$CC_0=AC\,\mathrm{tg}\Delta\beta\approx AC\frac{\Delta\beta}{\rho}\quad(\rho\text{和}\beta\text{的单位为秒})\tag{10-1}$$

在与AC垂直方向上将C移动CC_0（$\Delta\beta$为正时往外移，负时往内移），AC_0就是改正后的标定方向。图10-1中若$\Delta\beta=1'10''$，$AC=88.5$m，则$CC_0=0.03$m，从C点外移此值得C_0点。

二、标定距离

设标定的水平距离为s，用钢尺标定时有以下两种情况。

1．s小于钢尺长度　拉紧钢尺，钢尺一端的零分划对准A点，另一端对准读数为s的分划标定B点，AB就是所标的距离。如实地不平，应测出标定方向两端高差h或倾角δ，将平距s改算为斜距D，按D标定。显然斜距

$$D=\sqrt{s^2+h^2}=\frac{s}{\cos\delta} \tag{10-2}$$

如果要求标定的精度较高，应考虑钢尺的尺长及温度对长度的影响。设要标定$s=45.500$m的线段AB，使用的50m钢尺，经检定在拉力10kg、温度20℃时的实际长度为49.981m。设标定时的温度为12℃，钢尺膨胀系数为1.72×10^{-5}。

50m整尺段的尺长改正$49.981-50=-0.019$m，温度改正$1.72\times10^{-5}\times50(12-20)==-0.007$m，由于尺长和温度的影响，尺长50m应增大0.026m，45.5m应增大$\frac{0.026}{50}\times45.5=0.024$m。为标定45.500m的平距，钢尺读数不应是45.500m，而应是45.524m。

2．s大于钢尺长度　这时须分几个尺段才能标定完。通常根据s的大小，沿标定方

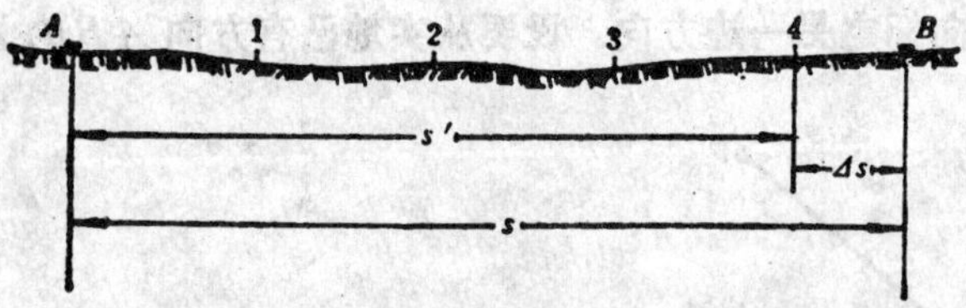

图 10-2

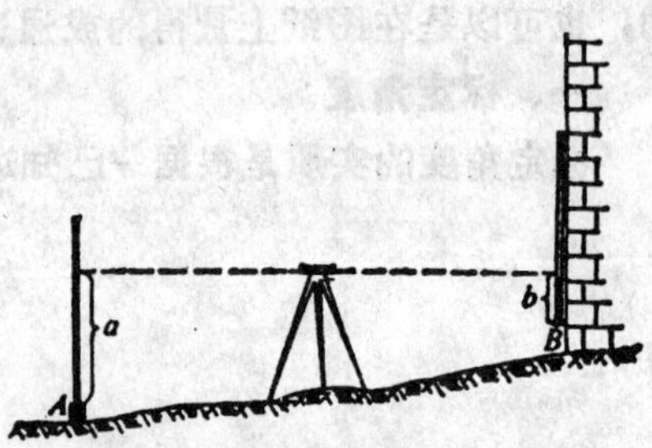

图 10-3

向从A点用一般量距方法丈量各尺段长。图10-2表示从A点沿AB方向丈量了四个尺段，经各种改正后算出A至4的平距s'及差值$\Delta s=s-s'$。再用上法按Δs从4点标定B点，AB就是所标的距离。

三、标定高程

根据一个已知水准点标定另一点，使其高程等于设计高程，这就是标定高程。它不同于一般的水准测量之处在于，根据后视尺读数及仪器视线高程先算出前视尺读数，再按此读数标定点的高度。设已知A点的高程$H_A=48.441$m，要在永久性基础上标定高程为49.500m的一点B，如图10-3所示。在AB间安置水准仪，读得立于A点的水准尺读数$a=1.683$m。由图知，仪器视线高程$H_i=H_A+a=50.124$m，由此得B处水准尺读数$b=H_i-H_B=0.624$m。

在B处上、下移动水准尺，当水准仪望远镜横丝对准尺上0.624m时，沿尺底在基础上作出标记，即为B点。改变水准仪的高度，测出A至B的高差；如标定正确，高差应为$H_B-H_A=1.059$m。

如B点离A点较远或高差较大，可以在靠近B点处设置临时点C，用水准测量或三角高程测量测定C点高程。按上述方法从C点标定B点。

四、标定坡度

井下各种巷道都是按设计的坡度掘进的；至于开掘水沟，更须保持一定的坡度。坡度是指高差h与平距s之比，亦即倾角δ的正切，常用i表之，即

$$i=\frac{h}{s}=\operatorname{tg}\delta \tag{10-3}$$

高差或倾角有正负号，所以坡度也有正负号。正号表示上坡，负号表示下坡。

标定坡度和标定高程相似。设要从A点向B点标定－3%的坡度（图10-4)。已知A点的高程$H_A=110.825$m，A至B的平距为78m，则B点的高程$H_B=H_A+is=110.825-0.03\times78=108.485$m，按上面"三"标定$B$点。

在巷道掘进过程中，为便于控制巷道坡度，通常将坡度线用油漆画在巷道一帮或两帮高出底板1m处，现场称为腰线。设井下水准点A的高程$H_A=25.016$m，A点处巷道底板设计高程为22.507m，要从A点向工作面标定5‰的坡度线，如图10-5所示。先用皮尺从A点每隔10m作一临时标记，得1′、2′、3′、4′、5′，平距10m，高程变化为$0.005\times10=0.05$m。在点与工作面间安置水准仪，读得A点水准尺读数为－1.255m，仪器视线高程$H_i=25.016-1.255=23.761$m，而A点处坡度点高程为$22.507+1.000=23.507$m，在该点处从视线往下量$23.761-23.507=0.254$m得a；水准仪转向1′点处，从视线往下量$0.254-0.05=0.204$m得1；转向2′点处，从视线往下量$0.204-0.05=0.154$m得2；同法标定3、4、5等点。在这些坡度点间拉线即为坡度线。

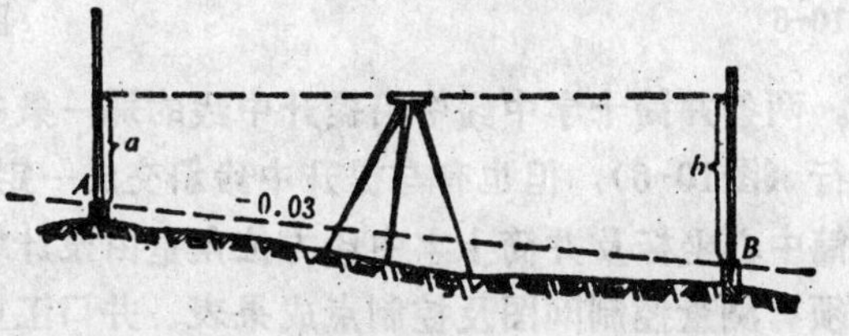

图 10-4

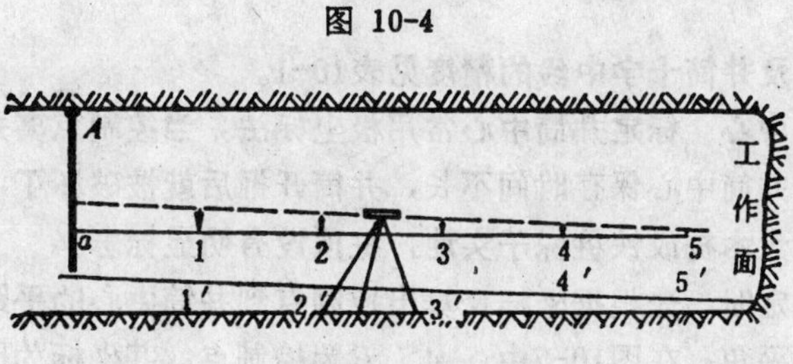

图 10-5

第二节　竖井掘进时的测量工作

矿山开采矿石，根据矿体赋存情况，有些可用露天开采，有些须用地下开采。进行地下采矿，首先要开掘竖井、斜井或平硐，还要开掘一些主要巷道，以便人接近或进入矿体。

开掘竖井，测量人员首先在实地标定井筒中心及井筒十字中线；在竖井掘进过程中，要检查井筒断面及井筒的垂直度；在井口安装提升设备及井筒内安装罐梁和罐道时，要进行标定和检查工作。

一、标定井筒中心及井筒十字中线

井筒十字中线是两条互相垂直的直线。井筒十字中线将井筒断面分成四个相等的部分，其交点O就是井筒中心，如图10-6所示。

与井筒十字中线密切联系的有提升中线。垂直于提升机主轴并通过提升机两绞筒间中

图 10-6

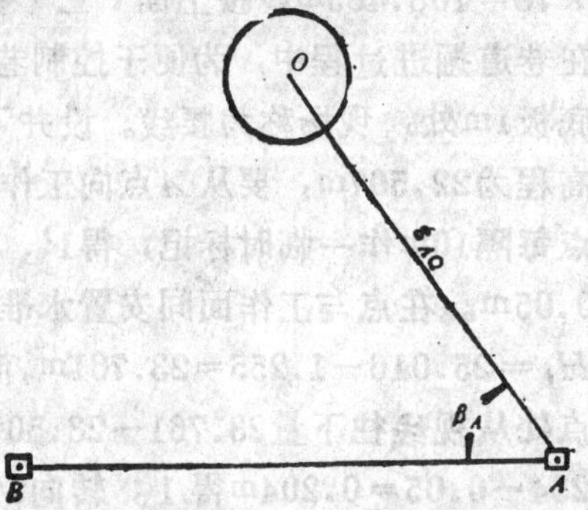

图 10-7

点的直线称提升中线。两条井筒十字中线中沿提升中线的那一条中线称主要中线。主要中线通常与提升中线平行（图10-6），但也有与提升中线斜交成一定角度的。

新开挖的竖井井筒中心坐标及井筒十字中线方位角是由设计给定的。为标定井筒中心及井筒十字中线，还须有测量控制网图及控制点成果表、井口工业场地平面布置图、井筒断面图。

标定井筒中心及井筒十字中线的精度见表10-1。

1．标定井筒中心　标定井筒中心常用极坐标法；当控制点离井口较远或测距困难时，用角度交会法。井筒中心保存时间不长，井筒开掘后就被破坏了，但它是标定井筒十字中线的基础，常用大木桩或铁桩标于实地，桩顶设有明显标志。

用极坐标法标定时，先根据坐标反算出控制点到井筒中心的平距和坐标方位角，再由坐标方位角计算水平角。在图10-7中，A、B为控制点，其坐标为已知，O为待标定的井

表 10-1　标定井筒中心及十字中线的允许偏差

条　　件	实测与设计允许偏差			十字中线垂直度偏差
	井筒中心(m)	井口高程(m)	主要中线方位角	
与井筒有关的井巷和建筑物尚未施工时	0.5	0.1	3′	30″
与井筒有关的井巷和建筑物已施工时	0.1	0.05	1′30″	30″

筒中心，其坐标由设计给出。A至O的平距s_{AO}及方位角α_{AO}可按下式计算：

$$s_{AO}=\sqrt{(X_O-X_A)^2+(Y_O-Y_A)^2} \tag{10-4}$$

$$\operatorname{tg}\alpha_{AO}=\frac{Y_O-Y_A}{X_O-X_A} \tag{10-5}$$

A点的水平角

$$\beta_A = \alpha_{AO} - \alpha_{AB} \tag{10-6}$$

平距s_{AO}和角度β_A称标定数据。标定时在A点安置经纬仪，后视另一控制点B，按角度β_A标定AO方向，按平距s_{AO}标定O点。具体标定方法在第一节“一”与“二”中已作了介绍。

井筒中心标定后，实测角度和距离，计算其坐标；与设计坐标比较，点位偏差不应大于表10-1规定。

除标定平面位置外，根据井口的设计高程，按上面第一节“三”介绍的方法，将井口高度标志于实地。

用角度交会法标定时，标定数据为控制点A、B上的角度β_A和β_B（图10-8)。为此，先根据坐标反算方位角，再计算角度。图中角度：

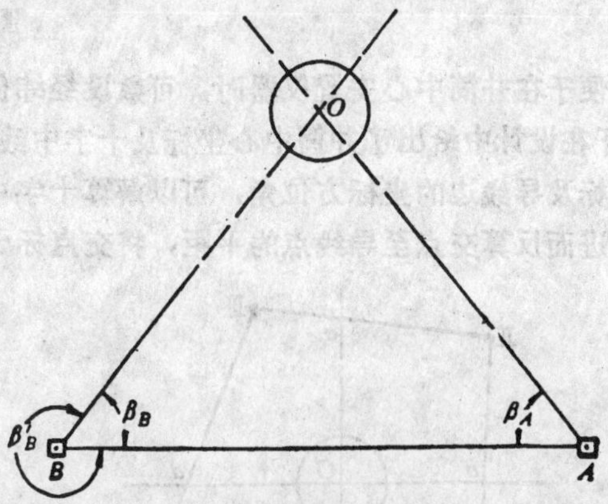

图 10-8

$$\left.\begin{aligned} \beta_A &= \alpha_{AO} - \alpha_{AB} \\ \beta_B &= \alpha_{BA} - \alpha_{BO} \end{aligned}\right\} \tag{10-7}$$

经纬仪水平度盘刻度注记都是顺时针方向从0°至360°。标定时，总是后视已知方向，在B点上应按外角β'_B来标定；显然$\beta'_B = \alpha_{BO} - \alpha_{BA}$或$\beta'_B = 360° - \beta_B$。

2．标定井筒十字中线　井筒十字中线不仅是井筒施工过程中检查井筒位置的依据，也是标定和检查提升设备及井口其他重要建筑设施的依据；在井筒整个使用过程中，观测变形、进行检修都以十字中线为依据。所以选定十字中线点位置时，应考虑到能长期保存和便于使用。中线点用混凝土桩固定于实地，也可设置在永久性建筑物基础上。

井筒十字中线通常在井筒中心按角度标定。为此，先根据井筒中心O和控制点A的坐标反算方位角α_{OA}，再由设计给出的十字中线方位角α计算角度β、$\beta+90°$、$\beta+180°$、$\beta+270°$，如图10-9所示。由图可知

$$\beta = \alpha - \alpha_{OA} \pm 180° \tag{10-8}$$

在井筒中心安置经纬仪，后视A点，按以上角度标出十字中线方向，用临时标志a、b、c、d固定在实地，再测出角度，与计算角度比较；符合要求后，在标出方向上埋设一组永久点，每组不少于三个（图10-10)，相邻中线点之间的距离不小于20m，靠近井筒的中线点距井筒边缘不小于15m，用沉井法或冻土法施工时应不小于30m。每条中线上，至少有一个中线点能看到天轮平台。

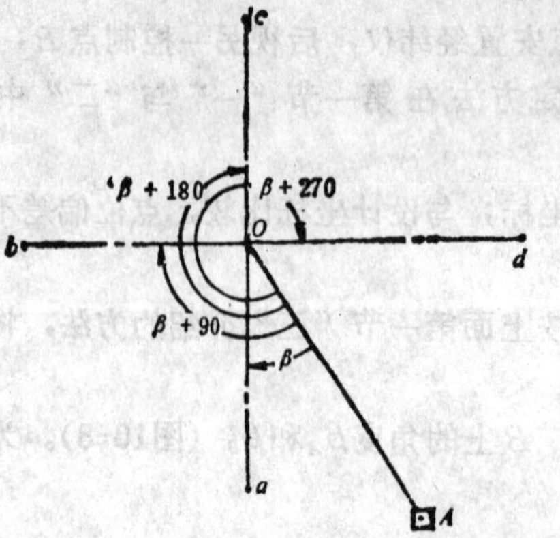

图 10-9

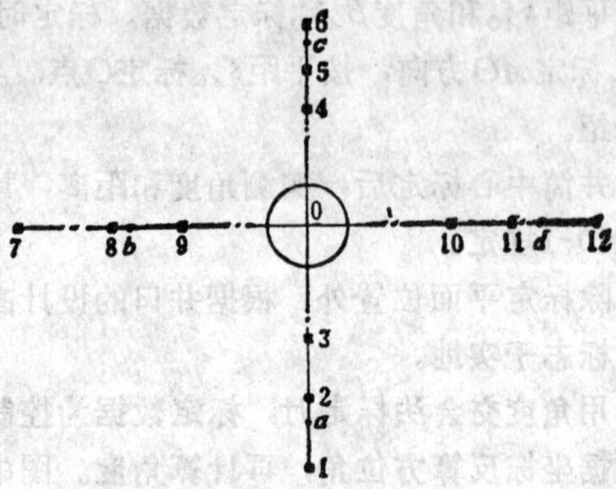

图 10-10

当井口通视困难或不便于在井筒中心安置仪器时，可敷设经纬仪导线标定井筒十字中线，如图10-11所示。由于在设计中给出了井筒中心坐标及十字中线方位角，并通过观测已算出经纬仪导线点的坐标及导线边的坐标方位角，可以解算十字中线与导线边的交点 a、b、c、d 的坐标，进而反算交点至导线点的平距，将交点标于实地。

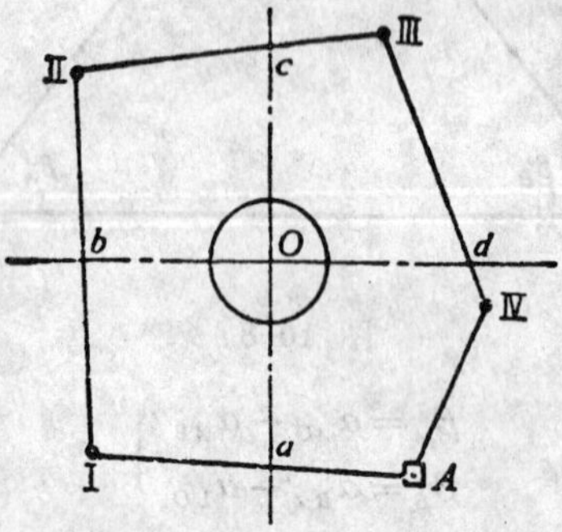

图 10-11

例如为求图10-11中交点 a 的坐标，解下列两个直线方程：

$$\left.\begin{aligned} Y_a-Y_A&=\mathrm{tg}\,\alpha_{A\mathrm{I}}(X_a-X_A)\\ Y_a-Y_O&=\mathrm{tg}\,\alpha_{Oa}(X_a-X_O)\end{aligned}\right\}\qquad(10\text{-}9)$$

得：

$$\left.\begin{aligned} X_a&=\frac{Y_O-Y_A+X_A\,\mathrm{tg}\,\alpha_{A\mathrm{I}}-X_O\,\mathrm{tg}\,\alpha_{Oa}}{\mathrm{tg}\,\alpha_{A\mathrm{I}}-\mathrm{tg}\,\alpha_{Oa}}\\ Y_a&=Y_O+(X_a-X_O)\,\mathrm{tg}\,\alpha_{Oa}\end{aligned}\right\}\qquad(10\text{-}10)$$

交点 a 至导线点 A 的平距为：

$$s_{Aa}=\sqrt{(X_a-X_A)^2+(Y_a-Y_A)^2}\qquad(10\text{-}11)$$

二、掘进时的测量工作

首先由井筒中心及十字中线标定井筒断面，然后往下开掘井筒。除少数井筒因穿过的岩层坚固稳定不需支护外，多数井筒都须支护；支护的材料及厚度，按设计规定。

1．标定井筒断面　井筒断面有圆形和矩形两种，多数是圆形的。为便于施工，掘进时的断面用锁口盘限定。图10-12是圆形井筒的锁口盘，断面半径为 r。测量人员对预制的锁口盘进行检查，如盘架上已有中线标记“＋”，就在相对两标记间拉线，其交点就是井筒中心 O。量取 O 点到盘架内缘的距离，与设计半径 r 比较，差值不得超过2cm；如盘架上无中线标记，应根据锁口盘的实际尺寸刻上中心标记，再检查断面。如果是矩形断面，应丈量盘架内缘的长、宽和对角线，与设计值比较，要求同上。

标定锁口盘时，在井筒十字中线点间拉细铁线，移动盘架，使四个中线标记对准铁线。不便拉线时，可在十字中线点上安置经纬仪标定盘架，用水准仪检查锁口盘的高度及盘架的水平。

2．标定垂球线位置　井筒掘进中，需要经常根据悬挂在井筒内的垂球线检查井筒的垂直度及断面的形状与大小。也有用激光指向仪发射的垂直激光束来代替垂球线的，这时需标定激光指向仪的位置。

垂球线的数目及在井筒内的位置，根据使用方便而定，对于圆形井筒可挂一个中心垂球和两个边垂球，如图10-13（a）。边垂球位于一条十字中线上，离井壁15～20cm。边垂球的作用是确定检查井筒断面时的量距方向。对于矩形井筒可挂四个角垂球，如图10-13（b）。

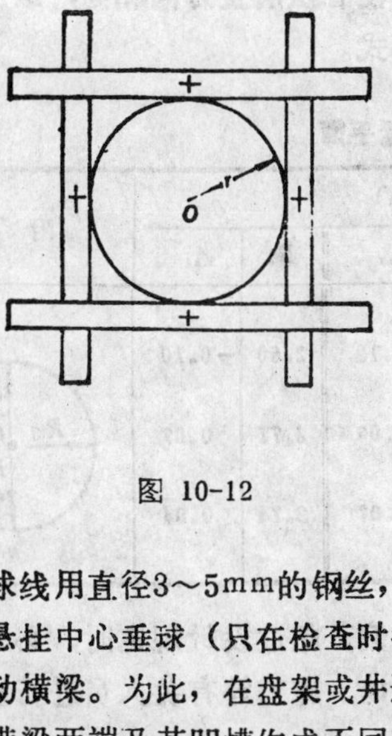

图 10-12

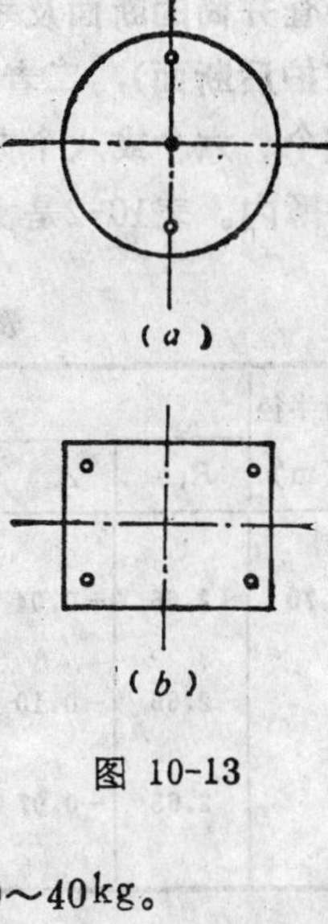
（a）
（b）

图 10-13

垂球线用直径3～5mm的钢丝，绕在小绞车上，垂球重20～40kg。

为悬挂中心垂球（只在检查时挂），又不影响提升，通常沿一条十字中线方向在井口架一活动横梁。为此，在盘架或井边凿一凹槽，使横梁能嵌入不松动又便于取出。为防止嵌反，横梁两端及其凹槽作成不同形状，如图10-14所示。横梁上的中心垂球线孔位 O，根据两条十字中线标定；边垂球线孔位 O_1 和 O_2，根据一条十字中线及量距标定。

实际上，地面破土后，为了安全，井口都铺盖木板，中间留一个方形框口作为吊桶升降的通道。这时，架在框口的活动横梁只挂中心垂球，边垂球悬挂在盖板下面的平台上。标定垂球线孔位的方法同上，只是边垂球线孔位较低，须沿十字中线拉紧的细线上挂下垂球线标定。

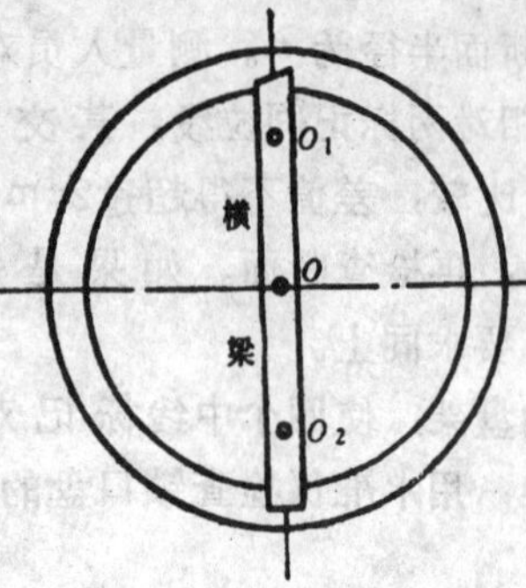

图 10-14

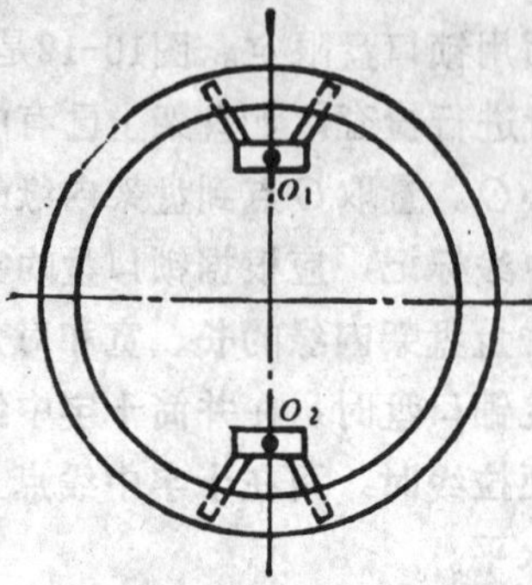

图 10-15

随着井筒往下掘进，从井口挂下的垂球线越来越长，垂线的摆动也随之增大。中心垂球可用增加垂球重量或加稳定液使之稳定，而边垂球可往下移设悬挂点，使自由悬挂的垂线长度不大于100m。为此，沿井深每隔100m左右，对准每个边垂球位置在井壁内固定两截角钢（图10-15），上面平放一块钻有小孔的铁板，移动铁板使边垂球线位于小孔中央，在此位置上将铁板固定。这个工作要做得很仔细，要求移设前后垂球线位置偏离不大于5mm。

3．检查井筒的断面及垂直度，测定井筒深度　井筒断面分为毛断面（掘进断面）和净断面（支护后断面），二者都要符合设计要求。检查是每隔2m丈量中心垂球线至井壁的距离，量四个、六个或八个方向，根据边垂球线定向，使各层所量方向相同，最后将丈量结果记入手簿内。表10-2是丈量四个方向的记录手簿格式。

表 10-2　井筒断面（毛断面）测量手簿

井深(m)	设计半径 R_0(m)	实量半径R及差值$\Delta=R-R_0$(m)								附　注
		R_1	Δ_1	R_2	Δ_2	R_3	Δ_3	R_4	Δ_4	
142	2.70	2.66	−0.04	2.75	0.05	2.82	0.12	2.60	−0.10	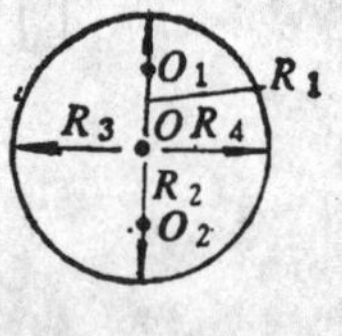
144		2.60	−0.10	2.75	0.05	2.76	0.06	2.77	0.07	
146		2.63	−0.07	2.67	−0.03	2.63	−0.07	2.74	0.04	

测量人员应将检查情况及时通知施工部门。如实测偏差超过设计规定时，必须向矿山主管部门报告，必要时，矿山技术负责人会同测量、设计、施工等有关人员进行复查，明确职责，拟定修复措施。

应该指出，在检查井筒毛断面的同时，对井筒揭露的地质现象，如岩层性质、厚度、倾角、走向及断层裂隙等也应详细测定，在此基础上绘制比例尺为1：200或1：500的井筒地质断面图。

为了掌握施工进度，标定梁窝高度和确定掘进深度，每隔30～50m用钢尺在已支护的井壁上标定高程点，将高程或井深写在点旁。当井筒接近井底巷道时，在井壁上设置高程点M，用前第八章第四节所述方法测定其高程H_M（图10-16），根据井底巷道底板设计高程H_b可确定从M点往下掘进的深度h。显然

$$h=H_M-H_b \tag{10-12}$$

三、安装时的测量工作

1．测定井筒剖面　井筒在支护后安装前应测定其断面及垂直度，测定方法仍是丈量垂球线到井壁的距离，每隔5～10m丈量一次。确定垂球线的数目及位置时应考虑：

（1）能从井口挂到井底，中间不与井壁、提升容器（通常是吊桶）及其他物体接触；

（2）能精确地测定井壁重要位置的垂直度。离设计的提升设备（如罐笼）最近的井壁是重要位置，垂线应靠近这个位置；

（3）便于在提升容器中丈量。

根据测量结果，绘制垂直比例尺为1：200或1：500、水平比例尺为1：20或1：50的井筒剖面图。

2．标定检查罐梁罐道　井筒内的主要装备是罐梁和罐道。有些提升能力较大的竖井改用稳绳，可简化井筒装备，但多数竖井仍用罐梁和罐道。罐道安装在罐梁上的缺口内，所以关键是正确地安装罐梁。测量工作包括在井壁上标定梁窝位置及在梁窝内固定罐梁时的检查。标定梁窝高度可利用紧靠井壁悬挂的钢尺，标定梁窝位置则利用垂线和模尺。

罐梁是从上往下一层一层地安装的，第一层罐梁对以下各层罐梁起着基准作用，应精确安装。为此，在井筒十字中线点间拉钢丝，移动罐梁使从钢丝挂下的垂球线至罐梁的距离及各罐梁间的距离等于设计值d。在图10-17中的设计值是主要罐梁（最长的、安装罐道的罐梁）与中线AB的间距d_1、主要罐梁与左右罐梁的间距d_2、三根罐梁上标记“×”应与中线CD重合。罐梁的水平可用水平尺检查。

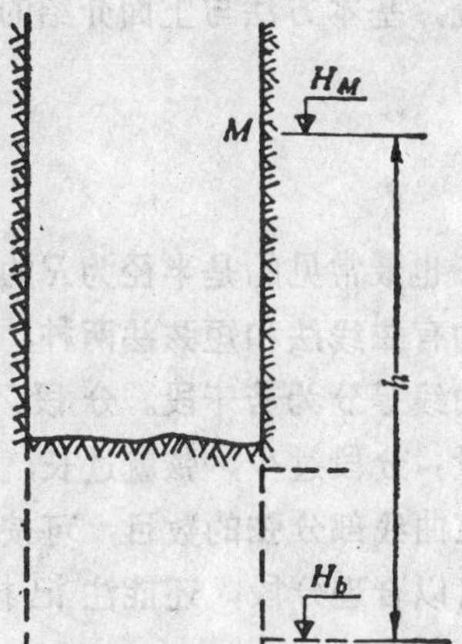

图 10-16

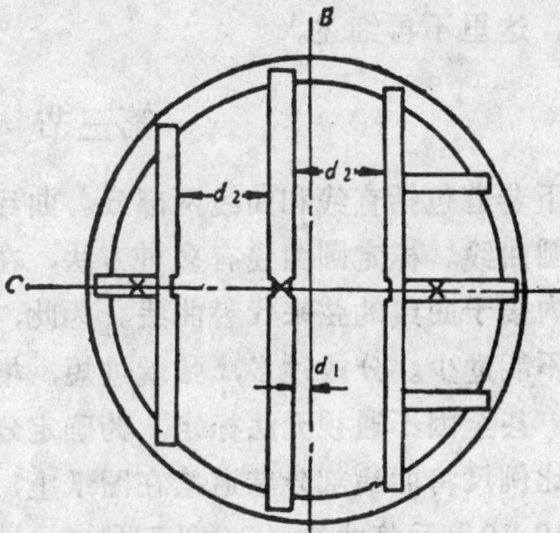

图 10-17

第一层罐梁安装后，在其上固定悬挂垂球线的铁板。垂球线的位置要保证主要罐梁的正确安装又不影响安装人员乘用的吊盘的升降。图10-17所示的罐梁，有了图10-18所示的a、b、c三根垂线及四种模尺和一支水平尺就可安装。

罐梁安装后，在缺口内安装罐道。安装要求如下。

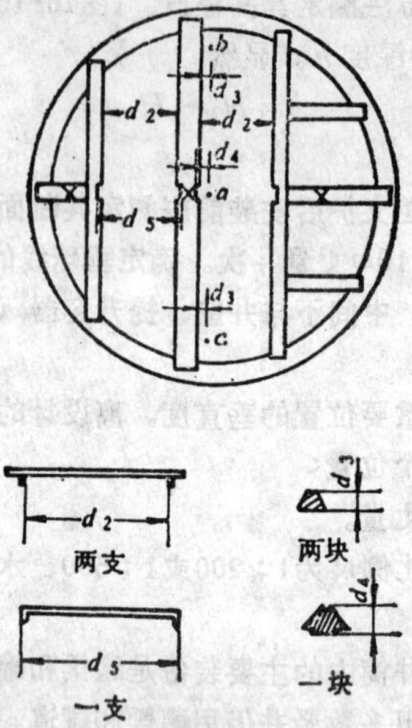

图 10-18

d_2—罐架间距；d_3—主罐梁与中线的间距；d_4—罐道与中线的间距；d_5—罐道间距；一支、二支、一块、二块—模尺

（1）每根罐道都要垂直，垂直度可用在罐道旁挂垂线作检查；

（2）同一提升设备的两根罐道间距应等于设计值，两根罐道中心的连线应垂直于提升中线，即平行于提升机主轴中线，可用丈量方法检查。

3．标定检查井架及提升机　井架是井筒的上部延伸，提升机与井筒及井架的相对位置必须符合设计规定。安装时，测量人员要进行标定检查，基本方法与上面介绍的标定检查相似，这里不再细述。

第三节　标定圆曲线

井下巷道包括直线和曲线两部分。曲线部分最简单、也最常见的是半径为R的一段圆弧，称圆曲线。标定圆曲线有多种方法，在井下较常用的有弦线法和短弦法两种，其实质都是用内接于曲线的弦来代替曲线。为此，在标定前将曲线等分为若干段。分段不能过多，也不能过少。分段过多，弦就过短，增大标定工作量；分段过少，弦就过长，不易掌握弯度，甚至因不通视无法标定。为确定分段数，即确定曲线部分弦的数目，可按1:20～1：100比例尺将曲线部分巷道绘在图纸上，在图上不仅可以合理分段，还能注记标定数据。图10-19表示将曲线AB分为三段。

一、弦线法

1．计算标定数据　在图10-19中，A为曲线起点，B为终点，曲线半径为R，曲线AB所对的圆心角为α。现将曲线等分为三段，得中间点C_1、C_2，弦$AC_1=C_1C_2=C_2B=l$，弦l所对的圆心角用θ表示。由图可知

$$\theta=\frac{\alpha}{n}=\frac{\alpha}{3} \tag{10-13}$$

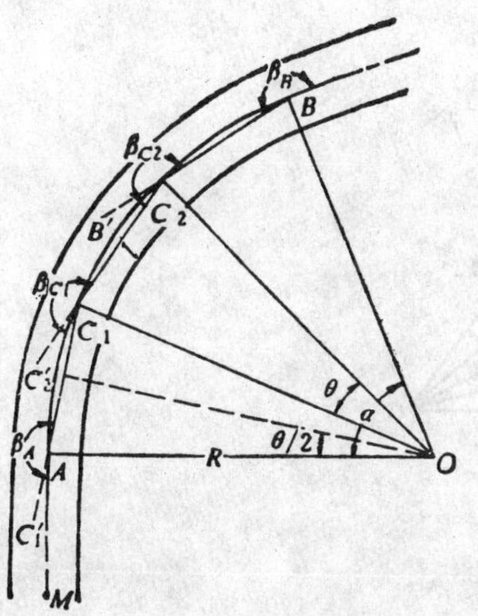

图 10-19

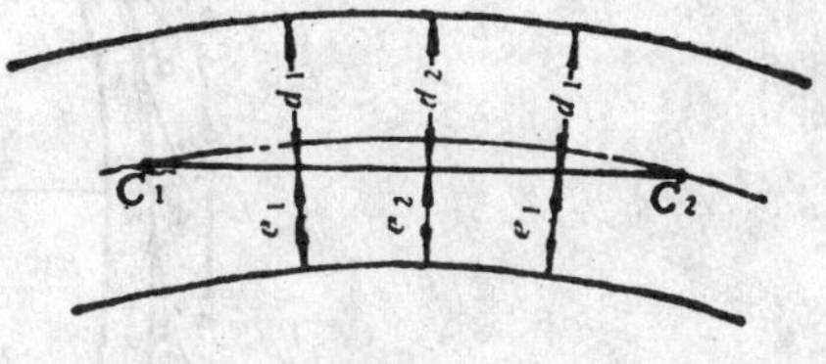

图 10-20

$$l=2R\sin\frac{\theta}{2} \tag{10-14}$$

A、B点上的角度

C_1、C_2点上的角度

$$\left.\begin{aligned}\beta_A=\beta_B=180^\circ+\frac{\theta}{2}\\ \beta_{C_1}=\beta_{C_2}=180^\circ+\theta\end{aligned}\right\} \tag{10-15}$$

2．标定方法　当巷道掘进至曲线起点时，在巷道中线上标定A点，在A点安置经纬仪，后视直线部分另一中线点M，按角度β_A给出AC_1方向。由于A点离工作面较近，可倒转望远镜，在反方向上标定C'_1点，按C'_1A方向掘进。当掘进距离略大于l时，从A点沿C'_1A方向按l标定C_1，将经纬仪安置在C_1点，按角度β_{C_1}给出C_1C_2方向，在反方向上标定C'_2点，从C_1点起按C'_2C_1方向掘进。随着巷道的向前掘进，用同法标定C_2点位置及C_2B方向，直至终点B。在B点上按角度β_B标定直线部分巷道方向。

用弦线法标定圆曲线，从减少安置仪器次数以减轻标定工作量考虑，在保证通视条件下减少中间点数，即增大弦的长度是有利的。为保持巷道的弯度，用更大比例尺绘制略大于弦l的一段巷道；以l为纵距，在图上量出l上各点至巷道两帮的距离。图10-20是图10-19中C_1C_2部分的放大图。按班平均掘进进尺将l分为若干份，从分点处量出至左、右两帮的支距d及e，将纵距值及支距值注于图上，交施工班组掌握巷道的弯曲度。

二、短弦法

1．计算标定数据　图10-21表示将圆曲线AB等分为四段，由式10-13及10-14得：

$$\theta=\frac{\alpha}{n}=\frac{\alpha}{4}$$

$$l=2R\sin\frac{\theta}{2}$$

偏距

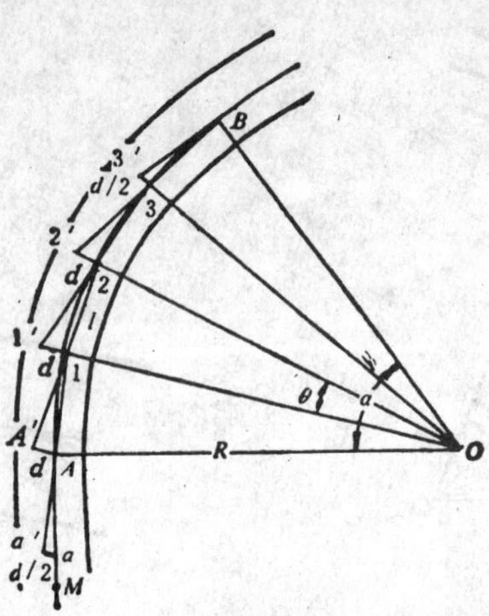

图 10-21

$$d=2l\sin\frac{\theta}{2}=\frac{l^2}{R} \qquad (10\text{-}16)$$

2. 标定方法 当巷道掘进至曲线起点并标定A点后，沿直线部分中线方向后量l得a，分别以A和a为圆心，以l和$\frac{d}{2}$为半径作弧交得a'；将此点标于实地，$a'A$即为巷道的掘进方向。当巷道掘进一段距离后，沿$a'A$方向按l标定1点，再分别以1和A为圆心，以l和d为半径作弧在实地标定A'点，巷道改沿$A'1$方向掘进。同法标定2、3点及$1'$、$2'$点。当巷道掘至曲线终点B，标定直线部分巷道方向时，偏距改用$\frac{d}{2}$。

短弦法标定曲线不需仪器，用距离交会定点即可指示巷道掘进方向。这种方法适用于标定宽度小、精度要求不高的曲线巷道，如按弦l及偏距d制作三角形模尺，标定工作更简便。

第四节 巷道掘进时的测量工作

地下开采的矿山要掘进大量巷道，巷道虽有主、次之分，各种巷道的用途、断面、长度也不同，但都是根据采矿需要设计的，测量的任务是保证巷道在水平面内和竖直面内的位置以及巷道的断面等符合设计要求。巷道在水平面内的位置是以开掘点的坐标及巷道中线的方位角表示的，标定巷道中线的工作称为挂中线或给向。巷道在竖直面内的位置是以开掘点的高程及巷道的坡度线表示的。本章第一节已指出，巷道的坡度线通常设在巷道底板或轨面以上1m处，称为腰线，标定巷道腰线的工作称为打腰线。由此可知，掘进一条新的巷道，测量工作有：熟悉设计图纸及有关资料，核对设计数据，标定开掘点位置及初始方向；画出巷道断面，挂中线，打腰线；检查验收已掘巷道并测绘成图。关于巷道的检查验收在下节中介绍。

一、巷道开切时的测量工作

如图10-22，图中实线表示已有巷道，A、B、C为井下导线点，其坐标为已知，虚线表示设计巷道。在设计中给出了两条巷道中线交点P的坐标及中线PP_1的方位角。

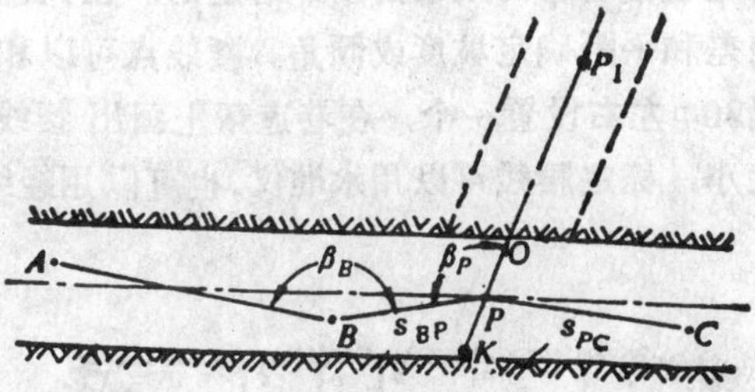

图 10-22

首先计算标定数据

$$\operatorname{tg}\alpha_{BA}=\frac{Y_A-Y_B}{X_A-X_B}$$

$$\operatorname{tg}\alpha_{BP}=\frac{Y_P-Y_B}{X_P-X_B}$$

$$\beta_B=\alpha_{BP}-\alpha_{BA}$$

$$S_{BP}=\sqrt{(X_P-X_B)^2+(Y_P-Y_B)^2}$$

$$S_{PC}=\sqrt{(X_C-X_P)^2+(Y_C-Y_P)^2}$$

指向角　$\beta_P=\alpha_{PP_1}-\alpha_{PB}$

标定：由角度β_B及距离S_{BP}，从B点标定P点，丈量P、C间距与计算的S_{PC}比较进行检核。在P点上用角度β_P标出设计中线PP_1，沿此方向在巷道顶板或边帮上标志一点O，倒转望远镜在巷道另一边标志一点K，K、P、O三点连线即为巷道掘进的初始方向。以O点为中心，按设计宽度在边帮上画出开掘断面。

标定次要巷道的开切位置及初始方向，可用罗盘仪和皮尺。为此，在附近已知边上测定罗盘仪的磁偏改正，将巷道的设计方位（即坐标方位角）改算为磁方位角后直接标定方向。关于罗盘仪的使用在前面第九章第四节中已作过介绍。

在已有巷道内开掘新巷道，除有特殊要求外，通常以开掘地点已有巷道底板或轨面高度为准。在竖井中开掘中段巷道或井底巷道，除了标定巷道的初始方向外，还须标定开切点的高度。

二、标定巷道中线

巷道开切时标定的初始方向，如图10-22中的K、P、O连线方向，精度是很低的，只能在短距离内指示巷道掘进。当巷道掘进10～15m时，需重新从导线点B标定开切点P，再标定中线，用三个中线点a、b、c标志在巷道顶板上，点间距离为2～3m，如图10-23所示。中线点每三个为一组。随着巷道的往前掘进，每隔30～50m用仪器设置一组中线点。在此范围内，用目估指示巷道掘进方向，即在a、b、c三点挂下垂线，一人站在a点后，面向工作面观察：如三条垂线在一个方向上，表示该组中线点未移动；另一人手持矿灯在工作面左右移动，直至灯头位于三条垂线的延伸方向时，熏一标记，即为中线在工作面上的位置。巷道每掘进100m左右，将导线往前延伸一次。中线点可作为临时导线点（每组中只能取其中的一个，并在现场编号）。根据导线测量结果，标定后面的中线点。

三、标定巷道腰线

巷道的坡度或倾角是根据巷道的用途由设计给定的。在向已知高程点开掘巷道时，要根据巷道两端点间的高差和平距确定坡度或倾角。腰线点可以和中线点一样，成组设置，每组两个，也可以每隔30m左右设置一个，在巷道帮上画出腰线。

根据巷道倾角的大小，标定腰线可以用水准仪，也可以用经纬仪。在次要巷道标定或在

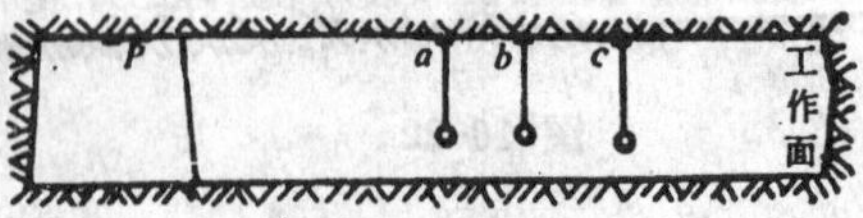

图 10-23

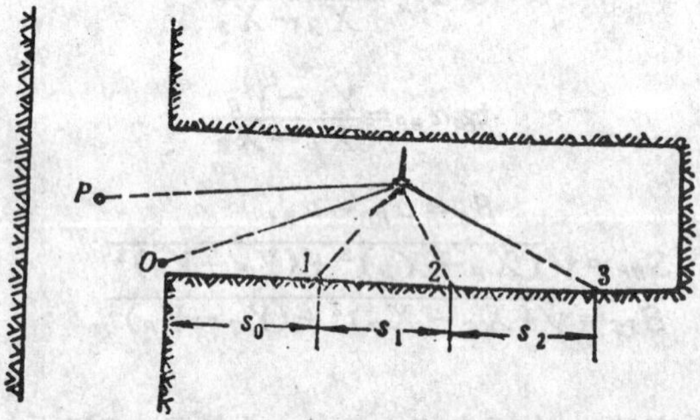

图 10-24

腰线点间加密，可用半圆仪。

1．用水准仪标定腰线　标定方法在本章第一节中已有介绍。在图10-24中，P为开切点，O为巷道起点底板，这两个点的高程H_P及H_0已由邻近水准点测定；1、2、3为待标定的腰线点，用皮尺量得各点间的距离分别为S_0、S_1、S_2，巷道的坡度为i。

显然，各腰线点的高程为：

$$\left.\begin{aligned} H_1 &= H_0 + iS_0 + 1 \\ H_2 &= H_1 + iS_1 \\ H_3 &= H_2 + iS_2 \end{aligned}\right\} \qquad (10\text{-}17)$$

标定时，安置水准仪，读取P点水准尺读数a，仪器视线高程$H_i = H_P + a$（此处a为负）。由此得各腰线点水准尺读数

$$\left.\begin{aligned} b_1 &= H_i - H_1 \\ b_2 &= H_i - H_2 \\ b_3 &= H_i - H_3 \end{aligned}\right\} \qquad (10\text{-}18)$$

将水准仪望远镜瞄准1点处的小钢尺：当尺上读数为b_1时，沿尺端零点标定1点，然后小钢尺移至2点处上下移动；当读数为b_2时沿尺端零点标定2点。同法标定3点，1、2、3即

为腰线点。要注意的是，按式10-18计算的 b 为正时，表示腰线点低于视线，小钢尺要正放；b 为负时，表示腰线点高于视线，要倒放；b 为零时，表示腰线点与视线等高，直接按视线标定。

当然，也可先按视线高在两帮作临时标记，再根据 b 值用小钢尺标定腰线点。

与标定中线点同，当巷道掘进100m左右时，需设置新的水准点，测定其高程，据此标定后面的腰线点。

2. 用经纬仪标定腰线　在倾角超过8°的巷道中标定腰线，要用经纬仪。经纬仪在中线点 a 对中整平后瞄准另一中线点 d 的垂线（图10-25），上下转动望远镜，使垂直度盘读数等于巷道的设计倾角 δ，按横丝在垂线上作一标记，倒转望远镜同法再瞄准垂线作标记；如两次作的标记不重合，取其中点 d'。瞄准 d'，这时望远镜视线与要标定的巷道腰线平行，根据横丝在其他垂线（沿视线方向设置）上作标记。设中线点 a 处的帮上已有腰线点 A（图10-25a），量取视线至 A 的垂距 l，其余垂线均从标记量 l 得 B'、C'、D'。用半圆仪或直角尺将其平移到帮上，得 B、C、D（图10-25b、c、d），即为腰线点。

3. 用半圆仪标定腰线　半圆仪的构造及使用在第九章第四节中介绍过。设要将图10-26中的腰线从 D 点向工作面延伸，过 D 点向工作面拉一细绳，并上下移动。当挂在细绳上的半圆仪读数等于巷道的设计倾角 δ 时，对准细绳在帮上标定 N 点，并沿着细绳画线，即为腰线

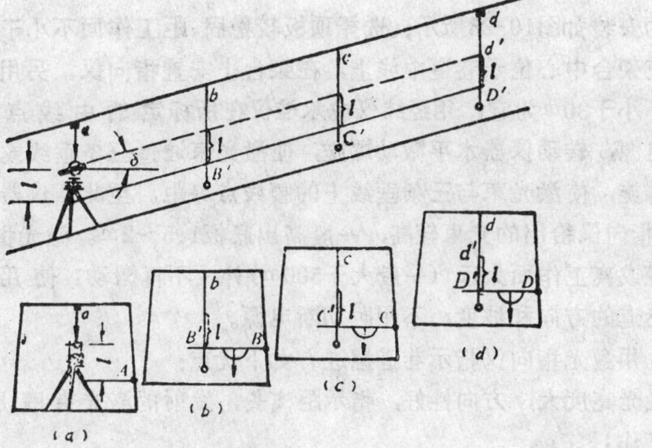

图 10-25

如设计给出的是坡度，用半圆仪按水平线（半圆仪上读数为零）标志一点，然后根据量得的平距将坡度 i 换算为高差 h。从标志往上（当 i 为正时）或往下（当 i 为负时）量 h 即为腰线点。

四、激光指向仪简介

激光指向仪是指能发射激光指示方向的仪器。图10-27是HNZ-1型激光指向仪构造示意图，它由主机和电源两大部分组成。主机部分包括氦氖激光管，发射望远镜及其他机械结构，且激光管和望远镜共轴。仪器上装有可使激光管在水平面内和竖直面内微动的螺旋；为了保证激光束与巷道中、腰线重合或平行，仪器上还装有可使望远镜（连同激光管）

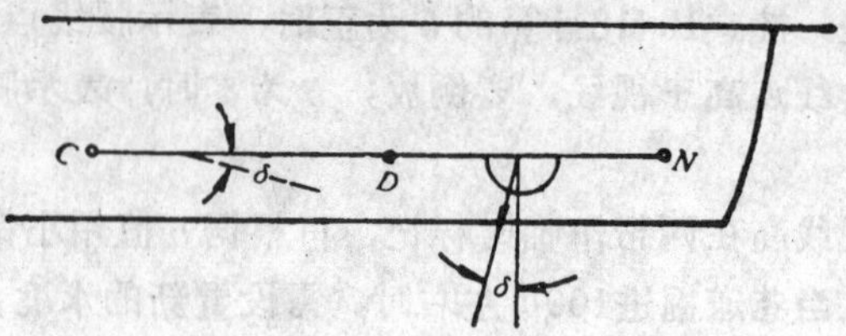

图 10-26

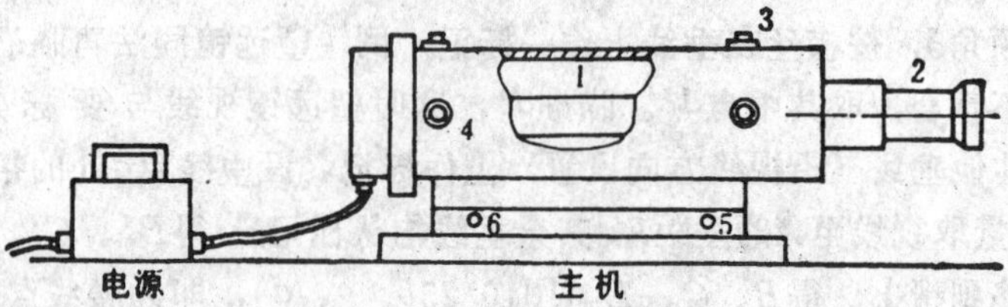

图 10-27

1—激光管；2—发射望远镜；3—激光管垂直微调；4—激光管水平微调；5—仪器垂直微调；6—仪器水平微调

在水平面内和竖直面内微动的螺旋。

激光指向仪的安装如图10-28所示：选择顶板较稳固、距工作面不小于70m的地点固定一架台，尽可能使架台中心位于巷道中线上，在架台上安置指向仪。另用经纬仪标定三个中线点，间距以不小于30m为宜，用经纬仪或水准仪在所标定的中线点垂线上标志腰线点。接通指向仪电源，转动仪器水平微动螺旋，使激光束通过三条垂线或与之等距，再转动仪器竖直微动螺旋，使激光束与三条垂线上的腰线点等距。至此，仪器安装完毕。按图10-28安装，激光指向仪给出的光束较高，一般高出底板1.5～2m。激光指向仪安装后，除了巷道方向改变或离工作面太远（一般大于500m）外，不再搬动；使用时，接通电源，根据激光束检查巷道的方向和坡度，不用时切断电源。

由上述可知，用激光指向仪指示巷道掘进有如下优点：

（1）由于激光亮度大，方向性好，指示距离长，发射的激光束既是中线，又是腰线，减轻了标定工作；

（2）可随时开启指向，使用方便，只要指向仪安装稳定，又经过仔细调试，指向精度较高。

但是，激光指向仪的安装较费时，它适用于掘进直线巷道，巷道愈长，其优越性愈显著。

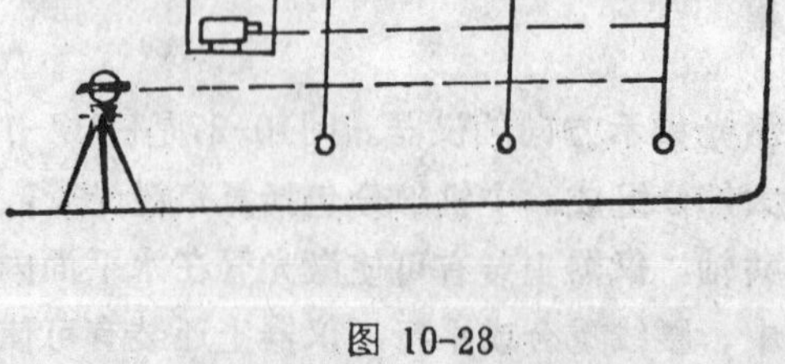

图 10-28

第五节　巷道的检查验收

为了确保开掘的巷道符合设计要求，为了掌握采掘计划的执行情况及统计采掘工作量，必须对已掘进巷道进行检查。检查合格的就验收，及时填绘到矿山测量图上；检查不合格的，不予验收，并指出不合格的部分，待修复符合要求后才予验收。巷道的检查验收是矿山企业实行质量管理的一个重要内容，测量人员及参与检查验收的人员必须坚持标准。很明显，只要巷道的某一部分不符合设计要求，就会影响到整个巷道甚至全矿的生产和安全。例如，巷道断面过小或不规整，就无法运输，易出事故；断面大了，掘进及支护费用增加。又如，巷道坡度过大或过小，将给运输和排水带来困难；而巷道方向发生差错，可能使整个巷道报废。

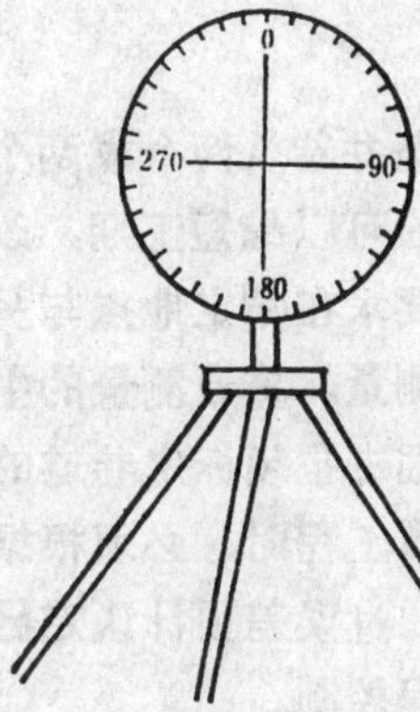

图 10-29

一. 巷道的检查验收

巷道的检查包括巷道的方向、坡度和断面等。巷道方向和坡度的检查，常与标定中、腰线同时进行，而且还要丈量中线至两帮的距离及腰线至顶底板的距离。巷道断面的检查是测定巷道断面形状，在主要巷道，沿中线每隔5～10m测一个断面，巷道不规则处必须测断面。断面可用距离交会法测定，也可用简易断面仪按极坐标法测定。这种仪器如图10-29所示，即在轻便脚架上安装一块竖直圆盘，圆盘直径30～40cm，圆周刻有0°～360°分划，零线向上。使用时，在测断面处安置断面仪，使圆盘中心与腰线等高，并使巷道中线，通过圆盘中心圆盘面与中线垂直（图10-30），然后用皮尺丈量圆盘中心至巷道特征点1、2、……的距离（可将皮尺系在细竹竿上，使零线与竿顶齐），同时在圆盘上读取丈量方向度数。根据丈量结果绘制比例为1：50～1：100的断面图，在图上很容易确定须挑顶、刷帮和填底的部位及尺寸（图10-31）。近年来有激光断面测绘仪问世，可在井下测绘出巷道断面。

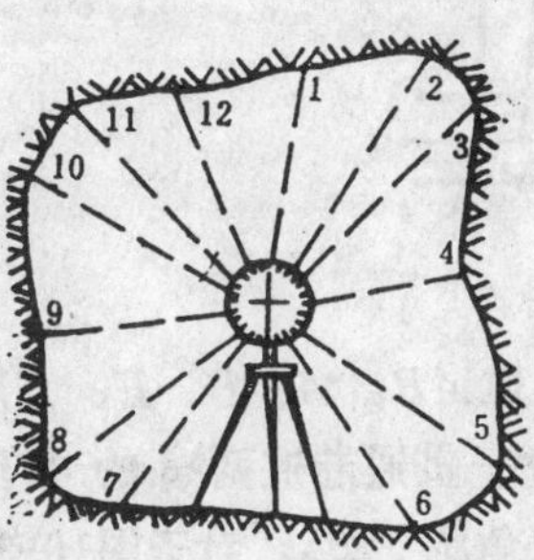

图 10-30

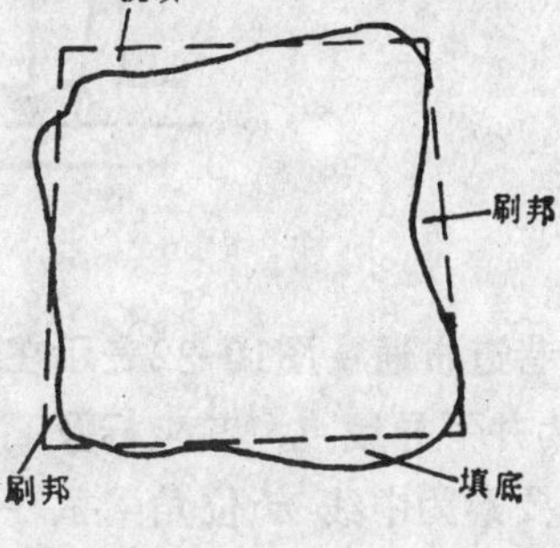

图 10-31

巷道的检查验收通常每隔10天或一个月进行一次。从上一次验收工作面至下一次验收工作面间的距离称进尺，进尺的多少反映巷道掘进的速度。

二、采掘工程量的计算

采掘工程量用体积表示。如果测定了相邻两个断面的面积A_1、A_2及其间距s，可按下式计算这两个断面间的体积。

$$V=\frac{A_1+A_2}{2}s \tag{10-19}$$

式中A_1、A_2可在断面图上用方格法或用求积仪测定。

第六节 贯通测量

一条井巷从两个或两个以上工作面掘进，最后按设计要求的方向和坡度接通称贯通。由于贯通可以缩短工期，改善运输、通风条件，故为矿山所常用。如只有一个工作面掘进，但要求在指定地点与另一井巷接通，也属贯通。为井巷的正确接通所进行的测量工作称贯通测量。贯通测量的主要任务是指出井巷的开掘地点及掘进方向和坡度。实际上，单工作面掘进也须标定巷道的中线和腰线，但贯通测量中的标定显得更为重要、严格。进行重要贯通工程时，必须根据工程要求进行误差预计，确定贯通测量方案及使用的仪器和方法。如通过误差预计认定已有的井下控制不能保证贯通，就应建立精度较高的专用平面控制和高程控制。

一、贯通几何要素的确定

贯通几何要素是指贯通巷道中线的方位角和倾角、贯通距离以及必须的标定数据。有些贯通几何要素直接由设计给出，更多的是要通过计算求得。较短的次要井巷的贯通几何要素，可用图解法确定。下面分别介绍巷道贯通与竖井贯通时求定贯通几何要素的计算公式。

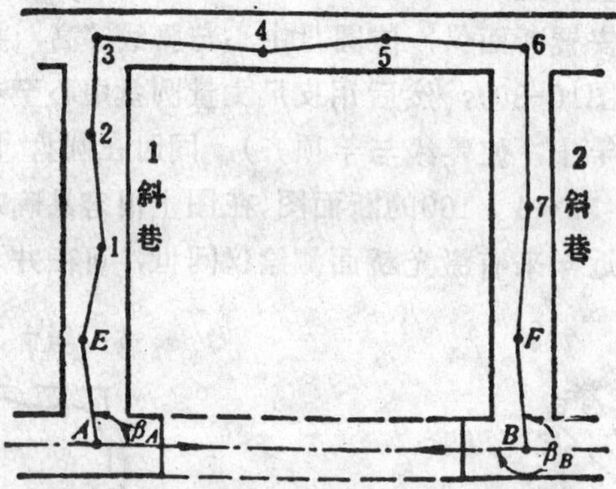

图 10-32

1.巷道贯通　图10-32表示在1号和2号斜巷底贯通巷道AB。A、B、E、F及1、2、……7为井下导线点，其坐标及高程为已知，其中A、B位于贯通巷道两端的中线上。贯通几何要素为中线方位角α_{AB}、平距s_{AB}、坡度i_{AB}及指向角β_A、β_B。对于图10-32，有：

$$\mathrm{tg}\,\alpha_{AB}=\frac{Y_B-Y_A}{X_B-X_A}$$

$$s_{AB}=\sqrt{(X_B-X_A)^2+(Y_B-Y_A)^2}$$

$$i_{AB}=\frac{H_B-H_A}{s_{AB}}$$

从B向A掘进的坡度 $i_{BA}=-i_{AB}$

A点指向角 $\beta_A=\alpha_{AB}-\alpha_{AE}$

B点指向角 $\beta_B=\alpha_{BA}-\alpha_{BF}$

当A、B两点高差不大，而间距较大，即贯通巷道AB近于水平时，可不计算斜距；当高差较大时，实际贯通距离，即斜距为

$$D_{AB}=\sqrt{s_{AB}^2+(H_B-H_A)^2} \tag{10-20}$$

以上是贯通巷道两端点A、B已固定的情形。有时，只定出贯通巷道的一端点A，另一端点B在实地尚未标定，如图10-33所示。图中A、E F、G点的坐标及高程为已知，又知道贯通巷道AB的方位角。贯通几何要素有：贯通巷道斜距D_{AB}及倾角δ_{AB}、平距s_{FB}及s_{BG}指向角β_A及β_B。

由图可知，B是直线FG和AB的交点，其坐标X_B、Y_B可从解算这两条直线的方程组求得。这种求两直线交点坐标的方法在前面第二节（图10-11）已介绍过。此处方程组为

$$Y_B-Y_A=\mathrm{tg}\,\alpha_{AB}(X_B-X_A)$$
$$Y_B-Y_F=\mathrm{tg}\,\alpha_{FG}(X_B-X_F)$$

求得X_B、Y_B后可计算：

$$s_{FB}=\sqrt{(X_B-X_F)^2+(Y_B-Y_F)^2}$$

$$s_{BG}=\sqrt{(X_G-X_B)^2+(Y_G-Y_B)^2} \quad \text{（标定}B\text{点时的检核）}$$

$$s_{AB}=\sqrt{(X_B-X_A)^2+(Y_B-Y_A)^2}$$

$$H_B=H_F+\frac{H_G-H_F}{s_{FG}}s_{FB} \tag{10-21}$$

$$\mathrm{tg}\,\delta_{AB}=\frac{H_B-H_A}{s_{AB}}$$

$$D_{AB}=\sqrt{s_{AB}^2+(H_B-H_A)^2}=\frac{H_B-H_A}{\sin\delta_{AB}}$$

$$\beta_A=\alpha_{AB}-\alpha_{AE}$$
$$\beta_B=\alpha_{AB}-\alpha_{FG}+180°$$

2．竖井贯通 这里指的竖井贯通包括天井及其他垂直巷道的贯通。竖井贯通的特点是上、下两工作面中心的坐标X、Y相同。图10-34表示贯通竖井及井底的一段平巷。竖井已从地面向下开掘，井底平巷已掘至B，需继续往前掘至C再折向竖井，在井底标定井筒中心O后，由下向上开掘。在地面已测定井筒中心O的坐标X_0、Y_0及井口高程H_0，通过其他井巷进行联系测量和井下控制测量已测定A、B点的坐标及高程，C点的坐标是设计给定的。需要确定平距s_{BC}、s_{CO}，角度β_B、β_C及待贯通的井筒深度h。

因A、B、C、O的坐标已知，计算s_{BC}、s_{CO}及β_B、β_C的方法与巷道贯通所述同，就是坐标反算的应用。在井底标定井筒中心O并测定井底高程H_n后，井筒深度$H=H_0-H_n$。测定已掘部分井深h'后，得$h=H-h'$。

二、贯通几何要素的标定

贯通几何要素确定后，绘制标定略图，抄录标定数据，进行实地标定。对于图10-32，

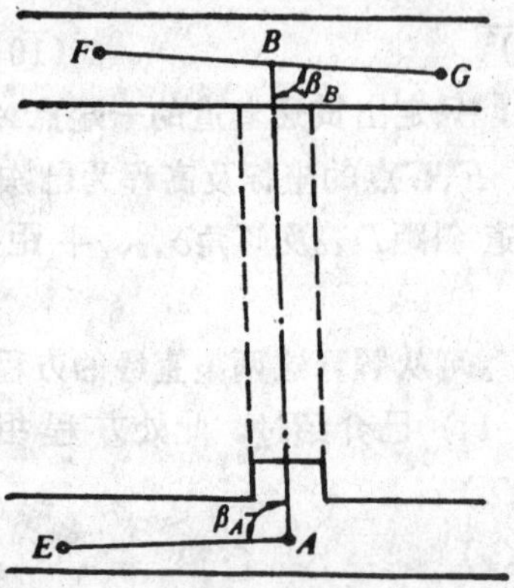

图 10-33

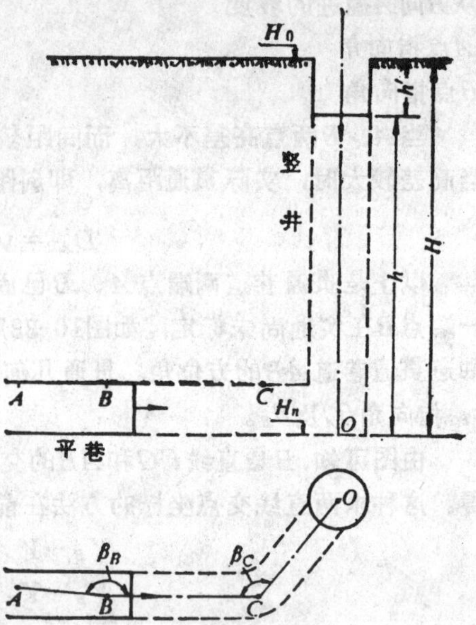

图 10-34

在A、B点上用经纬仪按角度β_A、β_B标定掘进方向，按坡度i_{AB}先用半圆仪，后用水准仪标定腰线。对于图10-33，在A点按角度β_A及δ_{AB}标定中线及腰线，在FG边上用钢尺按平距s_{FB}标定B点，再丈量B、G两点间距与计算的s_{BG}比较进行检核，而在B点上的标定工作与A点同。对于图10-34，在B点按角度β_B标定中线；当掘进距离略大于s_{BC}时，按β_B及s_{BC}标定C点，再在C点按角度β_C标定转折后的掘进方向；往前掘进s_{CO}后，标定井筒中心O，经仔细检核无误后，在底板上埋设永久点，作为向上开掘的依据。

以上关于角度和距离的标定方法，在本章第一节中已有介绍。

三、保证贯通质量的措施

贯通质量的好坏，主要看井巷接通点的实际偏差是否在允许偏差以内。实际偏差超过允许偏差会造成重大经济损失，会给矿山生产带来严重恶果，是必须防止的，但也不应盲目追求高精度。正确的贯通测量，应根据规定的允许偏差值和贯通情况，选用相应的仪器和方法。贯通允许偏差值，由矿山技术负责人和测量负责人根据井巷用途、类型及运输方式等因素确定，一般规定如表10-3。

表 10-3 井巷贯通接通点允许偏差

贯通类别		允许偏差 (m)	
		水平面内	垂直面内
巷道贯通		0.3～0.5	0.2
竖井贯通	全断面掘进	0.1	—
	小断面掘进	0.3～0.5	—

（1）细心负责、有可靠的检核，控制误差的积累。不能正确贯通的主要原因是测量中的错误，又没有可靠的检核方法。观测、计算和抄录数据等都必须很仔细，切忌粗心大意。可采用往、返观测或由不同的人观测复核，两人独立对算；抄录数据时，先检查原有

数据是否可靠，有无错用，抄录后另一人核对。巷道中线，有两个点即可以定方向，但为防止用错点，也为检查点位是否发生位移，必须三个点为一组。中、腰线至工作面的距离一般不大于30m。随着工作面前移，中、腰线不断延伸，误差越来越大，曲线部分更是如此，所以导线和水准应及时跟上。用激光指向仪指示井巷掘进时，应经常检查激光束的正确性。

（2）用小断面掘进，接通后刷大。这是为保证贯通质量在施工方法上采取的一种措施。例如，在竖井贯通工程中，当井筒较深，要求精度较高时，从上往下按全断面掘进，而从下往上用缩小断面掘进，待接通后，再从上往下将小断面刷大；在巷道贯通工程中，两个工作面都以全断面掘进，在相距30m左右时，一个工作面改用小断面掘进，以此避免接通点可能出现的明显偏离（这种方法只在大型贯通或观测条件差的情况下采用）。

第七节　分段水平巷道联系测量

地下各矿体的埋藏深度不同，有的深有的浅，同一矿体各部分的埋藏深度也不同。开采这些矿体，需在不同水平开掘中段平巷，中段高差通常为50～70m。在一个中段内又分为若干分段，连接各分段平巷的，可以用倾斜巷道，较多的是垂直天井。通过倾斜巷道的联系测量就是经纬仪导线测量和三角高程测量，通过垂直天井的联系测量又称简易联系测量。

前面第八章第二节和第四节介绍的通过竖井联系测量，是用于建立地面和井下之间以及井下各主要中段之间的测量联系。本节介绍中段内各分段间联系测量，其特点是井深不大（通常不超过30m）、工作量大（天井多）、观测条件差(断面小，井上、下空间也小)、精度要求不高（控制距离一般不超过200m，定向误差不大于10′即可）。因此，可用简易方法。下面介绍几种较常用的方法。

一、连接三角形法定向

本法的布置、观测与计算同一井定向测量法，参见前面图8-2，但设备较简单，常用细铁丝代替钢丝，上端直接固定在顶板或临时支架上，下端挂10kg左右的重物，两垂线间距较小，连接测量的精度要求不高。

二、拉线挂垂线法定向

如图10-35所示，在上部分段平巷顶板上固定Ⅰ、Ⅱ两点并拉线，在其上向天井内挂两根垂线A、B至下部平巷。在下部平巷内沿BA方向标志一临时点C，分别在C点和导线点E上安置仪器观测角度β_C、β_E，丈量CA、CE及上水平AⅠ的平距。

因Ⅰ、C、A、B、Ⅱ位于同一竖直面内，CA、ⅠA、ⅠⅡ的方位相同，可按导线计算方法，从已知点E及已知边EF推算出Ⅰ点的坐标及ⅠⅡ边的坐标方位角。这种定向须用瞄直法设置C点，但观测与计算均很简便。

三、挂罗盘定向

如图10-36所示，在天井内挂一根垂线O传递坐标，用挂罗盘测定EC、CO、OⅠ、ⅠⅡ各边的磁方位角，并丈量CO、OⅠ、ⅠⅡ边的长度。因EC为已知边，按第九章第四节式9-5计算磁偏改正Δ，将测得的各边磁方位角按式9-6改算为坐标方位角，从而推算出Ⅰ点的坐标及ⅠⅡ边的坐标方位角。

四、简易导入标高

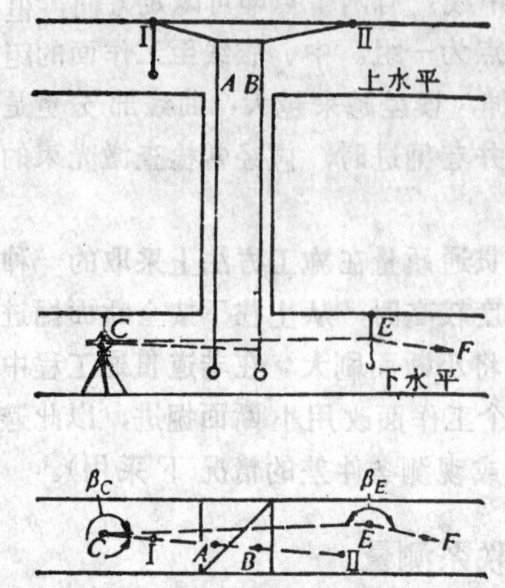

图 10-35

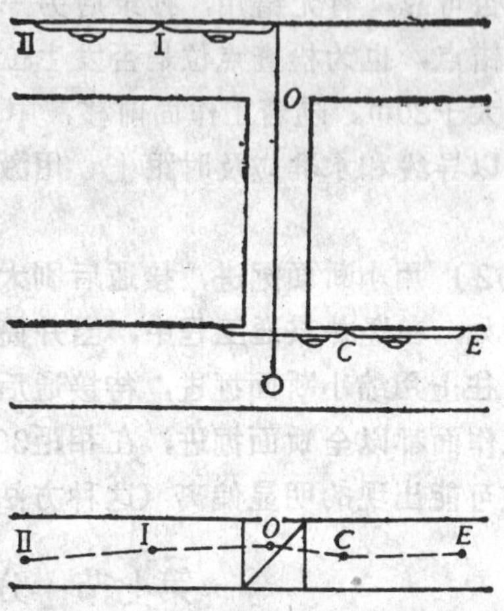

图 10-36

本法与通过竖井用钢尺法导入标高同，参见前面图8-9。由于精度要求不高，可用皮尺代替钢尺，有时用半圆仪代替水准仪。

第八节　采场测量

采场测量的任务是：

（1）根据设计的采矿方法，在采场内标定各种漏斗、耙巷及其他切割工程的位置；

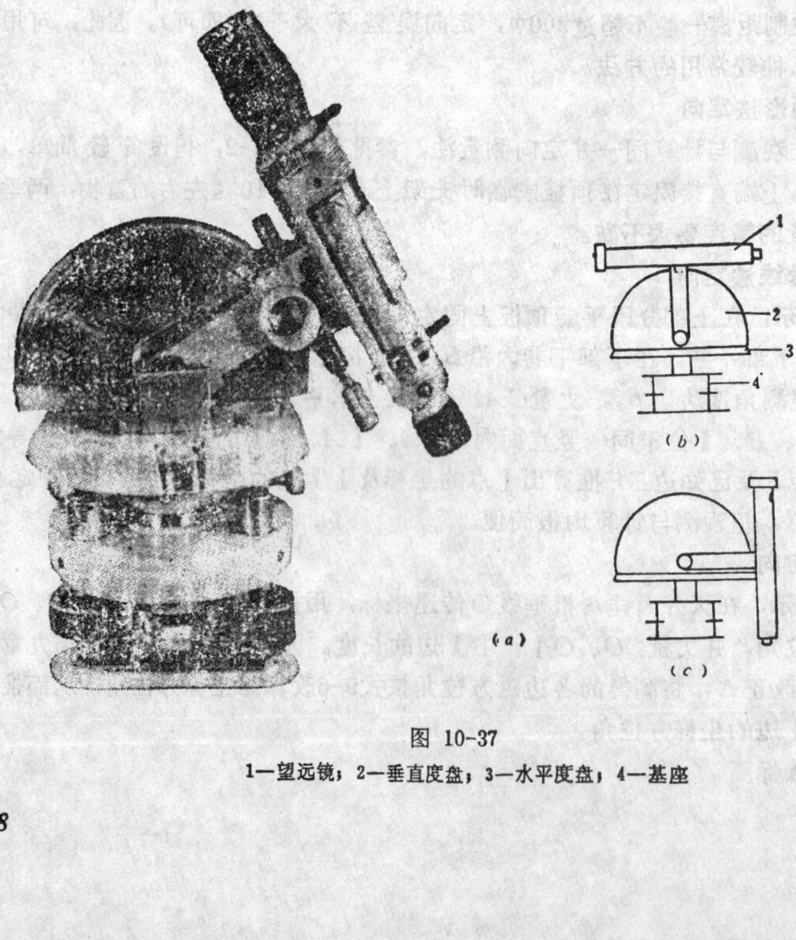

图 10-37

1—望远镜；2—垂直度盘；3—水平度盘；4—基座

（2）测定采场轮廓、矿柱位置、采厚等，计算矿石产量、损失和贫化；

（3）填绘矿山测量图，并为邻近采场的设计提供资料。

采场测量的基础是通过天井（或斜巷）联系测量建立的。采场范围不大，观测条件差，使用简易仪器和工具，如罗盘仪、皮尺、简易测角仪。由中南工业大学采矿研究所和福州环城光学仪器厂试制的QJ-1轻便经纬仪（图10-37*a*），具有体积小、重量轻、用途广和操作方便等特点，是较理想的采场测量仪器。该仪器由于望远镜视准轴高于其旋转轴（图10-37*b*和*c*），望远镜在竖直面内的观测范围不受限制，故也适用于天井及急倾斜巷道的定向测量。

采场测量方法决定于采矿方法和采场情况，较常用的有支距法、导线配合支距法、极坐标法、角度交会法和距离交会法等。现以不同类型的采场为例说明于下。

一、狭窄采场的测绘

用浅孔留矿法开采急倾斜矿体时，如矿体厚度不大，采场呈狭长形，如图10-38所示。通过两个天井进行联系测量，测定Ⅰ、Ⅱ、Ⅲ、Ⅳ点的坐标及高程后，沿工作面敷设经纬仪导线或罗盘仪导线Ⅱ—1—2—Ⅲ，用支距法丈量采场轮廓（该法见前第九章第四节），即可绘制采场平面图和断面图。

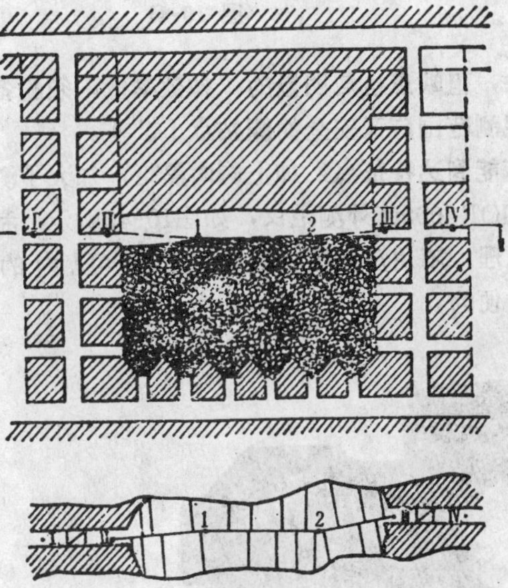

图 10-38

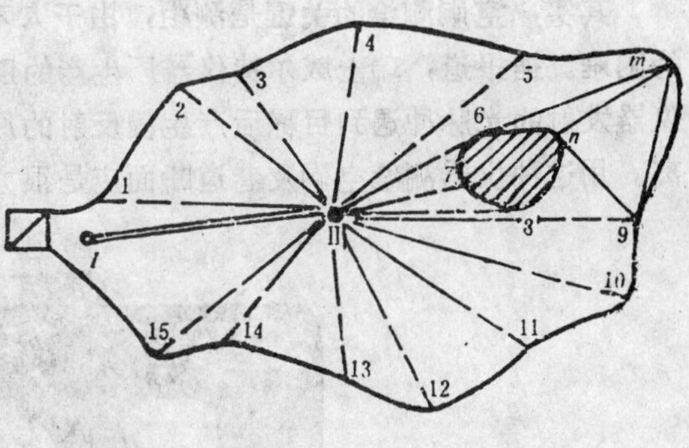

图 10-39

二、宽大采场的测绘

分层开采厚矿体时，采场较宽大且形状不规则，如图10-39所示，此时用极坐标法测绘较方便。为此，通过天井联系测量测定采场内Ⅰ、Ⅱ点的坐标，在Ⅱ点安置经纬仪，后视Ⅰ点，使水平度盘读数为零，瞄准特征点1，读度盘读数，并丈量仪器至1点的距离。同法依次观测其他特征点。对于仪器不易观测的个别特征点*m*、*n*，用距离交会法测定。由此可绘制采场平面图。

三、空硐的测绘

在有些地质和采矿条件下，矿石采出后形成巨大空硐，这些空硐或因高度大，难于直接丈量，或因安全关系人员不能进入，因而不能用一般的方法测绘。对此，矿山测量人员已做过不少试验研究，提出了一些方法，如摄影方法、无标尺测距法、光电测距法以及超声波法等，但均未取得满意效果。图10-40表示用两台经纬仪，借助用聚光灯或激光发射器照射在硐壁上形成的光斑，进行角度交会测绘空硐轮廓的情况。根据水平度盘和垂直度盘读数可确定特征点（光斑）的位置。图10-41表示用图解法确定特征点i的位置。由水平角$\beta_{\mathrm{I}i}$、$\beta_{\mathrm{II}i}$在图上交得i点，量Ⅰi长度，再由倾角$\delta_{\mathrm{I}i}$可得i点对测站点Ⅰ的高差。

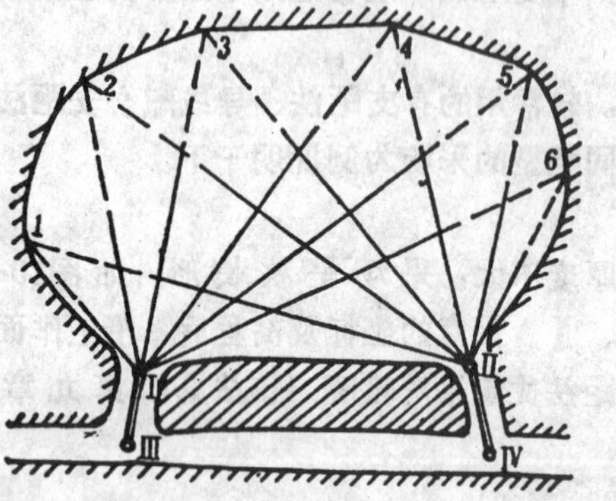

图 10-40

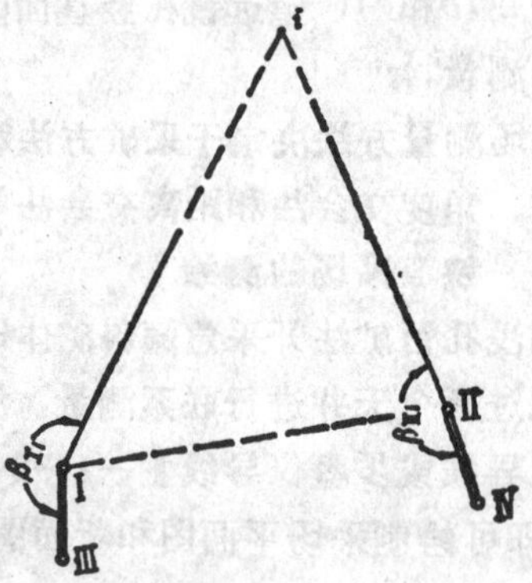

图 10-41

上述角度交会测绘空硐是比较可行的方法，但缺点也是明显的，如效率低，须配备强光照射器，另外，并不是每个空硐都能选到观测范围广又安全的测站点Ⅰ、Ⅱ。

其实，空硐测绘的关键是测距，由于人不能到达特征点，加上硐内黑暗，加大了测距的困难。据报道，瑞士威尔特仪器厂生产的DIOR3002红外测距仪，如图10-42所示，利用仪器发射的光脉冲遇到目标后产生漫反射的原理，不用反光镜可精确测出200m以内的距离。用这种仪器测绘空硐及巷道断面应是很方便的。

图 10-42

第九节　深孔测量

用深孔留矿法或崩落法采矿时，要打大量深孔进行爆破落矿。

深孔通常是在凿岩硐室内打的，深孔以钻机为中心呈扇形分布，如图10-43所示。深孔分布有水平扇形、垂直扇形和倾斜扇形。

深孔测量的任务是按设计要求进行深孔的标定和验收。深孔测量的一般过程是：标定硐室位置；测绘硐室平面图，将硐室内的钻机立柱位置转绘在图纸上，并圈定爆破边界；进行深孔设计，确定深孔的方位（方位角α或水平角β），倾角δ和孔深L；标定深孔，在硐室壁上用油漆标记孔位；验收深孔，实测各深孔的方位、倾角和孔深（如实测结果与设计数据相差太大，影响到矿石的回采，就不予验收）；最后根据验收资料绘制深孔平面图和断面图。下一步是确定装药量，进行深孔爆破。

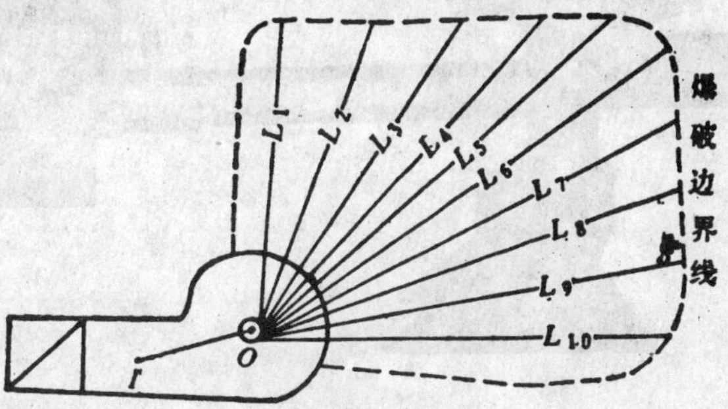

图 10-43

有些矿山制有测定钻杆倾角的半圆仪，如图10-44所示，这时只需在硐室壁上标定深孔方位。标定深孔方位应考虑到钻机结构。打深孔的钻机装在立柱上，钻杆离立柱中心O的离距为l（常为0.3m），钻杆是沿着以O为圆心，l为半径的圆周切线方向（或在切线的竖直面内）钻进的（图10-45）。因此，用经纬仪标定时，要将仪器视线向右平移l才是钻孔位置，按仪器视线由观测者指挥标定很不方便。图10-46是专用于标定深孔孔位的给向仪器，仪器上可装置罗盘或刻度盘。这种仪器利用透镜聚光作用在硐室壁上形成的光斑进行仪器对中和深孔给向。使用时，打开基座灯泡，将仪器对中置平在立柱中心，放上罗盘，打开右边给向盒灯泡，转动仪器；当磁针读数等于深孔设计方位时(考虑磁偏改正)，给向盒射出的上、下两束光线就是深孔方向。给向盒内装有垂直度盘和上、下转动给向盒。当垂直度盘读数等于深孔设计倾角时，主光束（下面的光斑）就是深孔位置。孔深由

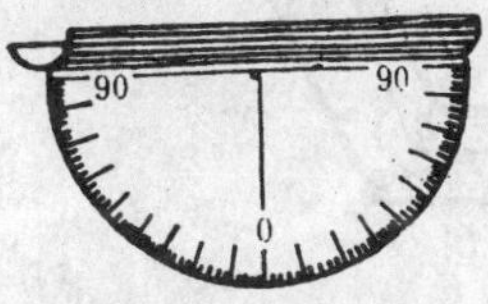

图 10-44

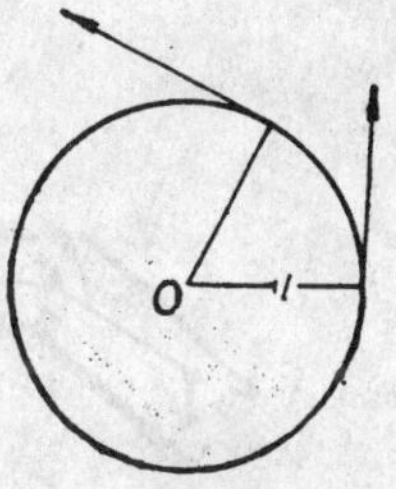

图 10-45

打孔人员掌握。

在磁性矿体内标定深孔方向，可用水平刻度盘替代罗盘。此刻度盘与罗盘一样随仪器平转，但指针根据需要拨在固定位置。在这种情况下，除了标志出立柱中心O外，还须有另一已知点（如图10-43中的点Ⅰ），以便度盘定向。

深孔验收，测定孔的方位和倾角比较方便。测定孔深L，使用竹片尺或折尺，劳动强度大，效率低。长沙矿山研究院研制的声波炮孔测深仪，利用声回波定位技术测定孔深，使测深工作简便易行，但如孔内残留矿碴较多或岩石较破碎，会降低测深的可靠性。其实，强化矿山质量管理，采取相应措施，孔深验收不成问题，因为根据打孔的钻杆数计算孔深既方便又可靠。

图 10-46

复习思考题

1. 何谓标定？标定与测绘的区别何在？
2. 标定的基本要素有哪些？试分别说明其标定方法。
3. 何谓坡度？计算上章复习思考题“5”中A至B的巷道底板平均坡度。
4. 试述井筒十字中线的标定方法。
5. 竖井掘进时，如何保证井筒垂直？试述测定井筒断面的方法。
6. 试述安装罐梁时的测量工作。
7. 标定曲线巷道的方法有哪些？具体说明其计算及标定方法。
8. 试述巷道中线和腰线的作用。为什么中线点必须三个为一组，而腰线点可以是两个？
9. 试述根据给出的巷道坡度，用水准仪标定腰线的方法。
10. 激光指向仪给出的是巷道的中线还是腰线？激光指向仪是否一定要安装在巷道中线上？

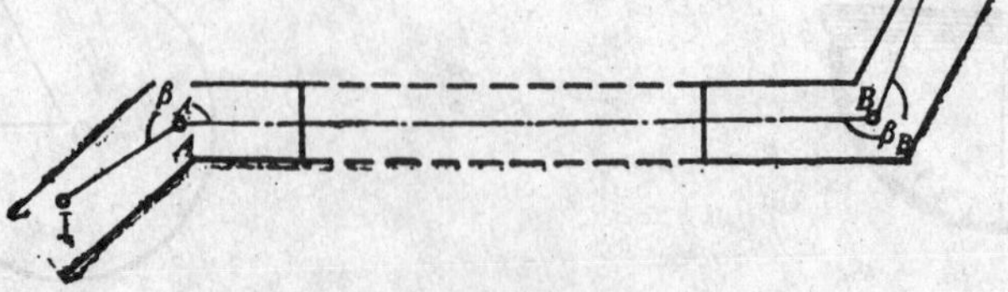

题12附图

11．何谓进尺？进尺多少反映什么？

12．要在A、B两点间贯通直线巷道（见上图）。已知A、B、Ⅰ、Ⅱ四点的坐标及高程如下表。试计算A、B点上的指向角β_A、β_B，AB的斜距D_{AB}及倾角δ_{AB}。

题12附表

点　号	坐标(m)		高程H(m)
	X	Y	
A	738.450	237.803	556.811
B	741.275	613.972	537.197
Ⅰ	712.396	197.157	556.394
Ⅱ	760.414	621.786	537.128

13．用挂罗盘进行天井定向测量（见附图）。已知下水平导线点A的坐标及AB边的坐标方位角，并测得各边磁方位角及边长（平距）如下表。试在表中计算上水平导线点1、2的坐标（至0.01m）及导线边1-2的坐标方位角（至分）。

14．用钢尺法进行天井导入标高（见附图）。已知下水平A点高程$H_A = 1832.116$m，测得钢尺读数$n_2 = 0.435$m，$n_1 = 27.360$m，水准尺读数$a = 1.156$m，$b = 0.983$m。求上水平点1的高程H_1。

15．试述用极坐标法测定采场轮廓的观测方法及适用条件。

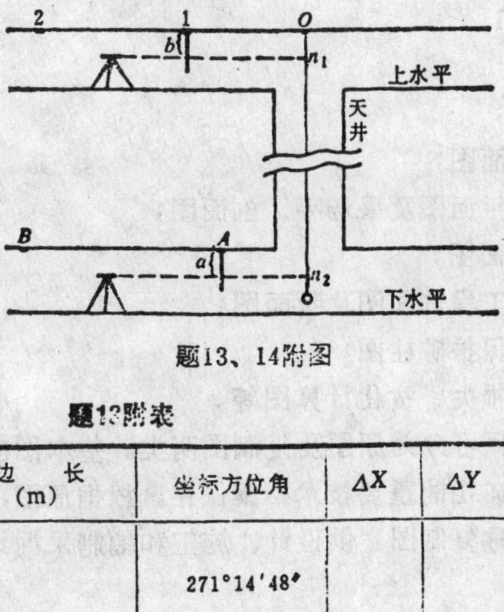

题13、14附图

题13附表

点号	磁方位角	边　长 (m)	坐标方位角	ΔX	ΔY	X(m)	Y(m)
B							
	271°55′		271°14′48″				
A						4570.324	2162.481
	268　10	21.43					
0							
	89　20	15.71					
1							
	92　35	23.18					
2							

第十一章　矿山测量图

第一节　概　　述

矿山测量图包括矿山地面和井下的各种测量图纸，是矿山测量工作的最终产品。矿山测量图是矿山进行设计和施工的依据，也是矿山实行科学管理、组织生产不可缺少的资料。

一、图的种类

（1）按图的用途及使用期不同可分为基本图及专用图两类。直接根据测量数据绘制的主要图纸称基本图，包括：

1）矿区地形图；

2）中段巷道平面图或分层采掘工程平面图。

以基本图为依据，为突出某一内容而编绘的图纸称专用图。专用图很多，主要有：

1）矿区总图；

2）井上、下对照图；

3）井口地面布置图；

4）井筒剖面图；

5）井底巷道平面图；

6）主要运输巷道剖面图；

7）采准、切割巷道平面图及采场平、剖面图；

8）地下硐室平、剖面图；

9）急倾斜矿体采掘工程剖面图及断面图；

10）主要建、构筑物保护矿柱图；

11）三级矿量及矿石损失、贫化计算图等。

（2）按成图方法不同可分为原图及复制图两类。基本图都属原图，有些专用图也属原图。原图是底图，作为矿山的重要技术档案保存。根据原图，经过透描晒印或制版印刷或缩放等方法形成的图纸称复制图。供设计、施工和编制采掘计划等使用的图纸都是复制图。

此外，还有立体图，如轴测投影图和相似投影图。这种图的立体感很强，是设计矿井通风系统、反映矿山生产状况不可缺少的图件，但这种图编制较费时，又不便于在图上量测，对一般的设计和施工，用处不大。

二、图幅的划分

在前面普测部分第六章第五节已介绍了图的分幅与编号。井下矿山测量平面图按正方形分幅的图幅格式，较常见的如图11-1所示，接图表常绘在图幅的左下方。图11-1的图幅编号为10.25——5.50。在有些情况下，如测绘长条状的矿带或地形，可采用自由分幅，使所测对象位于图纸中间，这时坐标线与图幅边斜交（见后面图11-3）。

三、图纸的管理

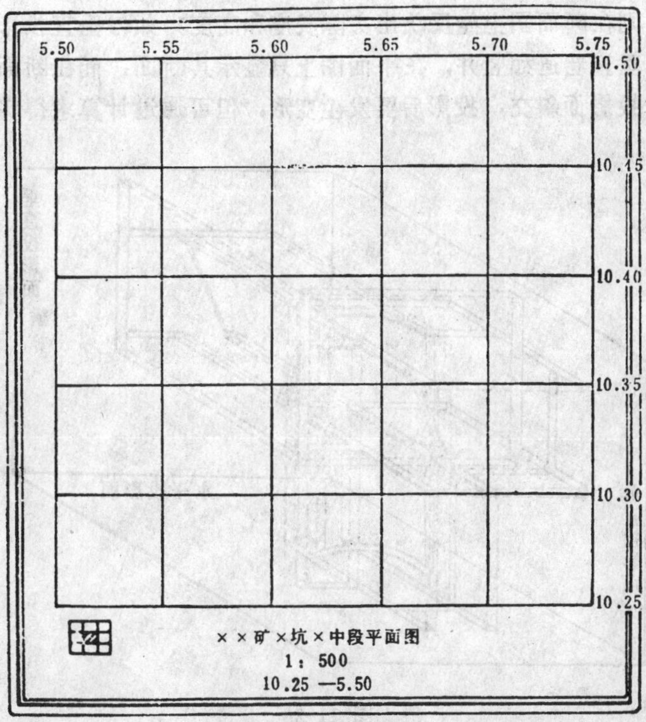

图 11-1

图纸的管理包含两方面的意义，一是保护图纸，免遭损坏、丢失。测量图纸是重要的技术资料和法律性文件，不仅在矿山存在期间需要妥善保存，在矿山报废后仍有继续保存的必要。图纸应存放在干燥、通风良好、避免阳光直射，有防火设备，安全可靠的地方。原图要定期翻检，防止鼠害、虫蛀、霉损。二是便于查阅利用。有些图纸要经常使用。所有测量图纸资料，必须分类编号，登记造册，由专人负责管理，建立一套严格的管理制度。

第二节　矿山测量图的绘制

矿山测量图的种类很多，但从制图方面考虑，常见的有平面图和断面图两类，断面图又有纵断面图（又称剖面图）和横断面图（简称断面图）之分。以水平面作为投影面绘制的图称为平面图，平面图是最常见、最主要的测量图纸；以垂直面作为投影面绘制的图称为断面图。绘制纵断面图时投影面平行于矿体平均走向，绘制横断面图时投影面垂直于矿体平均走向。开采急倾斜矿体时，须用纵、横断面图反映采矿工程。

下面以巷道图为例介绍投影原理和绘制方法。

一、投影原理

井下各种巷道分布在不同的水平上，其方向和倾角各不相同。为了明显地反映出它们的空间位置及相互关系，除平面图外，有时还要绘制断面图，也就是要以水平面和垂直面作为投影面，按正投影原理确定它们在投影面上的位置，如图11-2所示，图中包括竖井、上中段平巷及曲线平巷、下中段平巷以及斜巷的投影。很明显，水平巷道不论其方向如间；投影在水平面上都不变形，即在平面图上能反映出实际长度和宽度。如果水平巷道平行于垂直投影面，则在断面图上能反映出实际长度和高度；如与垂直投影面正交，则只能显示巷道的断面。垂直巷道如竖井，在平面图上只显示其断面，而在断面图上能显示实际深度。一般巷道与投影面斜交，投影后要发生变形，但可通过计算求得实际大小。

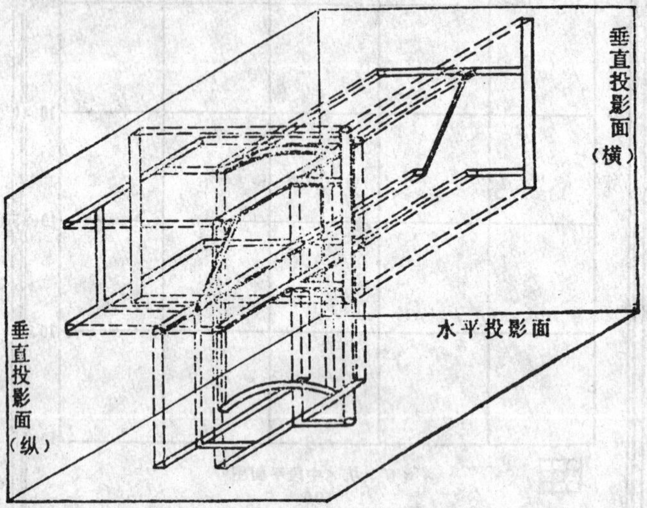

图 11-2

二、巷道平面图的绘制

巷道平面图按各中段分别绘制，中段不多时，可以将各中段巷道绘在一张图上，得巷道综合平面图。

绘制巷道平面图的方法与绘制地形图相似，其步骤如下（图11-3）：

（1）在图纸上绘制坐标格网线。为充分利用图纸，可采用自由分幅；

（2）根据坐标在图上展绘导线点，在点旁注记点号（分子）和高程（分母）；

（3）连接相邻导线点，即得导线图（图11-3*a*）；

（4）根据碎部测量数据及草图，绘出巷道轮廓（图11-3*b*）。

三、巷道纵断面图的绘制

根据观测数据绘制巷道纵断面图，已在前面第九章第三节提过（参见图9-5）。

利用巷道平面图绘制纵断面图的步骤如下（图11-4）：

（1）在综合平面图（图11-4*a*）上绘一条投影基线，即纵投影面与水平面的交线VV，VV应平行于主要巷道；

（2）在投影基线VV上任选一点O为基点，过O作VV的垂线OR；

（3）过平面图上各特征点（导线点、天井口及其他转折点）向VV作垂线，即作OR的平行线交VV于1、2、……9；

（4）在另一张图纸上按平面图的比例尺绘一组水平线，在下面适当位置再绘一条水平线表示投影基线VV，在其上标出基点O，过O作VV的垂线OR'（图11-4*b*）；

（5）在水平线的左端注记高程，确定各线高程时要考虑平面图上点的高程，使绘制的纵断面图位于图纸内；

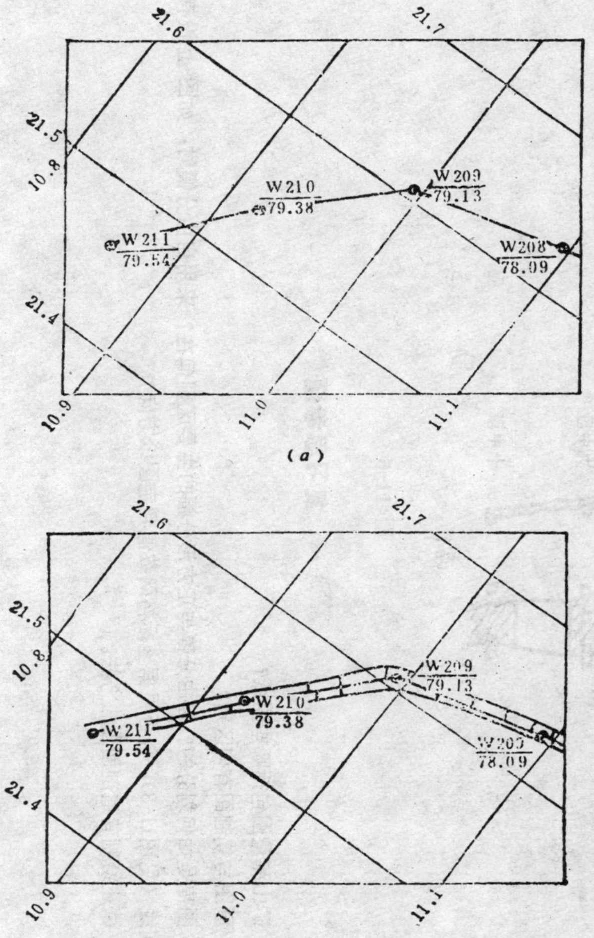
21.6
21.7
21.5
10.8
W210
79.38
W209
79.13
W211
79.54
W208
78.09
21.4
10.9
11.0
11.1
(a)
W211
79.54
W210
79.38
(b)

图 11-3

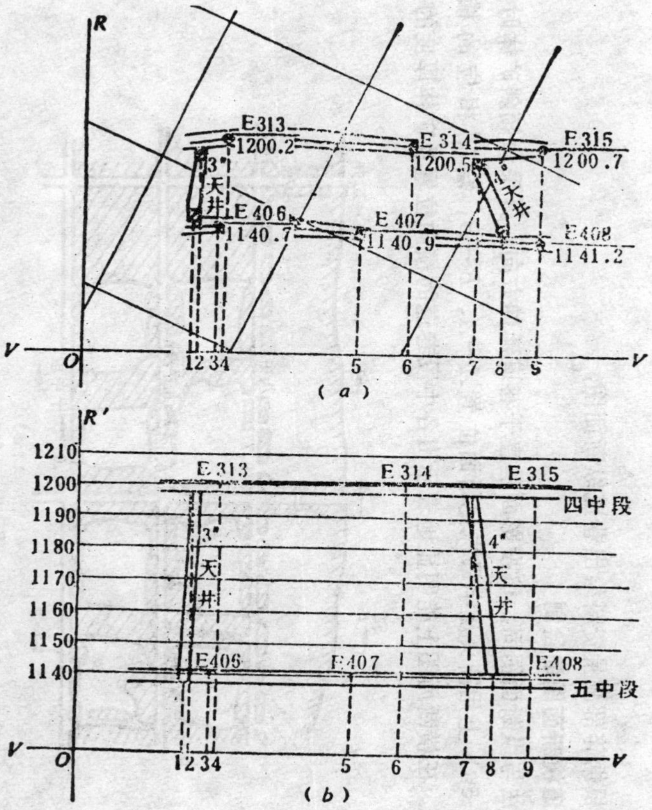
R
E313
1200.2
E 314
1200.5
E 315
1200.7
3°
天
井
4°
天
井
E 406
1140.7
E 407
1140.9
E408
1141.2
V
O
1 2 3 4
5
6
7
8
9
(a)
R′
1210
1200
1190
1180
1170
1160
1150
1140
E 313
E 314
E 315
四中段
五中段
E406
E407
E408
(b)

图 11-4

（6）将平面图基线上各特征点的投影点转绘到纵断面图的基线VV上，得1、2、……9；

（7）过1、2、……9作VV的垂线至相应点的高程为止，得各特征点在纵断面图上的位置；

（8）根据碎部测量资料绘出巷道纵断面图。

四、巷道横断面图的绘制

绘制方法与纵断面图同，但投影面垂直于巷道延伸方向。开采急倾斜矿体时，在纵断面图（图11-5a）上用箭头及字母标记断面位置$A—A$、$B—B$，绘制相应的横断面图（图11-5b）。在横断面图上能明显地表示出各中段巷道的横向位置及矿体厚度的变化。

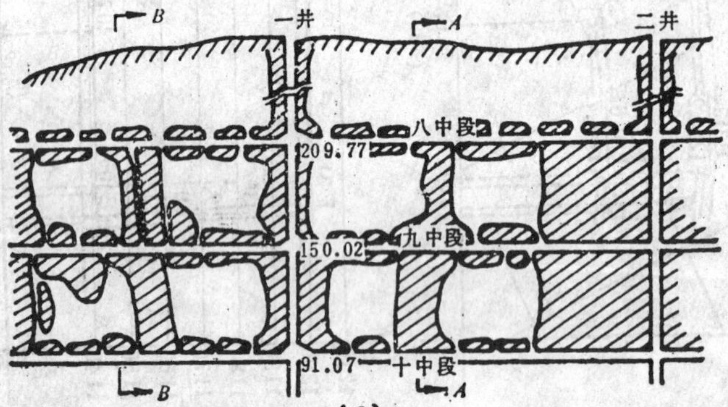

（a）

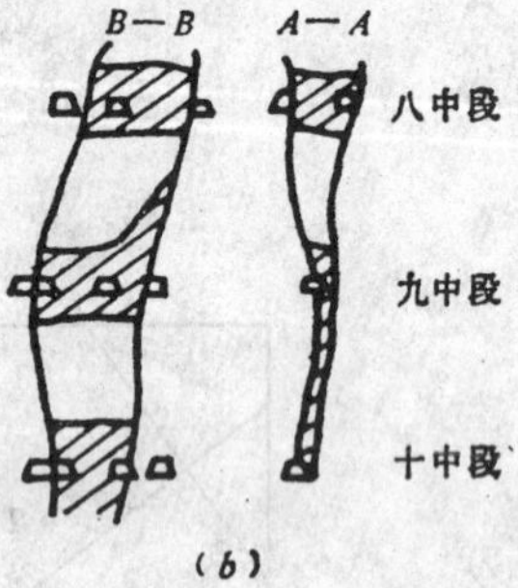

（b）

图 11-5

复习思考题

1. 矿山测量图包括哪些图纸？

2. 原图与复制图有何区别？

3. 图幅是如何划分的？自由分幅与正方形分幅的主要区别何在？采用自由分幅时，如图上没有绘出北方向线（见图11-3），能否根据坐标格网数值判定图纸方向？

4. 试述绘制巷道剖面图的方法。

第十二章　岩体移动观测

第一节　概　述

一、研究岩体移动的意义及任务

地壳是由岩石组成的地球外壳，而地下工程都开挖在地壳表层之中。地壳中没有受到井巷和采场等地下工程影响的岩体称为原岩体。原岩体由于自重的作用在其内部引起的应力，通称为原岩应力。在矿山开采以前，原岩体是处于应力平衡状态。由于采掘的不断进展和采空区的不断扩大，使空区和巷道周围的岩体失去支撑，从而破坏了原来的应力平衡状态，引起岩体内部的应力重新分布。重新分布后的应力超过矿岩的极限强度时，则引起岩体的变形、破坏和移动，上覆岩层下沉、冒落以及出现塌陷区，直到新的平衡出现时为止。通常，这种由于在地下进行采掘活动而在井巷、采场周围矿岩中所引起的力，就叫做矿山压力，简称地压，并习惯地把围岩和井巷支架的变形与破坏等现象，统称为地压现象。地压现象实际上就是岩体移动的后果。

矿山地压显现和岩体移动规模较大时，会造成灾难性的后果，其具体表现在：

（1）在岩体移动范围内的建筑物或井巷，要遭到不同程度的影响和破坏，会造成井巷冒顶与错动，矿山运输、通风、供电、供水等生产工艺系统受到毁坏，甚至导致地表大面积下沉和变形，危害地表工业及民用建筑的安全。

（2）在塌陷区若有河流、湖泊、含水层或尾砂池等，则水和尾砂将沿着裂隙渗人井下，不但影响开采，甚至会发生淹井事故。

（3）当大面积采空区周围的岩体发生剧烈移动和突然冒落时，重力的作用会产生严重的冲击破坏力，从而造成生产中断并损失大量矿产资源。更加严重的是大面积岩体移动能把已采空间的空气瞬时排出，形成巨大的空气冲击波（暴风），其破坏力极强，因此而造成设备的损坏及人员的伤亡。

（4）在露天矿随着开采深度的加大，边坡暴露的高度和面积都在增加，如果管理不善，往往会导致露天矿边坡岩体滑动与崩落。由此给矿山生产造成严重恶果的实例，在国内外都是屡见不鲜的。

由此可见，无论是地下开采或露天开采的矿山，岩体移动研究的主要内容之一就是开采后引起的地表变形破坏的规律。如果对地表与岩体移动的规律研究不够，对岩体移动没有足够的重视、管理和预防，都是对矿产资源、国家财产和人民生命极不负责的表现。问题是当岩体移动表现不够明显时，人们往往不予注意，等到大面积移动到来时，又会感到很突然，措手不及，以致造成严重后果。

为了保证生产正常、安全的进行，我们的任务就是在整个生产时期，随着采掘的进行，观测、调查和积累有关岩体移动的地质资料、测量资料以及岩体物理力学性质等资料，进行分类整理，绘制成图。研究岩体移动规律，采取各种技术措施消除或减轻岩体移动给采矿工业带来的危害，准确预测岩体移动发生的时间和地点，这一切无疑是对矿山安全生产做出的相当大的贡献。

二、影响岩体移动的主要因素

因为各矿山的自然因素和人为因素不同，故发生岩体移动的情况和程度也不一样。这些因素主要有：岩石的物理力学性质和结构，矿体倾角、厚度、开采深度和采幅宽度，采空区的形状和大小，顶板管理办法，采矿方法及时间等。

1．岩石的力学性质　一般来说，软弱岩石的强度低，受力后容易产生变形和破坏，容易发生冒顶，且次数较多，规模却较小。如果岩石强度大，说明其抵抗外部载荷、防止变形和破坏的能力强，因此也就不易产生岩体移动，或者发生移动的过程会延缓。然而，一旦发生冒落，其规模较大。所以说岩石的强度对岩体移动有较大影响。但整个岩体的强度，又将受到其它因素的影响。

2．岩层的地质构造　岩体中存在的节理、裂缝、断层、褶曲以及水文地质条件等，都将使整个岩体的强度不同程度的降低。它们会破坏岩层移动过程中的正常规律。如岩体内有裂隙面，断层及含水层（尤其在雨季和解冻时节），移动都会沿着这些弱化面（具有滑面或镜面）进行。这是由于围岩的整体强度不够，即由于岩体中存在着弱面而造成的强度不足，进而影响移动角值的大小。为此很容易发生各种规模的冒顶，其规模可能较大。

3．矿体的埋藏条件　矿体的倾角是影响移动盆地和采空区相互位置的主要因素。倾角不同往往使巷道破坏形式有差别。如水平或缓倾斜矿体中多出现顶板弯曲、下沉、顶板冒落；而急倾斜矿体则多出现鼓帮、底板滑落等破坏形式。不难理解，急倾斜工作面的顶板下沉量比缓倾斜工作面要小得多。

开采深度和采幅宽度是影响地表移动和变形值大小的重要因素。采宽愈大、采深愈小，则地表的移动愈剧烈，移动和变形值也愈大，并容易出现裂缝和塌陷坑；当采深增大、采幅宽减小时，对回采工作面顶板压力的影响并不突出，对地表移动和变形的影响，也不明显。

4．采空区大小和顶板管理办法　岩体移动与采空区的大小、形状有关。采空区愈小，移动过程得不到充分发展。当矿房中的各种矿柱被回收或受地压影响而遭破坏时，便使矿房连成一片，顶板失去支撑，形成大面积空区，这时往往会出现突然和剧烈的岩体移动。如果用充填法管理采空区顶板时，岩体移动就会相应减小。所以采空区顶板管理是矿山很重要的一项工作。

5．采矿方法　地下开采的矿山，大体可以将采矿方法分为空场法、充填法和崩落法三大类。用空场法时，要求岩石的强度大，且在采空区留有部分矿柱，这种采空区的围岩能稳定一个较长时期。用充填法时，相当于减少了采出厚度，或者说是对顶板增加了支撑，因而能使岩体移动减小和变缓。用崩落法则能使岩体移动得到充分发展，因而移动量会增大，速度也会加快。

6．时间因素　各种岩石都有一定的时间效应，尤其井下巷道及采场的围岩在时间和其它因素的作用下，岩石强度会因变形、风化和水的作用等等而降低，岩体越来越不稳定。发展到一定程度时，岩体在很小的应力作用下，只要作用的时间充分长，也可以造成岩体变形和移动。

7．水的因素　巷道围岩中含水较大时，将会加快和加剧巷道的变形和破坏。对于节理发育的坚硬岩层，水能使破碎块之间的摩擦系数减小，容易造成岩块滑动和冒落，而且也会使岩石强度降低，助长岩体移动。

上述各种因素对岩体移动的影响不是孤立起作用的，而是有密切联系的。要想综合上述因素来研究岩体移动问题，将涉及到岩体力学、地质、采矿、测量等几门学科的知识。由于采矿工程，较之其它地下工程更具有埋藏深、地质构造复杂、采掘工作面不断变化等特点。因此在采掘中遇到的岩体移动问题错综复杂，对岩体内部移动的研究比较困难。所以近年来，除了常规的现场地压调查、地表与地下岩体移动观测外，并广泛发展了电学、声学、光学、磁学、放射性测定等各种常规的和新的测试手段和方法，并大力研究岩体应力测量、岩音测量、岩体弹性波速度测量等，借以弄清地下工程结构体周围岩体的动态，摸清矿山岩体移动的客观规律，并利用这些规律进行岩体移动的预报与控制，以保证在安全、经济的原则下，最大限度地采出地下资源，为矿山开采服务。

三、岩体移动观测的实质

岩体移动有个量变到质变的过程。在量变阶段岩体移动是缓慢的，时间以年为单位，这期间岩体只产生变形和裂隙。当岩体移动发展到相当程度转化为质变时，其变化极为迅速，时间则以小时为单位，此时即将发生突然崩坍现象。

为了解决矿山岩体从量变到质变的问题，当前主要是从现场观测、实验室模拟研究以及理论分析三个方面着手并相互结合进行的。我国目前仍以现场观测这种方法为主。因为现场观测、试验、调查和统计的结果，是反映岩体移动规律的客观材料，可以作为研究的基础。根据现场观测所得的第一手材料，可以有效的提供控制岩体移动的方法和措施，解决生产中出现的问题，并为理论分析提供丰富的资料。

现场观测，对于掌握矿山岩体活动规律，预报大规模岩体移动的来临，是行之有效的重要手段之一。其方法是在移动区的地表或岩体内部按一定规则埋设观测点，这些测点的连线称为观测线。在岩体移动开始前，移动过程中，直到移动终止，定期地观测这些测点的移动大小。经过对观测资料的整理分析，即可获得岩体和地表移动的特征、变形分布情况及岩体移动角等实际资料。

本章将结合我国矿山的实际情况，介绍一些常用的岩体移动观测法及其成果的整理方法。

第二节　岩体移动的形式和观测方法

一、岩体移动的发展过程及其表现形式

在采空区上部的岩体移动过程及其破坏的形式是比较复杂的。为了对岩体移动总的情况有个基本的概念，现将岩体移动的基本形式作一简要介绍。

1．岩体移动过程中的基本形式　从采空区顶板开始，由下而上依次发生冒落、断裂或裂隙、弯曲。按其破坏程度不同，大致分为三个不同的开采影响带，即冒落带Ⅰ、裂隙带Ⅱ、弯曲带Ⅲ，如图12-1所示。

（1）弯曲带。采空区上方的岩层，在自重的作用下，产生弯曲、变形。它在裂隙带以上有时可以直达到地表，在此带内之岩层呈平缓之弯曲；弯曲度是中间最大，向两边逐渐减小。岩层因弯曲而受拉力，当这种拉力超过岩层的极限抗拉强度时，就要产生裂隙。

（2）裂隙带。弯曲带以下至冒落带之间为裂隙带（断裂带）。裂隙带内岩层破坏的特点是，岩层产生垂直于层面的裂缝或断开，但并不冒落。裂隙带的高度大约与冒落带的

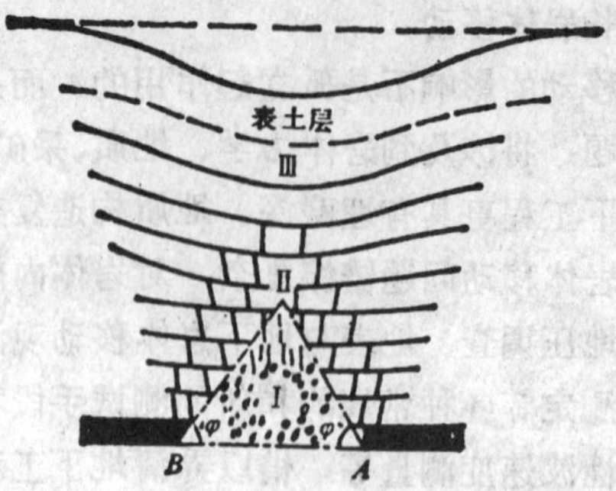

图 12-1

高度相等。随着裂隙的不断增多和扩大，如果其下部（采空区）没有支撑或充填，则到一定程度，岩层就要断裂破碎，最后冒落。

（3）冒落带。采空区顶板上部一定高度内的岩层，因失去支撑力而破碎，冒落。岩层崩落入采空区，原空区上部便出现崩落空区，其冒落范围称为冒落带。冒落带的高度与空区的厚度、岩石的性质有关。

上述三带的界限实际上是很不明显的，而且根据具体的影响岩体移动的因素不同，上述三带不一定同时出现。当开采的矿体厚而距地表浅时，若用崩落法采矿，则崩落带可能直达地表而出现塌陷坑。反之，如用充填法开采，则可能只出现弯曲带和裂隙带。若开采深部的薄矿脉而空区的围岩能承受很大的弯曲而不断裂时，则可能只出现弯区带。

关于倾斜或急倾斜矿体上盘岩层的岩体移动的基本形式，一般与上述移动形式大体相同。

2．地表移动盆地的形成及其特征

（1）地表移动盆地的形成。当岩体移动波及到地表以后，会引起地表下沉，形成比采区大得多的移动盆地。在移动盆地范围内的所有各点，都将朝采空区的中央方向产生不同程度的位移（移动）。通过移动盆地中的最大下沉点作的平行于矿体走向和倾向的剖面，分别称为走向主剖面和倾向主剖面。该主剖面上具有地表移动盆地范围最大和地表移动量最大的特征。因而，研究地下开采引起的地表变形，一般是研究主剖面上的地表变形。从主剖面上来看，地表移动后的形状近似成弓形，如图12-2所示（走向主剖面）。假若将这一主剖面上的地表岩层移动曲线作为一理想曲线进行分析，则在临界开采宽度的情况下，移动盆地中心点的移动轨迹是垂直向下的（指水平矿体），其它各点均是既有垂直位移同时还有水平位移。此水平移动的规律是：在采空区边缘上方的内侧，两相邻点的水平距离有缩短的趋势，呈现压缩（缩短）现象。它的运动也迫使中心点垂直下沉。在采空区边缘上方外侧，在相邻两点移动过程中，水平距离趋于增大，由此出现拉伸（拉长）现象。

若从图12-2中任意取相邻两点3和4示于图12-3中，可以看出，由于两点下沉量不同，相差$\Delta W=W_4-W_3$使线段$\overline{34}$由原来的水平状态变为倾斜状态。

两点水平移动量也不同，相差$\Delta u=u_4-u_3$，使得线段$\overline{34}$拉长或缩短。（在图12-3中，$\overline{34}$线段处于采空区边缘上方外侧，呈拉长状态）。

（2）两种移动和三种变形。如上所述，由于各相邻点的下沉量（垂直移动量）和水平移动量互不相等，因而地表就产生了倾斜变形、曲率变形和水平变形。这三种变形对于

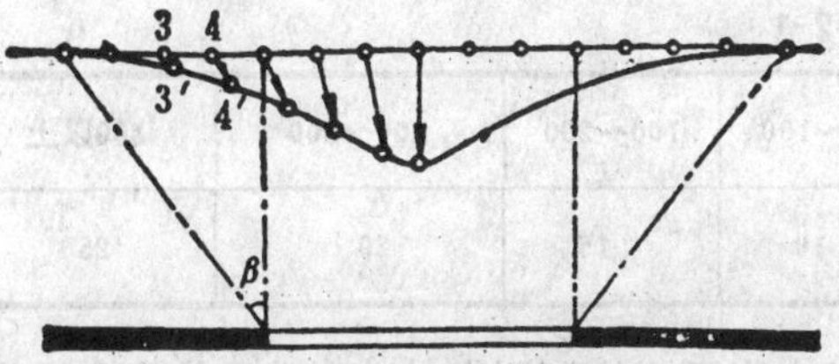

图 12-2

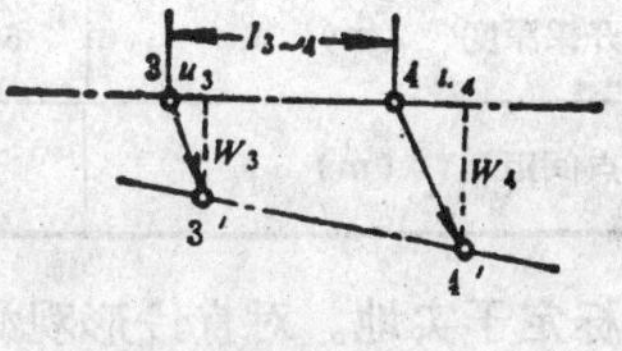

图 12-3

移动盆地内的建筑物，将起不同程度的破坏作用。因此，就需要研究两种移动（垂直与水平），三种变形（倾斜、曲率、水平）的规律，从而找出保护地面建筑物的办法。

3．岩体移动时所出现的一些现象　在岩体移动过程中所产生的弯曲、裂隙和断裂、直至崩落，往往伴随一些其它现象，如裂缝、声音、掉碴、冒顶、片帮、顶板滴水或水沟干涸等异常现象。这些现象可以从移动范围内的地表、井巷、采场、采空区等地方观察到。如果能及时地对这些现象进行综合的调查、研究、分析，就可以配合其它观测手段，正确地了解和判断岩体移动发生和发展的情况，使我们能在大面积岩体移动到来的前夕，不失时机地发出预报，为安全生产服务。

对上述这些现象，应调查其发生的地点，时间、数量等。要根据这些情况进行全面分析，可避免把局部的个别现象误认为是岩体移动的结果。如巷道、采场顶板个别松石块的掉落，不能看作是岩体移动的先兆。否则的话，将会造成一场虚惊。

二、岩体移动观测

岩体移动的实地观测，是掌握岩体移动规律，保障矿山安全生产的主要手段之一。

岩体移动观测的目的，就是要得到地表和井下岩体移动的数据及其变化情况。为了能达到准确、及时、全面地掌握岩体移动的动态，实地观测工作必须在地表和岩体内部（通过巷道、采场等）设置的观测点上进行。在地表移动范围内，按一定规则埋设观测点，这些测点的连线称为观测线。

1．地表观测

（1）观测点的布设。为了观测采空区上部地表移动情况，应在地面尚未移动之前，在预计的地表移动区域内的主剖面上，沿矿体走向和倾向各设一条观测线。观测线最好是直线；如因地形条件复杂，也可布设成折线，甚至采取分散布点的形式。为了研究岩体移动规律中的专门问题，则需布设方格网状的观测站。

观测线应选在地势较平坦、有利于观测的地点，并设有工作测点和控制测点两种。工作测点设在移动范围内，控制测点设在移动范围外。

在每条观测线两端或一端（如受条件限制），在工作测点以外50m～100m处，埋设不少于两个控制测点，其间距不小于50m。控制测点是对工作测点进行观测的控制依据，所以控制测点的位置一定要牢固，不受移动的影响。工作测点的间距是根据采深来决定的。点间距应尽量相等。可按表12-1选择工作测点的间距。

点的布设应先在矿区地形图上设计好，然后依据设计图上的点位，在实地上进行标定。

（2）观测点的标定。将图上设计好的工作测点和控制测点的坐标，先在图上量出，然后根据其附近的矿区控制点，按本书所讲的点位标定方法（测定近井点的方法），将控

表 12-1

开采深度 (m)	50以下	50～100	100～200	200～300	300以上
点间距 (m)	5	10	15	20	25

制测点标定于实地。对直线形观测线，只要标定出两个控制测点就可以确定该观测线的方向。如果只标定一个控制测点，则观测线的方向应根据该控制测点上的观测线与已知边间之水平角进行标定；其角度的求得，可用坐标反算或从设计图上直接量取。

标定其余控制测点和工作测点的方法是，先用安置于标定好的控制测点上的经纬仪定出观测线方向，然后依据设计点之间距标定出其它控制测点和工作测点。标定时，应尽可能使工作测点的中心位于控制测点连线的方向上。

在非冻土区，测点的埋设深度应不小于0.6m；在冻土区，测点底面应在冻土线以下0.5m。标定点位时，一般是先用木桩作临时标志，定好之后，再换成混凝土桩(预制式或浇注式）作为永久标志。标石埋设10天以后即可进行观测。

（3）观测方法。地表移动观测的基本任务就是定期、重复测量所埋设的观测点的位置变化。整个观测工作可分为初次观测、采动后的首次全面观测、重复观测、最后观测四种。

1）初次观测（第一次观测)。这是在地表移动前所进行的一次全面观测，它包括以下内容。

首先根据矿区地面控制网点，测定岩体移动观测线上的控制测点的平面坐标和高程。按测量近井点的方法和要求，测量某一控制测点或观测线交点的平面坐标；其余控制测点的平面坐标，可用5″级导线的测角和量边方法进行测定。

其次是测定各工作测点在地表移动前的实际位置，其内容包括：各测点间的水平距离。量距时应用检定过的钢尺，施以比长时的拉力，往返丈量并记录测量时的温度。丈量时以不同起点读数三次，三次长度之差，不得超过2mm。往返丈量相邻工作测点间的长度加入各项改正后的互差，当边长小于15m时，不得超过2mm；大于15m时，不得超过3mm。

控制测点和工作测点的高程，按三等水准测量的要求进行。

工作测点的偏距测量，参看如图12-4所示的y值。y值的测量方法是将经纬仪安置在直线形观测线某一控制测点上，瞄准观测线上另端控制测点，同时在工作测点上，在垂直观测线方向上，放置一把毫米刻划的标尺；根据望远镜视线在尺上读数，读两次（正倒镜)，取其平均值即得该点偏距y。要注意记录偏距的方向（偏左或偏右)。此项测量的目的，是为了掌握各工作测点的横向移动情况。

初次观测是为以后计算地表移动和变形的大小打下基础。所以要求精确，应独立进行两次。两次所测同一点的高程之差不得大于10mm，偏距两次相差不超过30mm；同一边长相差不超过4mm时，则取其平均值作为初次观测的结果。

2）采动后的首次全面观测。当发现某一测点累积下沉量大于10mm时，即认为地表已开始移动，就应进行移动后的首次全面观测。观测时，对一条观测线上的所有测点的高程，按四等水准测量的要求，尽量在一日内完成。偏距和量边测量，仍按初次观测的各项

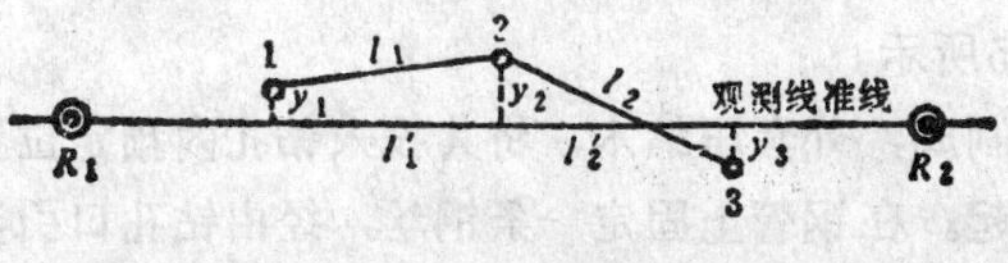

图 12-4

要求进行。

3）定期的重复观测。定期观测是为了经常掌握各观测点的移动量及其变化情况。重复观测的时间，一般可根据开采深度、回采工作面的推进速度和顶板岩性等具体情况，每隔1～3个月进行一次。在移动活跃期（每月下沉值大于30mm时），应缩短上述的时间间隔；尤其对最大下沉点附近的几个观测点，应增加水准测量的次数。

4）最后一次全面观测。如果相隔六个月的两次观测，所得相对下沉值已小于30mm，便认为移动已经终止，地表移动已开始稳定。此时应进行最后的一次全面观测，并按初次观测的要求，独立进行两次。

在进行上述各项测量工作的同时，还应调查地表移动所产生的裂缝，坍陷情况，测定其位置和形态（走向、长度、宽度、深度、错位、数量、范围等），并注明日期，及时填绘在井上下对照图上。

2. 岩体内部观测　岩体内部观测是配合地表移动观测，了解工作面顶、底板及矿体在开采过程中的动态，而在井下移动范围内的巷道、采场以及由地表或巷道向岩层内部所打的钻孔中，设立观测点。在岩体移动发展过程中，定期观测所有测点的移动量。根据岩体内部观测结果再结合地表移动观测资料，对采空区直到地表之间整个地层移动过程及其特征进行综合分析，以达到及时预报，尽早地为安全生产服务。

（1）巷道观测线。

1）观测点的布设。观测点或观测线通常布设在回采工作面上方的巷道或采场内。在条件许可的情况下，布置观测线的巷道应尽量与地表观测线在同一剖面上。观测线最好布设成直线形。巷道观测线也是由控制测点和工作测点两种点所组成。控制测点应设在移动范围以外，工作测点布设在移动范围以内，其布点方案、观测方法和精度要求皆与地表观测线基本相同。控制测点和工作测点可以设在巷道顶、底板或两帮上，点的埋设可按井下基本控制导线设点的要求进行。

2）观测方法。点埋好后，仍同地表观测一样，先进行初次观测，以后在移动期间定期进行重复观测。

控制测点和工作测点与井下永久导线点及水准点的连测方法，各测点下沉值和水平移动值的观测方法、精度要求等，应按井下15″导线和Ⅰ级水准测量的方法和要求进行。

（2）钻孔观测点。钻孔观测的实质就是将测点埋设在钻孔内，与围岩结成一体，当围岩发生移动时，能立即带动测点移动。这样，通过在钻孔口设置的标志进行观测就可以了解岩层内部的移动情况。

钻孔观测站分为地面钻孔和井下钻孔两种。在一个钻孔内可埋设一个或几个测点。

地面钻孔观测站的测点结构有两种：一是重锤结构，孔内只能设一个测点；二是压缩木结构，孔内可设多个测点。钻孔内测点的位置，可根据主要岩石分层位置来确定，称为深部测点。测点的设置工作必须在岩体受采动影响之前完成。下面主要介绍第二种方法（压缩木结构），如图12-5所示。

深部测点由钢管制成，外套压缩木，将其投入钻孔内预定位置后，压缩木遇水膨胀而与周围岩石固结在一起。在钢管上固定一条钢丝，经由钻孔口引至地表，再通过已安装在金属架上的滑轮后，挂一重锤来牵引深部测点。在孔口金属架和钢丝上，对应的分别作出记号，定期观测该两标记的相对移动值，即得该测点移动量的大小。通过孔内不同深度测点的移动量的差异情况，便知岩层内部的移动大小及变化情况，据此来分析和预计崩落带的高度。

（3）介绍几种直观的测法。

1）巷道和采场顶底板移近量的观测。此项观测要使用专门的工具——“测杆”来进行。在移动范围内的巷道和采场，选择有代表性的地点，于顶底板之间安置一些“测杆”，如图12-6所示。木制简易“测杆”由套杆和伸缩杆两部分组成，伸缩杆插在套杆内，可沿着套杆内侧的槽伸缩滑动。在套杆和伸缩杆上用红油漆对应的各作一明显的标记，“测杆”之两端作成尖形。

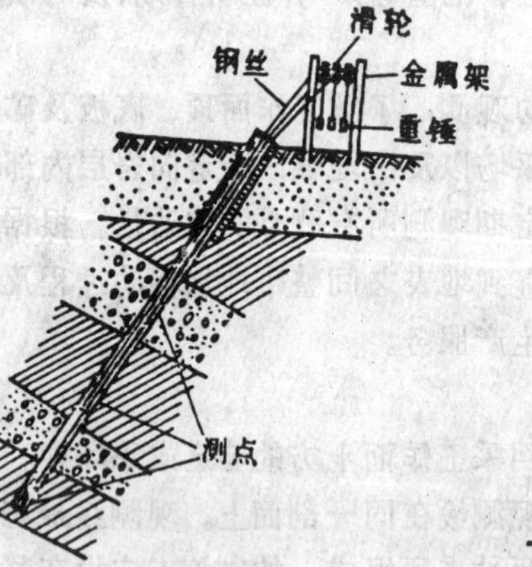

图 12-5

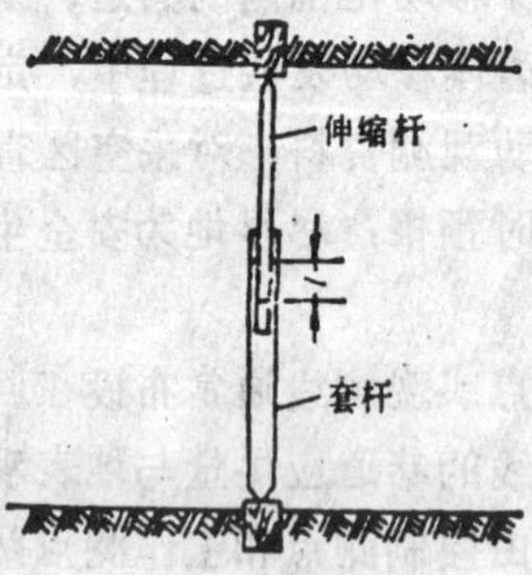

图 12-6

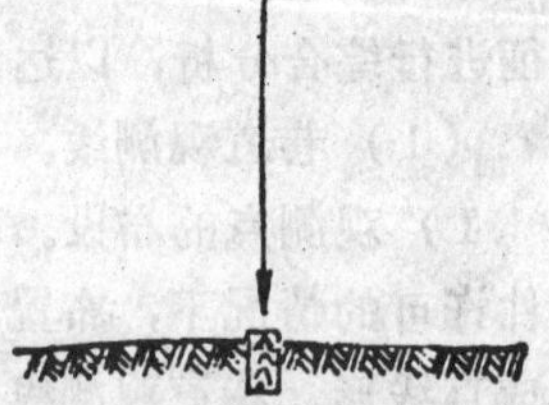

图 12-7

观测时，用小钢尺量出套杆和伸缩杆上标记错开的距离 l。当测杆被顶底板移近压缩时，则测杆上的刻划也相应的错动。根据相邻两次测定值之差和间隔时间，即可求得该点顶底板移近值和移近速度。

测杆目前已有国产ADL-2.5型沉降指示器它与C-Ⅱ型自动记录器并用，可连续观测并在记录纸上画出顶底板移近量与时间的关系曲线。

2）巷道顶底板水平位移的观测。在巷道顶底板成对埋设测点，用悬挂垂球的方法可测定点位的水平移动值。如图12-7所示，在顶板点挂垂球线使其对正底板点；如果顶底板有水平位移，则垂球尖就会偏离底板点，可用小钢尺量出偏距（平移值）。

3）支架和岩石裂缝观察。在用仪器观测的同时，还要随时观察巷道和采场支柱的弯曲、折断情况，并注意岩石裂缝的出现和扩展情况。

岩体内部观测成果的整理与地表基本相同。

第三节　观测资料的整理和分析

一、观测资料的整理

每次观测后都要进行成果整理，整理包括计算和绘图两部分。

1．观测成果的检查和计算

（1）检查记录手簿。外业观测的记录手簿要认真检查，若发现粗差或超限时，应立即进行重测，直至符合要求为止。

（2）各点高程的计算。根据检查后的记录手簿，计算各点高程，将所得各点高程填入计算表（表12-2）中。

表 12-2　测点移动和变形综合计算表

测点编号	线段名称	线段长度 (m)	相邻线段平均长度 (m)	垂直变形之计算：测点高程 第　次观测 年 月 日 (m)	测点高程 第　次观测 年 月 日 (m)	下沉 (mm)	线段两端点下沉之差 (mm)	倾斜 (mm/m)	倾斜差 (mm/m)	曲率 (10^{-3}/m)	水平变形之计算：线段长度 第　次观测 年 月 日 (m)	线段长度 第　次观测 年 月 日 (m)	拉伸(+)或压缩(−) (mm)	水平移动	水平变形 (mm/m)
R_1				20.695	20.695	0									
	R_1-1	50.0					-3	-0.1							
1			30.0	20.798	20.795	-3			0.1	0					
	1—2	10.1					-2	-0.2			10.092	10.092	0		0
2			10.1	20.841	20.836	-5			0.2	0.02				0	
	2—3	10.1					-4	-0.4			10.048	10.052	4		0.4
3			10.2	21.007	20.998	-9			0.1	0.01				4	
	3—4	10.3					-5	-0.5			10.276	10.286	10		1.0
4			10.2	21.044	21.030	-14			0.3	0.03				14	
	4—5	10.1					-8	-0.8			10.058	10.070	12		1.2
5			10.1	21.081	21.059	-22			0	0				26	
	5—6	10.1					-8	-0.8			10.100	10.115	15		1.5
6			10.1	21.150	21.120	-30			0.5	0.05				41	
	6—7	10.1					-13	-1.3			10.119	10.137	18		1.8
7			10.1	21.130	21.087	-43			0.4	0.04				59	
	7—8	10.1					-17	-1.7			10.099	10.120	21		2.1
8			10.2	21.189	21.129	-60			0	0				80	
	8—9	10.4					-18	-1.7			10.320	10.342	22		2.1
9			10.2	21.107	21.029	-78			0.3	0.03				102	
	9—10	10.0					-20	-2.0			9.967	9.988	21		2.1
10			18.6	21.470	21.372	-98			2.3	0.12				123	
	10—11	27.1					-117	-4.3			27.104	27.152	48		1.8
11			12.0	21.760	21.545	215			−1.2	−0.06				171	
	11—12	15.0					-46	-3.1			15.025	15.000	−25		−1.7
12				23.011	22.750	-261								146	
	12—13														

（3）计算各点间沿观测线方向的水平距离。由实测的两点间距加入温度、比长、垂曲、拉力、倾斜等改正后的平距（对偏离观测线的测点，还应进行偏距改正），填入表12-2中。

2．下沉和垂直变形的计算　各测点的下沉值、相邻两点间的平均倾斜和相邻两边的平均曲率的计算，可在表12-2中进行。其计算公式如下：

（1）计算下沉值W_n。

$$W_n = H_m - H_0$$

式中　H_0——初次观测时的高程；

H_m——第m次观测时的高程。

（2）计算相邻两点的倾斜i。

$$i_{n,n+1}=\frac{W_{n+1}-W_n}{l_{n,n+1}}$$

式中　$l_{n,n+1}$——n点至$n+1$点的水平距离；

W_n，W_{n+1}——分别为n点和$n+1$点的下沉值。

（3）计算n点附近的曲率K_n。

$$K_n=\frac{i_{n-1,n}-i_{n,n+1}}{(l_{n-1,n}+l_{n,n+1})/2}$$

式中　$i_{n-1,n}$——$n-1$和n两点间的倾斜；

$i_{n,n+1}$——n和$n+1$两点间的倾斜。

由图12-8中可看出，倾斜$i_{n-1,n}$和$i_{n,n+1}$，分别表示相应线段下沉曲线中点A、B所作切线的倾斜。A、B两点切线的倾斜差Δi除以相邻线段长度的平均值$(l_{n-1,n}+l_{n,n+1})/2$，就得到平均倾斜变化。因为移动盆地倾斜一般很小，故平均倾斜变化，可当作n点处的平均曲率。曲率有正、负之分，正曲率表示地表呈凸变形；负曲率表示地表呈凹变形。

3．水平移动和水平变形的计算　水平移动和水平变形的计算在表12-2中进行，其计算公式如下：

（1）计算n点的水平移动U_n。

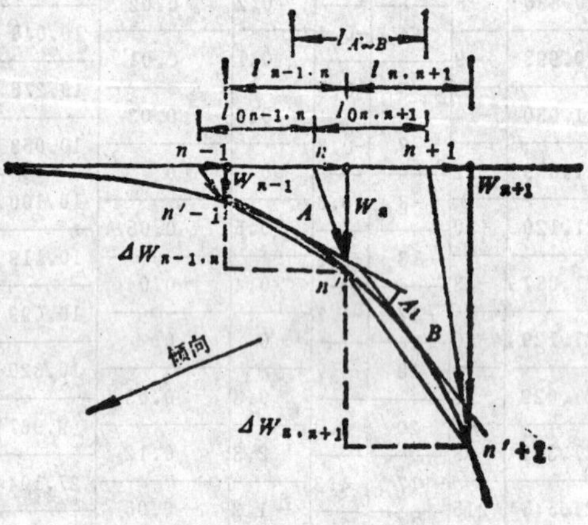

图 12-8

$$U_n=L_m-L_0$$

式中　L_0——首次观测时n点至控制测点间之平距；

L_m——第m次观测时n点至控制测点间之平距。

（2）n点至$n+1$点间的水平变形$\varepsilon_{n,n+1}$。

$$\varepsilon_{n,n+1}=\frac{l_{(n,n+1)m}-l_{(n,n+1)_0}}{l_{(n,n+1)_0}}$$

式中　$l_{(n,n+1)_0}$——n至$n+1$点间的初次水平距离；

$l_{(n,n+1)m}$——n至$n+1$点间的第m次水平距离。

水平变形值有正负之分，正号表示伸长变形，负号表示压缩变形。

（3）n点的横向水平移动V_n'。即垂直观测线方向的移动距离（偏距）。

$$V_n' = y_m - y_0$$

式中　y_0——初次观测所得测点的偏距；

y_m——第m次观测所得测点的偏距。

4．n点的下沉速度　通常选择观测线上最大下沉点的下沉值来计算下沉速度。下沉速度是某一段时间内下沉量和时间的比值。其计算公式为：

$$V_n = \frac{W_{m+1} - W_m}{t}$$

式中　W_m——n点第m次观测时的下沉量；

W_{m+1}——n点第$m+1$次观测时的下沉量；

t——两次观测的相隔天数。

进行以上各项计算时，数字取位见表12-3。

表 12-3

边长和高程 (m)	各项改正数 (mm)	下沉值 (mm)	倾斜 (mm/m)	曲率 (10^{-3}m)	水平移动 (mm)	水平变形 (mm/m)	下沉速度 (mm/d)
0.001	0.1	1	0.1	0.01	1	0.1	0.1

二、绘制观测线的各种图纸

根据各测点移动值的计算成果资料，可绘制成各种移动曲线图。通过曲线图可直观地了解和分析测点在不同时间的移动变化情况。这些图纸能具体反映地表移动范围、大小以及各测点之间的移动和变形的分布情况，是确定移动的主要参数和研究地表移动规律的基础。

1．观测站平面图和观测线剖面图

（1）观测站平面图。按1：500或1：1000的比例尺来绘制，图上应表示出测点的实际位置、地形、地物、地表裂缝、观测时的工作面实际位置（注明日期）、回采边界以及坍陷坑的形态(注明出现日期)。

（2）观测线剖面图。应与观测站平面图的比例尺相同，剖面图上应表示出观测线上控制测点和工作测点、基岩、表土层、地表裂缝、采空区位置、地质构造等。

2．移动和变形曲线图　按照计算出来的移动和变形值，来绘制地表移动和变形曲线。每一种曲线单独绘在一张图纸上，每观测一次即可绘出一条曲线。这样，每张曲线图就可以反映出整个移动过程的发展情况。为了使图形明显起见，曲线图的纵、横坐标轴，要采用不同的比例尺。横轴表示测点的位置，其比例尺应与平、剖面图比例尺一致；纵坐标轴表示各种移动，变形及下沉速度，其比例尺应尽量放大，根据具体情况可选用1：1、1：2、1：5或1：10的比例尺。

具有“+”号的移动和变形值绘于横轴的上方；具有“－”号的移动和变形值绘于横轴的下方。图12-9为沿倾向观测线的移动和变形（自下而上依次为：下沉、倾斜、曲率、水平移动、水平变形）曲线图。移动稳定后的变形曲线宜绘制在一张图上。

3．点的下沉一时间曲线图　通常选择一些特征点（如最大下沉点）绘制，如图12-10所示。横坐标轴表示观测日期；纵坐标轴表示下沉值。通过移动观测，了解每个测点

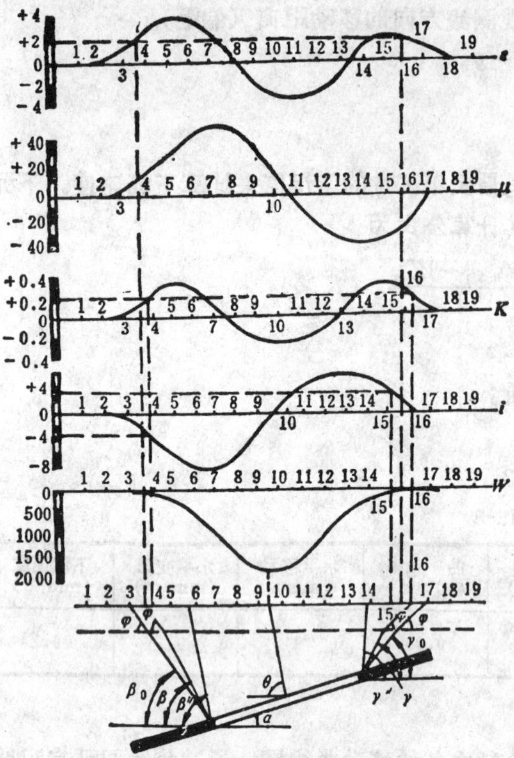

图 12-9

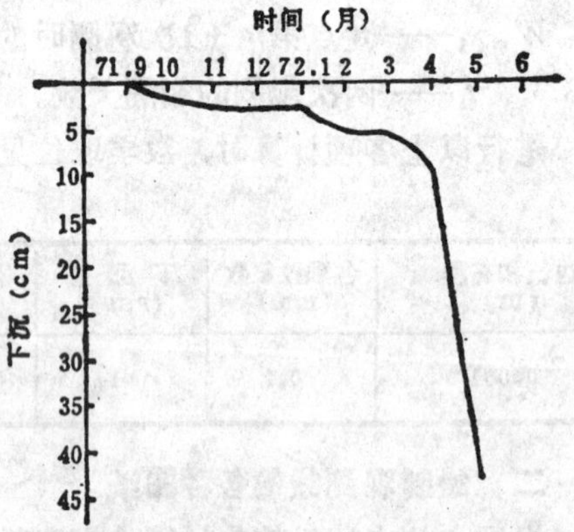

图 12-10

的移动量随时间变化的情况。从图12-10中可以明显地看出测点下沉与时间的关系。当曲线出现急剧变化时，往往预示空区将有冒落的可能。

三、确定地表移动和变形的主要参数

地表移动和变形的主要参数，应按最后一次全面观测结果绘制的各种曲线图求得。

在下沉曲线图的两端找到下沉值为10mm的点，即得移动盆地的边界点，将此两点投影到剖面图上（图12-9），并分别与采空区下部的上盘边界和下盘边界连线，其与水平线的夹角即为边界角β_0及γ_0。

在下沉曲线图上确定出最大下沉点，并投影到剖面图上（图12-9）。此点和空区的中点连线，其与水平线的夹角，即为最大下沉角θ。

各种变形曲线，是根据在图上确定的各种临界变形点（即建筑物危险变形值点）来确定的。对一般砖石结构建筑物，可按$i=3$mm/m，$K=0.2\times10^{-3}$/m，$\varepsilon=2$mm/m之点，作为临界变形点。在相应的变形曲线上，找到三对临界变形点，然后取其中最外测的临界变形点向剖面图上（图12-9）投影，并将该投影点分别与采空区下部的上盘边界和下盘边界连线，构成的倾角即为移动角β及γ。

根据实地调查，将盆地最外边出现的裂缝与采空区边界底板点连线的倾角(图12-9)，即为裂缝角β''及γ''。

上面概要的说明了地表移动观测资料整理的工作内容。为了研究岩层内部和地表移动的内在关系，当一个矿区的地表和岩体内部移动观测工作积累了一定数量的资料之后，就应进行全面的综合分析，以掌握更为准确而又有代表性的规律，提出本矿区岩体移动与变形的预计方法。

复习思考题

1．研究岩体移动的意义和任务是什么？

2．试简述开采后引起岩体移动的因素。

3．试描述开采后引起上覆岩层的破坏形式及其分带。

4．大面积岩体移动到来之前，一般有哪些现象发生？

5．移动盆地内有哪几种移动和变形？它们对处于盆地内的建筑物有何影响？

6．为什么说要研究移动盆地的移动和变形，只要研究主剖面上地表移动和变形即可？

7．地表移动观测站怎样设计？有何要求？试归纳观测内容、程序、方法及精度要求。

8．怎样绘制各种移动变形曲线？试解释曲线图的含义和作用。

9．试绘图表示移动角、边界角、裂缝角及最大下沉角。

第十三章　露天矿山测量

第一节　概　　述

用露天法开采有用矿物，在采矿工业中占有重要的位置。在露天矿建设和生产过程中需要进行一系列的测量工作，这些测量工作统称为露天矿测量。

露天矿测量概括起来讲也是测定测量对象的空间位置，是为矿山的基建和生产服务的，并可根据测量所提供的图纸和资料来解决生产中所提出的有关问题。

露天矿测量的主要任务是测绘矿体的产状和形态，采剥工程的位置、形状、大小和它的空间变化，工业设施的布置以及生产勘探工程等。

露天矿山测量的内容有：建立矿山测量控制网，测绘矿区范围内的大比例尺地形图及采剥工程平面图，进行各种碎部测量，对建筑物、土方工程、爆破工程、公路、铁路和堑沟等进行测设，验收和测量剥离量和采矿量，计算统计矿石损失率和贫化率，以及观测边坡移动等。

露天矿山测量是在地面进行的，因此露天矿测量所用的仪器、方法与地形测量基本相同。但露天矿生产有其特点，故给露天矿测量工作带来某些特点。这些特点是：

（1）地形测量是以地形点和地物点为主要测量对象。这些点在一定时期内其位置是不变的；而露天矿测量是以各种工程为主要测量对象，这些对象的位置是经常变化的。

（2）地形测量和露天矿测量虽然都是在露天条件下进行作业，但是在露天矿由于采剥工程的不断进展，大部分的地物、地貌会经常的变化，设在台阶上的测量控制点经常被破坏。为了测出各种碎部以及施工放样，便需要不断地补充工作控制点。所以要求测设方法能适应这一特点。

（3）地形测量的精度主要是以制图精度为依据，故测绘不同比例尺的图纸其精度要求也不同；而露天矿测量的精度是以能满足不同工程的要求为主，所以测量的精度是根据所解决的生产问题来确定的。

第二节　露天矿控制测量

各矿区根据国家或矿山自己布设的三、四等三角网和三、四等水准网，作为矿区平面控制及高程控制测量的首级控制，但是在实际工作中，这些控制点的密度是远远满足不了露天矿测量工作的需要。为满足露天矿各种各样的工程测量的需求，一般是在矿坑周围根据矿区的首级控制网，布设基本控制网，作为露天矿坑内测量工作的依据；然后再以基本控制网为依据而在矿坑工作平台上布设工作控制网（点），作为采剥工程测量，以及采矿场的一切测量工作的基础。

一、基本控制

基本控制网的布设应根据矿区的地形条件、采矿场的形状、采矿工作的发展方向以及在矿坑内建立工作控制网的方法等因素而采用不同的方法。矿区基本控制网是在矿区首级控制网的基础上逐级加密而形成的。基本控制点应均匀的分布在露天矿场的四周边帮上，使每个控制点在矿场尽可能大的范围内都通视良好，以便给下一步，在每一工作平台上加密工作控制点，创造有利条件。此外，基本控制点应能保存较长时间，所以基本控制点都应埋设永久性的测量标志。各基本控制点的高程要用四等几何水准或三角高程的方法进行测定。

基本控制的精度要求，在大型矿山除原有的国家和矿区各级三角点外，还可布设5″小三角网和同级导线作为基本控制；在中小型矿山则可布设 10″ 小三角网和同级导线作为基本控制。

小三角网可以作为基本控制，也可把小三角测量用在工作控制上，在小型露天矿还可作为矿区的首级控制。本节主要介绍10″小三角网的外业工作和内业计算。

1．小三角测量及其外业工作　小三角测量是在小区域内的地面上布置一些边长较短、角度较好的控制点，构成互相连接的三角形，称三角网。组成三角网的所有控制点叫三角点。观测三角网中所有三角形的内角，测定三角网中的一条边或两条边作为基线，或直接起始于原有高级控制网的边上。利用正弦定律推算出各个三角形的边长，最后根据三角网中已知点坐标和一边的已知方位角，就可求得各三角点的坐标。这种控制形式的特点是：丈量距离的工作量少，主要是测角，所以适用于不便丈量距离的山区和丘陵地带。根据规范规定，小三角网可分为两种：平均边长1km，测角中误差为±5″，最弱边相对中误差为 1：20000，属于5″小三角网，也称一级小三角；当平均边长为0.5km、测角中误差为±10″，最弱边相对中误差为1：6000时，则属于10″小三角网，也称二级小三角。小三角网可布设为三角锁、中点多边形、大地四边形等。在露天矿一般是布设在高级点间的单三角锁。

（1）选点与埋桩。小三角测量的外业工作包括踏勘、选点、建立标志、丈量基线及观测水平角等。各小三角点应选在视野开阔的高处，要保证和各连测点通视，便于埋石、观测和长期保存。小三角点应全部埋设标石。为了保证推算距离的精度，选点时，三角形内角最好不小于30°和不大于120°，边长可伸缩在200～800m之间；具体边长可根据任务和现场情况而定。

（2）角度测量。小三角的测角工作量，是野外工作的主要部分。小三角测量的测角精度要求，一般比导线测量高，测角中误差不得超过±10″，所以用J_6型光学经纬仪，采用全圆方向观测法进行水平角观测作业时；应测三个测回，三角形最大闭合差应小于±30″。锁中三角形个数不要超过12个。

（3）小三角起始边（或已知边）的相对中误差应不低于1：20000。起始边（基线）一般选在锁的两端，基线长度可用检定过的钢尺进行丈量或用红外测距仪测定。目前红外测距仪已经达到足够的精度，故起始边用钢尺丈量的方法已逐步被测距仪所代替。

2．小三角测量的计算　小三角测量的内业计算程序分为外业成果整理、角度平差、边长和坐标计算等几个步骤。计算工作的最终目的是算出各三角点的坐标。对于图13-1所示的小三角锁来说，是两已知边间的单三角锁，除了首尾两条已知边外，其余边的边长都必须经过已知边和三角形的内角推算出来。有了边长d_1、d_2……、d_6，就可以把1、2……（$n-1$）点看成是一条导线。在这条导线里，已知1—2边的坐标方位角α_{1-2}和2号点的坐标，则按导线的计算方法推算各边的坐标方位角和各点的坐标。问题是小三角锁的外业观测成果，不可避免的会含有误差。如一个三角形的内角之和，理论上应等于180°，但实际观测结果，往往不等于180°，于是就产生了角度闭合差。为此，在小三角锁的计算过程

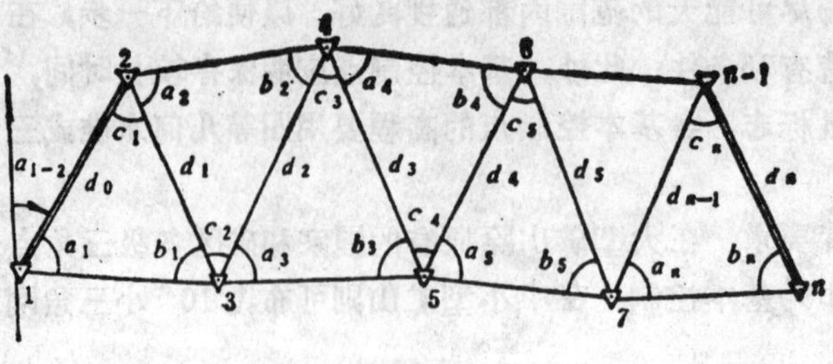

图 13-1

中，必须对角度观测值加以改正，以消除角度闭合差。除此之外，还丈量了两条基线d_0与d_n。由基线d_0通过各三角形内角，按正弦定律推算出另一基线的长d_n'。推算的d_n'与直接丈量（测定）的d_n往往不相等，其差值$W=d_n'-d_n$，称为基线闭合差。基线丈量一般精度都比较高（如果是已知边也是如此）。为了计算简单，可以认为基线闭合差主要是由于推算角的误差而引起的，所以还要再改正三角形内角值，以消除基线闭合差。这类改正观测值的计算工作称为平差。

由于10″小三角测量的边长比较短，而目前又普遍采用精度较高的光学经纬仪测量角度，故测角精度一般都较高，所以测角误差对三角点位置的影响也比较小，则其角度平差一般皆采用近似平差（又称简易平差）。下面就介绍起闭于两条已知边间的小三角锁的近似平差方法。

计算工作开始之前，要将外业成果进行整理，并取角度平均值，然后绘制一张三角锁的计算略图（图13-1）。图中角的编号一定要有规律：凡已知边所对的角编为b_i，待求边所对的角编为a_i（i为三角形序号）。以第一个三角形为例，d_0为已知边，所对的角为b_1；d_1为待求边，所对的角为a_1。凡计算边长所用的角度a_i、b_i，统称为传距角。三角形内另一个角编为c_i，称为间隔角，在推算坐标方位角时要用到它。c_i角所对的边称为间隔边。关于这种三角锁的平差计算方法简要叙述如下：

（1）角闭合差的计算与改正。设各角的观测值为a_i'、b_i'、c_i'，则各三角形的闭合差f_i为

$$f_i=a_i'+b_i'+c_i'-180°$$

设各角改正数为V'_{a_i}、V'_{b_i}、V'_{c_i}，则角度误差方程式为$V'_{a_i}+V'_{b_i}+V'_{c_i}+f_i=0$。因各内角为同精度观测值，则按反符号平均改正的原则，求出各角的改正值。

即 $$V'_{a_i}=V'_{b_i}=V'_{c_i}=\frac{-f_i}{3} \tag{13-1}$$

改正值取至秒位。第一次改正后的角值为

$$a_i=a_i'+V'_{a_i}$$
$$b_i=b_i'+V'_{b_i}$$
$$c_i=c_i'+V'_{c_i}$$

（2）基线闭合差的计算与调整。根据正弦定律，依次计算各传距边可得

$$d_1 = d_0 \frac{\sin a_1}{\sin b_1}$$

$$d_2 = d_1 \frac{\sin a_2}{\sin b_2} = d_0 \frac{\sin a_1 \sin a_2}{\sin b_1 \sin b_2}$$

$$\cdots\cdots\cdots\cdots\cdots\cdots$$

$$d_n' = d_0 \frac{\sin a_1 \sin a_2 \cdots\cdots \sin a_n}{\sin b_1 \sin b_2 \cdots\cdots \sin b_n}$$

因经过第一次角度改正后的内角仍有误差，故d_n'与实际测定的d_n不等，则产生基线闭合差W。

$$W = d_n' - d_n = \frac{d_0 \prod_{i=1}^{n} \sin a_i}{\prod_{i=1}^{n} \sin b_i} - d_n$$

引入第二次角度改正值V''_{ai}、V''_{bi}、V''_{ci}，即基线闭合差改正值，使基线闭合差$W=0$

即

$$\frac{d_0 \prod_{i=1}^{n} \sin(a_i + V''_{ai})}{\prod_{i=1}^{n} \sin(b_i + V''_{bi})} - d_n = 0$$

经过第一次改正后，a_i、b_i、c_i之和已满足180°的条件。为了不破坏已满足的三内角之和等于180°，由于角度观测的精度相同，则必须使改正数V''_{ai}和V''_{bi}绝对值相同，符号相反。

即
$$V''_{ai} = -V''_{bi}$$

$$V'' = -V''_{bi} = \frac{W\rho}{\sum \mathrm{ctg}\, a_i + \sum \mathrm{ctg}\, b_i} \qquad (13\text{-}2)$$

则第二次改正后的角度值A_i、B_i、C_i为：

$$A_i = a_i + V''_{ai}$$
$$B_i = b_i + V''_{bi}$$
$$C_i = c_i$$

因边条件与间隔角C_i无关，故只对a_i及b_i进行改正。

（3）计算边长和坐标。根据第二次改正后的角度及已知边长，按正弦定律计算三角形各边长。最终边的计算值d_n'应等于原d_n，但也可能会出现1～2mm的因四舍五入而造成的计算凑整误差。

各点的坐标可按闭合导线或附合导线的方法计算。

（4）以图表实例简要说明计算过程。首先画一张小三角锁略图，编好角号，再将已知边长度，坐标方位角和三角形各内角观测值，注于小三角锁计算略图上，如图13-2所示；并将各三角形闭合差，注在各三角形的中心。按公式13-1将闭合差按三分之一、反号改正到各三角形内角的原则，把改正数注于各观测角值秒位的上方。观测角值加上改正

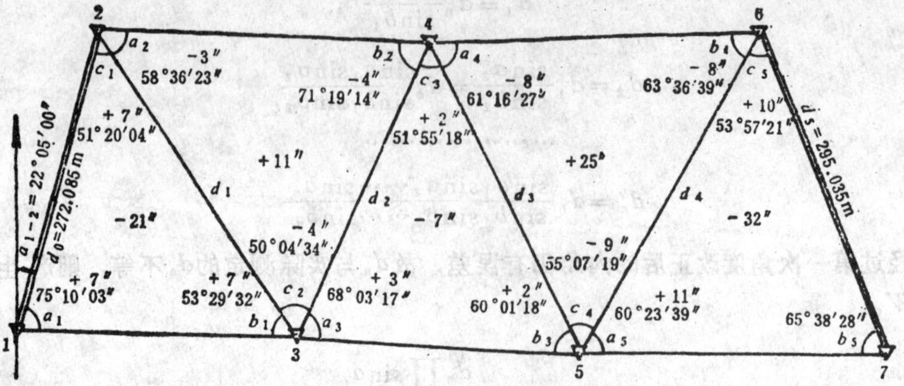

图 13-2

数，就得到第一次改正后的内角。把这一计算过程列入表13-1中。在每个三角形中，三个改正后的内角和，应严格的等于180°，对每个三角形都要校核一下，以免改错。按公式13-2进行第二次改正数的计算填入表13-1中，进而求出平差后的各角值，并进行检核。最后由平差后的角值进行三角形各边长及各点坐标之计算。

有关边长计算和坐标计算本节中从略。

$$d_0=272.085 \qquad W=\frac{d_n\prod\sin b}{d_0\prod\sin a}-1$$

$$d_n=295.035 \qquad V''_{a_i}=-V''_{b_i}=\frac{W\rho}{\sum\operatorname{ctg}a_i+\sum\operatorname{ctg}b_i}=+6.8$$

第五个三角形第二次改正值为+6、−6，是为减小凑整误差的影响。

二、工作控制

为了在矿坑内进行日常的生产测量，单靠矿坑周围边帮上已建立的基本控制点是不足的，所以还要在基本控制网点的基础上，再进一步进行加密布设工作控制网点。

建立工作控制网点的方法较多，有单三角形法、经纬仪导线法、线形锁法、剖面线法以及交会法等。交会法又分为前方交会法、侧方交会法和后方交会法。究竟采用何种方法布设，主要根据露天矿的地形、矿坑的轮廓、开采的方向、高一级控制点的分布情况、采剥深度和进度以及生产测量的方法及精度要求的不同而定。

由于露天矿的采剥工程测量、验收测量等碎部测量工作繁重，如果工作控制点布设的合理，不但能保证生产上所提出的精度要求，并可简化日常测量工作。所以在露天矿有时综合采用几种方法来建立工作控制点。

工作控制点应均匀的分布在阶段工作平台上，要保证有一定的密度。这种密度应随测图比例尺而异：当测图比例尺为1：1000时，工作控制点之间的距离不应大于200m；当测图比例尺为1：500时，则点间距离不应大于150m。

工作控制点的测定精度，在一般情况下应参照制图精度来考虑。工作控制点相对于

表 13-7 10″小三角锁近似平差计算表

三角形编号	角度编号	角度观测值 (° ′ ″)	第一次改正值 $(-\frac{f}{3})$	第一次改正后的角度值 (° ′ ″)	第二次改正值	第二次改正后的角度值 (° ′ ″)	边长 (m)
1	2	3	4	5	6	7	8
1	b_1	53 29 32	+7	53 29 39	−7	53 29 32	272.085
	c_1	51 20 04	+7	51 20 11	0	51 20 11	264.315
	a_1	75 10 03	+7	75 10 10	+7	75 10 17	327.235
	Σ	179 59 39	+21	180 00 00		180 00 00	
2	b_2	71 19 14	−4	71 19 10	−7	71 19 03	327.235
	c_2	50 04 34	−4	50 04 30	0	50 04 30	264.910
	a_2	58 36 23	−3	58 36 20	+7	58 36 27	294.871
	Σ	180 00 11	−11	180 00 00		180 00 00	
3	b_3	60 01 18	+2	60 01 20	−7	60 01 13	294.871
	c_3	51 55 18	+2	51 55 20	0	51 55 20	267.968
	a_3	68 03 17	+3	68 03 20	+7	68 03 27	315.758
	Σ	179 59 53	+7	180 00 00		180 00 00	
4	b_4	63 36 39	−8	63 36 31	−7	63 36 24	315.758
	c_4	55 07 19	−9	55 07 10	0	55 07 10	289.173
	a_4	61 16 27	−8	61 16 19	+7	61 16 26	309.118
	Σ	180 00 25	−25	180 00 00		180 00 00	
5	b_5	65 38 28	+11	65 38 39	−6	65 38 33	309.118
	c_5	53 57 21	+10	53 57 31	0	53 57 31	274.372
	a_5	60 23 39	+11	60 23 50	+6	60 23 56	295.035
	Σ	179 59 28	+32	180 00 00		180 00 00	

基本控制点的点位误差不应大于平面图上的0.2mm，即当测图比例尺为1：500时，其点位误差在实地上不应大于0.1m。

工作控制点的测量标志一般是用木桩或铁棒临时固定在采剥平台上，也可用铅油在暂时不受采动的岩石面上做点。

工作控制点的高程，用几何水准或三角高程测定。采场内，可用等外水准测量方法测定。

露天矿工作控制分为两级：Ⅰ级和Ⅱ级工作控制。Ⅱ级工作控制点是在Ⅰ级工作控制点的基础上建立的。无论Ⅰ级或Ⅱ级工作控制，一般常见的都是用小三角网法、经纬仪导线法和交会法来建立。下面分别介绍小三角网法、经纬仪导线法和交会法中的后方交会法。

（1）小三角锁法。当露天矿坑面积在$1km^2$以内，直接量距困难较大时，可用边长短、精度在Ⅱ级的小三角以下的图根小三角测量来建立工作控制。要求小三角锁中任一内角一般不应小于30°，边长一般在100～300m之间，测角中误差应小于±20″（用J_6型光学经纬仪测一测回）；三角形最大闭合差不应超过±60″，最弱边相对中误差1：2000，三角形个数不超过14个。

图根小三角锁平差方法，可比基本控制部分所讲的小三角锁平差方法更简化一些，即平差时将三角形闭合差平均分配到三个角上。坐标闭合差可按边长成比例分配之。如图13-3所示，N_1、N_2…N_5为基本控制点，A、B是依据基本控制点交会出的Ⅰ级工作控制点，1、2、3、4各点是在Ⅰ级工作控制的基础上建立的Ⅱ级工作控制网点。

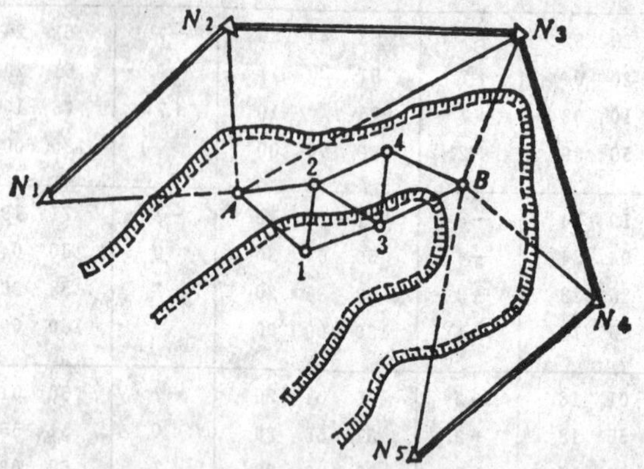

图 13-3

（2）经纬仪导线法。当矿区地形比较平坦，工作平台较宽，边长丈量较为容易时，可采用经纬仪导线法。由于矿坑条件不同，敷设经纬仪导线的形式，可因地制宜但应尽可能敷设成附合导线；在万不得已时，也可敷设支导线。如图13-4所示，是在每个工作平台上的两端，先用单三角形法测定两个已知点，在两已知点间敷设附合导线。

敷设经纬仪导线的另一种形式，如图13-5所示。在矿坑外围找到基本控制点A、G，在A、G两点间，通过每个台阶设置一条Ⅰ级经纬仪导线，这样就在每个平台上建立了已知点B、C、D、E、F。然后再在各平台上的已知点间，敷设Ⅱ级附合导线。Ⅰ、Ⅱ级经纬仪导线的测设应满足表13-2的要求。

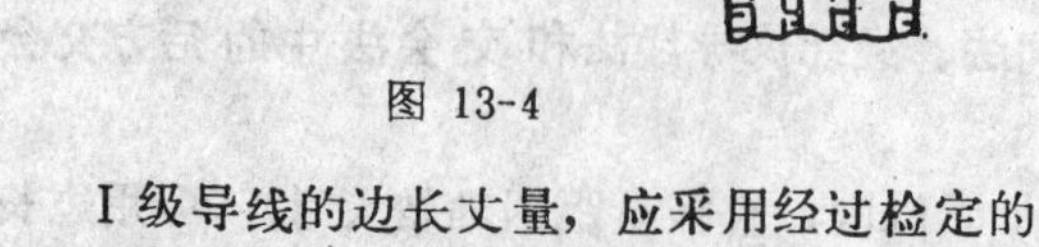

图 13-4

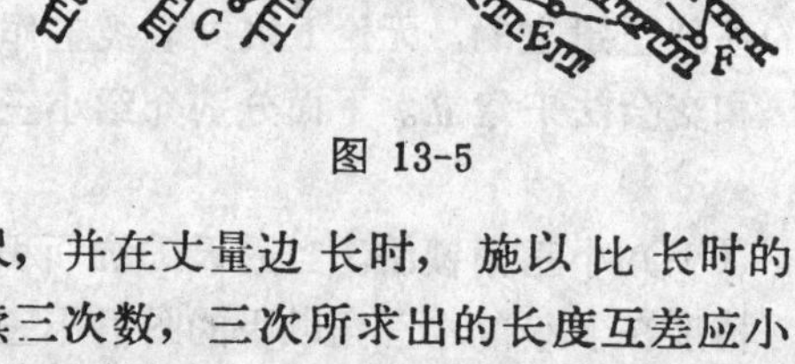

图 13-5

Ⅰ级导线的边长丈量，应采用经过检定的钢尺，并在丈量边长时，施以比长时的拉力，并测定温度。每尺段都要从钢尺的不同起点读三次数，三次所求出的长度互差应小于3mm。边长应往返丈量，加入各种改正数后的水平边长互差，不得大于边长的1：4000。

Ⅱ级导线边长丈量时的拉力，可凭经验估计；丈量时的温度和比长时的温度相差15℃以上时才加温度改正。每尺段以不同起点读数两次，两次所得长度互差应小于5mm。边

表 13-2

等级	边 长 (m)		测角中误差	角度允许闭合差	导线最大相对闭合差
	总长	边长			
Ⅰ	小于2000	30～170	±10″	$\pm 20''\sqrt{n}$	1：4000
Ⅱ	小于1000	30～100	±20″	$\pm 40''\sqrt{n}$	1：2000

长丈量可用错动钢尺1dm以上位置的方法量两次，来代替往返丈量。两次结果之差不得大于边长的$\frac{1}{2000}$。

用钢尺量距，不但工作繁重，而效率也低。如能使用红外测距仪进行导线边长测定，那将使导线测量的内外业工作得到很大改善。

（3）后方交会法。经纬仪导线和小三角锁是布设工作控制点的主要方法。如果用这些方法布设的工作控制点的数量尚不能满足需要时，可根据实际情况，布设一些经纬仪测角的解析点来加密控制，即经纬仪测角交会法。在我国很多露天矿，都采用后方交会法来建立Ⅰ级工作控制点。其原因是后方交会法比较方便，哪里需要建立工作控制点，就在哪个点上安置仪器进行交会（观测）。特别是当已知点位于地形条件复杂地带、不易到达时，则后方交会法就更具有优越性。由此可知它的优点是不必到已知点去摆站观测，所以减少了野外工作量。如图13-6所示，要求在待定点P上，观测A、B、C、D四个已知点。该四个方向组成了水平角β_1、β_2、β_3（若规定D点为检核方向，则β_3为检核角），从而可解算P点的坐标。

计算“后交点”坐标的经典和传统方法，解算繁杂，计算工作量大。所以过去有人这样说：“后方交会法是外业省工而内业费工”。这种说法在程序型电子计算器已经基本普及的今天，就不确切了。因为传统的内业计算方法已被淘汰，过去需要半天时间才能计算一个“后交点”，而现在用程序型电子计算器一般有半个小时就能完成。

用EL系列程序型计算器，计算后方交会点的公式，程序和算例介绍如下：

1）计算公式。

$$a=(X_A-X_B)+(Y_A-Y_B)\mathrm{ctg}\beta_1$$
$$b=(Y_B-Y_A)+(X_A-X_B)\mathrm{ctg}\beta_1$$
$$c=(X_B-X_C)+(Y_C-Y_B)\mathrm{ctg}\beta_2$$
$$d=(Y_C-Y_B)+(X_C-X_B)\mathrm{ctg}\beta_2$$

$$K=\frac{a+c}{b+d}$$

$$\Delta X_{BP}=\frac{a-Kb}{1+K^2}$$

$$\Delta Y_{BP}=\Delta X_{BP}K$$

则P点的坐标为

$$X_P=X_B+\Delta X_{BP}$$
$$Y_P=Y_B+\Delta Y_{BP}$$

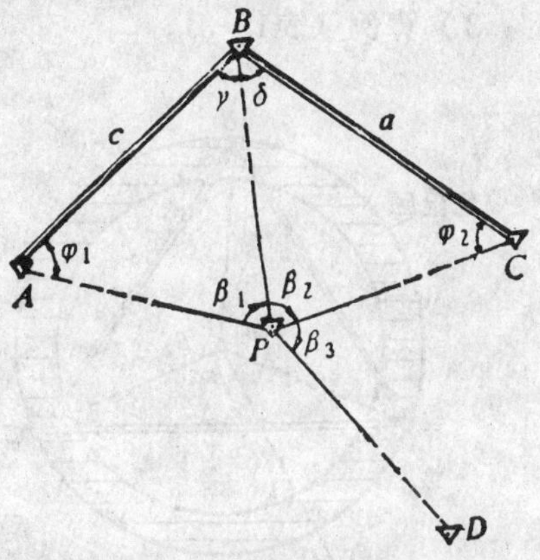

图 13-6

P点的检查。

为了判断P点位置的精度，除在P点上观测β_1、β_2外，还要观测第四个已知点D，测得水平角β_3（图13-6）。

当按上述方法算出P点坐标后，即与第四个已知点D的坐标反算PD的坐标方位角：

$$\alpha_{PD}=\operatorname{arctg}\frac{Y_D-Y_P}{X_D-X_P}+180^\circ$$

按下式算出$\beta_3'=\alpha_{PD}-\alpha_{PC}$

将β_3'和观测角β_3相比较，求出差值

$$\Delta\beta=\beta_3'-\beta_3$$

$\Delta\beta$和规定的测角容许误差比较，如在容许范围内，则说明观测与计算的质量是好的。工作控制的交会点测角中误差是±20″，则容许误差为±40″。

2）操作程序。目前计算器大体上分为EL和fx两大系列，而当前EL系列占优势。各部门可根据已有的电子计算器使用说明书，熟悉计算器的功能和操作方法，再按上述公式编制程序；如果没有程序型计算器时，也可用编制计算顺序的办法来进行运算。有程序型计算器，则应充分运用机器的程序计算能力〔AER〕来进行。为了便于初学者掌握，下面是按计算顺序编制的。（使用EL-5103S计算器）

$(X_A-X_B)+(Y_A-Y_B)\div$ [tg] $\beta_1\rightarrow$ [DEG] [STO] A $(Y_B-Y_A)+(X_A-X_B)\div$ [tg] β_1 $\rightarrow$ [DEG] [STO] B $(X_B-X_C)+(Y_C-Y_B)\div$ [tg] $\beta_2\rightarrow$ [DEG] [STO] C (Y_C-Y_B) $+(X_C-X_B)\div$ [tg] $\beta_2\rightarrow$ [DEG] [STO] D

([RCL] A − [RCL] C) ÷ ([RCL] B + [RCL] D) = [STO] E （显示K）

([RCL] A − [RCL] E × [RCL] B) ÷ (1+ [RCL] E [x^2]) = [STO] M

（显示ΔX_{BP}）

$+X_B=X_P$ （显示结果）

[RCL] M × [RCL] E =（显示ΔY_{BP}）

$+Y_B=Y_P$ （显示结果）

3）算例（表13-3）。

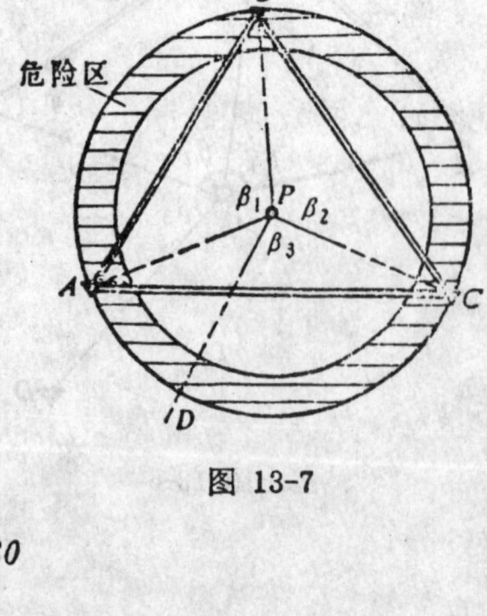

图 13-7

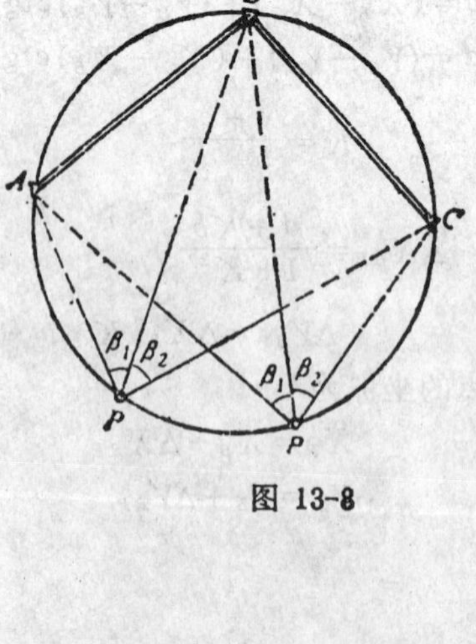

图 13-8

表 13-3

起算数据				略　图
x_A	4512.97	Y_A	5541.71	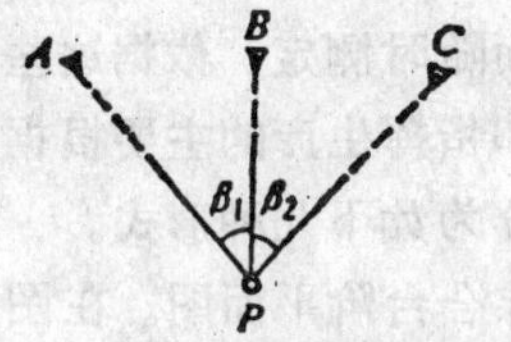
x_B	5144.96	Y_B	6083.07	
x_C	4374.87	Y_C	6564.14	
β_1	106°14′20″	β_2	118°58′20″	

键的操作	显　示	备 注
(4512.97－5144.96)＋(5541.71－6083.07)＋ [tg]		
106.1420⟶ [DEG] [STO] A		求a存入A
(6083.07－5541.71)＋(4512.97－5144.96)＋ [tg]		
106.1420⟶ [DEG] [STO] B		求b存入B
(5144.96－4374.87)＋(6564.14－6083.07)＋ [tg]		
118.5820⟶ [DEG] [STO] C		求c存入C
(6564.14－6083.07)＋(4374.87－5144.96)＋ [tg]		
118.5820⟶ [DEG] [STO] D		求d存入D
([RCL] A＋[RCL] C)＋([RCL] B＋[RCL]		
D)＝[STO] E	0.018018111	求K存入E
([RCL] A－[RCL] E×[RCL] B)＋(1＋		
[RCL] E [X²])＝[STO] M	－487.225	求ΔX_{BP}存入M
＋5144.96＝	4657.735	X_P
[RCL] M×[RCL] E＝	－8.778	求ΔY_{BP}
＋6083.07＝	6074.291	Y_P
		P点的检查从略

4）注意事项。当用后方交会法加密控制点时，A、B、C、D四个已知点应尽量分布在四个象限内；P点位置最好在三个已知点连成的三角形的重心附近；β角应不小于30°，不大于120°，如图13-7所示。待定点P若位于A、B、C三点组成的圆周上，则无解，如图13-8所示。

若P点在此圆周附近，则求得P点的坐标精度很低，此圆称为危险圆（图13-7）。待定点P离危险圆的距离不得小于危险圆半径的1/5。从A、B、C三点到P点的距离，其最长边和最短边之比不得超过3∶1。

第三节　露天矿工程测量

露天矿工作控制点建立之后，便可进行露天矿的各种碎部测量工作。碎部测量的内容相当广泛，包括采剥工作、爆破工作、地质勘探工作所需测量的对象以及机械设备和地面建筑的测定，甚至还要进行某区段的地形测量。随着采矿工作线的不断推进或作业程序的变更，对同一地段往往要反复测量，有些内容要定期测量，有些内容则要根据采矿或其它工程的需要而随时测定。依据这些碎部测量资料来编绘露天矿矿山测量图，它是制定、检查生产计划和指挥生产的主要根据。矿山的日常生产和施工经常要使用的是采剥工程平面图，它又可分为如下几种形式。

（1）综合台阶平面图。在图上反映出台阶采掘的进度和各种工程的变化，以及地质界线等。

（2）台阶工程平面图。

1）爆破平面图，是反映爆破情况的图纸，每爆破一次就在图上接绘一次。图上绘有炮孔位置，爆破带和实际推进线等，可作为爆破设计和研究爆破效果，改进爆破工作之用。

2）验收平面图，按月填绘，作为计算采、剥矿石量、岩石量以及掌握台阶推进情况之用。

3）地质原图，是反映台阶地质变化的图纸，作为露天矿生产勘探设计的依据。

采剥工程平面图是露天矿生产测量的主要图纸。这种基本图纸有按整个采场编绘的，也有按每个台阶分别编绘的两种；其比例尺有1：500和1：1000两种，并按月或按季进行接绘。图纸的大小有两种：一种是绘成标准图幅；另一种是绘成长条形的图，图纸的长边方向与矿体的走向相平行，而图纸的大小是根据露天矿场的大小而定。这两种图纸的特点是：前者易于保存，但使用不方便（需要接图）；后者使用方便，但易于损坏。目前有些露天矿，两种图纸都绘制。

在工作控制网（点）的基础上，所进行的各种工程测量工作，因对象不同，生产阶段不同，其测量的方法和所要求的精度也不相同。但是，就其测量的基本工作，实质上就是测绘和测设。测绘工作主要表现在将采剥工程的进展或完成情况反映到图上或形成数据资料。测设工作就是将露天矿的设计物的平面和高程位置标定于实地。

露天矿的碎部测量方法，一般采用视距极坐标法和支距法。视距极坐标法的外业观测工作比较迅速，工作量较小，因此被广泛使用。

下面介绍露天矿山最经常，最大量的测量工作，如：

一、掘沟工程测量

二、爆破工程测量

三、排土场测量

四、境界线的标定

五、采剥矿岩量的验收测量等测量工作的方法

初学者如能掌握这五种方法。那么在生产中碰到的其它项目也就不难解决了。

一、掘沟工程测量

露天矿山的掘沟工程，主要用于开拓矿山通路和新辟开采台阶（开段沟）。沟道的横断面形状一般有两种类型，如图13-9所示，其中图（*a*）为双壁沟（双侧沟），常用于深凹型露天矿山；图（*b*）为单壁沟（单侧沟），常用于山坡型露天矿山。

开拓矿山通路，就是开辟由地表到矿床或由矿床的某一个开采部分到另一个开采部分

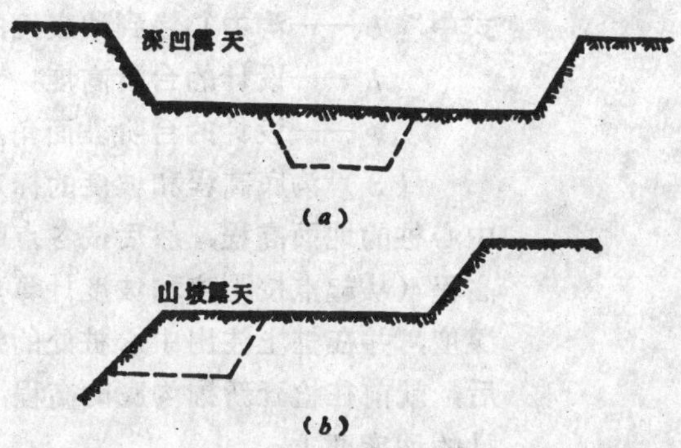

图 13-9

的运输通路。

开段沟一般在新开辟的每个台阶上进行，其目的就是为开采台阶开辟第一条工作线，以供初期配置工作面及安装设备用。

测量步骤和方法如下。

1. 准备工作　在开沟之前要认真阅读如下设计资料：

（1）沟道平面图。图上注有各连接点或起始点的坐标、起始边的方位角、转折点间的距离、转折角、曲率半径等。

（2）沟道纵断面图。图上注有设计标高和设计坡度等。

（3）沟道横断面图。图上标记有沟道的断面规格、沟底宽度、沟道底板高、沟帮的边坡角等。

依据上述资料，则可计算标定数据，拟定施测方法，在实地上进行标定。

2. 标定工作　沟道工程测量的主要任务是将沟道的中心线，坡顶线（开挖边线或肩线）、沟底高程和坡度以及沟底宽度等，标定在实地上。

（1）沟道的标定。如图13-10所示，沟道起始点0的坐标为已知，附近的工作控制点A的坐标为已知，则A到0点的坐标方位角α_{A0}和距离l_{A0}，可用坐标反算的方法求得。再根据A、C两点的坐标方位角α_{AC}计算出标定角β_A为：

$$\beta_A=\alpha_{A0}-\alpha_{AC}$$

把经纬仪安置在A点上，后视C点，转β_A角，在视线方向上用钢尺量出l_{A0}，即可标定出掘沟的起始点0。再把仪器安置在0点上，后视A点，转β_0角，则此时的视线方向即为沟道的中心线方向。β_0角的计算公式为：

$$\beta_0=\alpha_0-\alpha_{0A}$$

式中　α_0——沟道中心线的设计方位角。

沟道方向标定后，再标定沟道中心桩。中心桩又叫里程桩，一般每隔20～50m埋设一个，并在桩上注明里程，如图13-10中的Ⅰ、Ⅱ、Ⅲ…点。

（2）坡顶线的标定。在各中心桩上作沟道中心线的垂线，由中心桩沿此垂线方向标定出坡顶线到中心线的距离d，即得1、2、3、4各边桩；各边桩连线即为开挖边线。d值可按下式计算：

$$d=b+h\operatorname{ctg}\phi$$

式中　b——沟中心线到坡底线的设计距离；

h——设计的台阶高度；

ϕ——设计的台阶坡面角。

（3）沟底高程和坡度的标定。先用水准仪测出各中心桩的地面高程，然后按各点的地面与其沟底的设计高程（从起点按距离和坡度计算）之差，求出该点下挖深度，并在桩上注出中心桩处的挖深。每当放炮装运之后，就前往检查新掘沟底的高程，看其坡度是否符合设计的坡度要求。

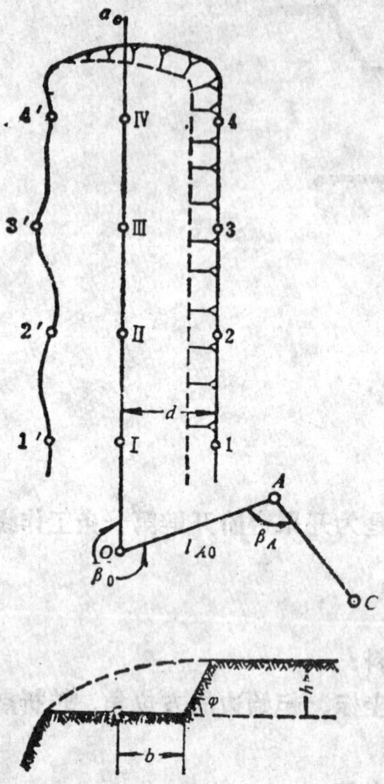

图 13-10

二、爆破工程测量

爆破工作是露天矿生产的主要工艺过程。爆破工作可分为两个阶段。第一个阶段是将岩石或矿石从矿岩整体分离出来；第二个阶段是将大块岩石或矿石进行二次破碎，也称二次爆破。第一阶段的穿爆工工作，可以利用浅孔、深孔或硐室爆破，而大多数矿山是采用垂直深孔爆破。在穿爆工作中的深孔爆破和硐室爆破所进行的测量工作，通称爆破测量。

1. 深孔爆破测量　深孔爆破测量的任务是，为穿孔爆破设计提供爆破地段的平面图；如果原来已有该地区的图纸，可在原图上复制。露天矿的穿孔、爆破，都与测量工作密切相关。爆破区的外业测量包括平面测量、高程测量，炮孔剖面测量和孔深测量，在实地上要按设计图标定孔位。穿孔后应将穿孔位置测绘成图，以便配合穿孔断面图计算装药量。

露天矿的爆破工程测量，主要是为了确定底部最小抵抗线的大小。假若这个参数确定的不够正确，不但影响矿山生产效率的提高，而且可能使爆破块度过大，不易装车，增加二次破碎的工作量；或者使爆破下来的矿石飞的很远，浪费炸药，再就是留下难以处理的“眼底”，使运输、铲装都受影响。因此作好测量工作是改善爆破效果的一个重要因素。

（1）穿孔前爆破地段平面图的测绘。按照矿山采剥计划的安排，在某地段穿爆之前，必须测绘出该地段的平面图，或从原有的图纸上，描绘即得穿孔地段的平面图。图上应绘有台阶的坡顶线、坡底线以及特征点的标高、矿体和围岩的接触线、各种矿石的边界和地质破坏比较明显的裂缝，然后由爆破人员在平面图上绘出钻孔的设计位置。

（2）在平台上按设计图标定钻孔位置。孔位设计好以后，便由最近的工作控制点，用极坐标法将孔位标定于实地。标定时，只需标定同时爆破的一排炮孔中的一个，该排的其它炮孔位置可依炮孔中心距离和炮孔距坡顶线的垂距来进行标定。标定后，每个炮孔的编号，孔深都要在现场注明。

（3）穿孔后的外业测量及内业工作、穿孔后爆破前要在爆破区进行平面测量、高程测量、炮孔剖面测量和孔深测量。根据这些资料，绘制爆破地区的平面图、剖面图，如图13-11所示。此外，尚需确定最小抵抗线和底部抵抗线，计算装药量和爆破量等。

1）测绘爆破区段平面图。根据台阶上的工作控制点A、B，按视距极坐标法，测绘

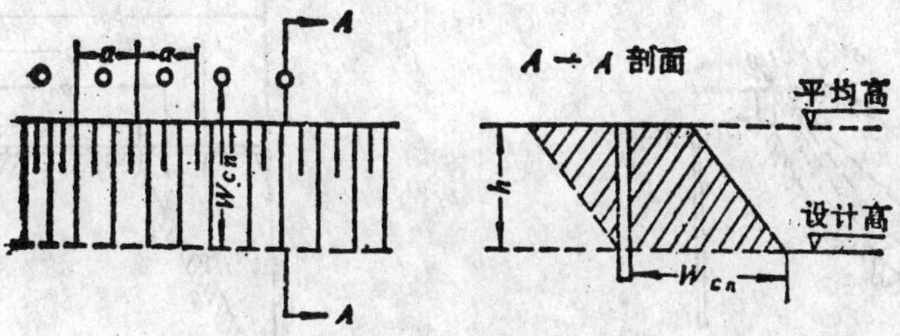

图 13-11

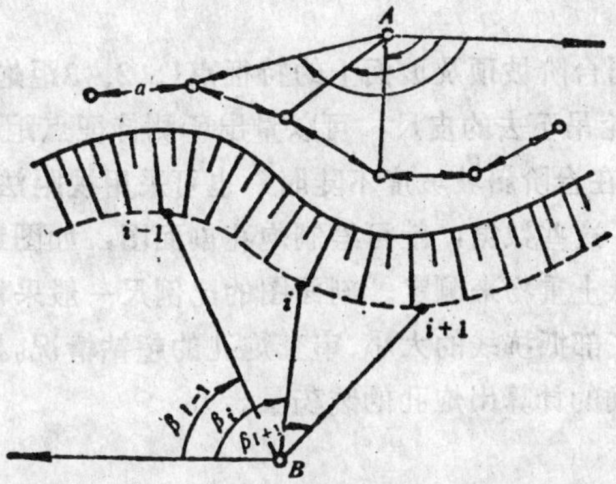

图 13-12

出坡顶线、坡底线和孔位以及地质界限等，如图13-12所示。并在已测绘好的台阶平面图上，绘出爆破区边界，标注有标高的特征点，然后将在外业用钢尺、皮尺或测绳直接丈量得到的孔间距、孔深等要素注记在图上。图的比例尺为1：500或1：1000。

平面位置测定之后，则进行高程测量。高程测量是测定炮孔所在的上、下平台的高程位置和爆破区的平均高度。将经纬仪望远镜置于水平位置，代替水准仪测定台阶上、下平台爆破区内各点的标高。高程点的个数，在平台高程变化大时宜多些，一般情况下采用10～15m测一高程点，以便计算台阶上、下平台的平均高程。上部平台高程平均值减去下部平台高程平均值即为台阶高度。

2）测绘剖面图。炮孔剖面测量是测定通过炮孔中心并垂直于坡顶线的垂直断面。这些断面能表示出炮孔爆破时的最小抵抗线，根据这些资料才能正确的计算装药量。剖面测量一般常用剖面法或垂线法。

① 剖面法。台阶的剖面测量一般是使用测斜仪和皮卷尺来进行。如图13-13所示，测量时在距坡顶线1m左右的位置安装测斜仪，瞄准坡面上的变化点1、2、3等，并测其相应的倾角δ'、δ''……，同时还要量出该仪器中心到测点（变化点）的距离。这种方法也称剖面极坐标法。此法适用于台阶坡面不规则的情况。

在室内，根据上述观测值来绘制剖面图。

② 垂线法。因台阶斜坡坡度较陡，所以剖面测量最好是用专门制作的木尺，用质量轻而又不易弯曲的木材制成。这种尺一般长为6m左右，在尺的一端安上小滑轮，尺上装有水准管和刻划。通过小滑轮可以将悬有重物的皮尺放下去。木尺是沿着剖面的方向平放，

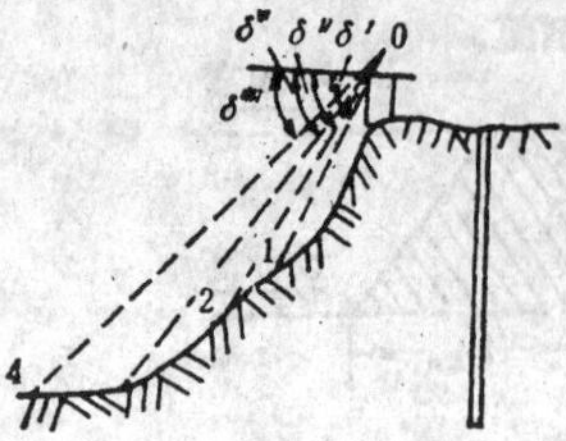

图 13-13

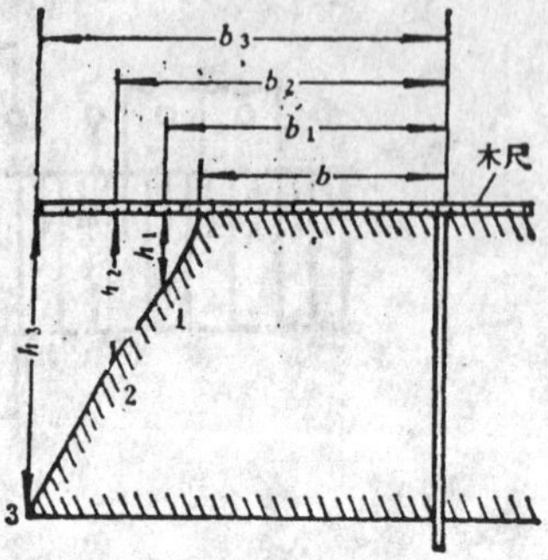

图 13-14

由水平尺刻划可以读出台阶坡顶及坡面上的特征点1、2、3距炮孔中心的水平距离b、b_1、b_2、b_3。通过滑轮吊下去的皮尺，可以量出所测特征点距坡顶的垂直距离h_1、h_2和h_3，如图13-14所示。在台阶斜坡坡度不陡时，也可采用视距法来测定剖面特征点对于炮孔的平距和高差。有了这些数据，就可绘制炮孔剖面图，如图13-15所示。炮孔深度可用专制的木杆或将皮尺悬上重物来测定。剖面图的比例尺一般采用1:200。在剖面图上，可以确定最小抵抗线及底部抵抗线的大小，审查炮孔的超钻情况。根据平面图和剖面图提供的数据，就可以较为准确的计算出炮孔的装药量。

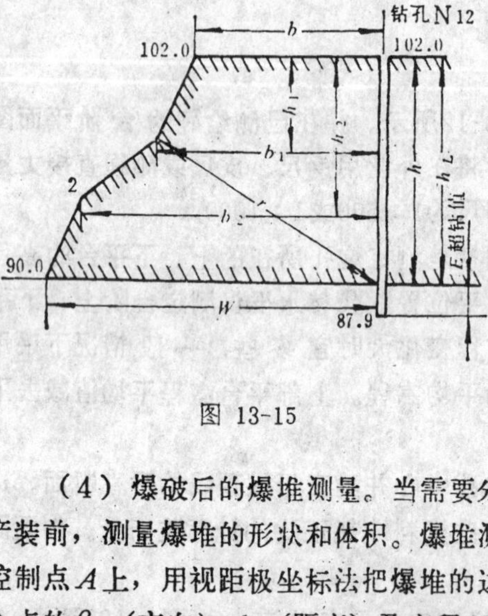

图 13-15

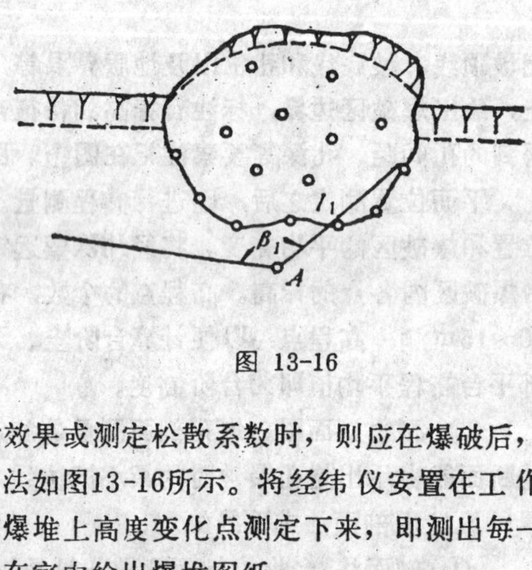

图 13-16

（4）爆破后的爆堆测量。当需要分析爆破效果或测定松散系数时，则应在爆破后，产装前，测量爆堆的形状和体积。爆堆测量的方法如图13-16所示。将经纬仪安置在工作控制点A上，用视距极坐标法把爆堆的边界点和爆堆上高度变化点测定下来，即测出每一个点的β_i（方向），l_i（距离）及高程H_i，然后在室内绘出爆堆图纸。

（5）铲装后的测量工作。当需要测定松散系数时，还要进行铲装后的测量工作，即测量新台阶的剖面。具体内容是测量爆破台阶的坡顶线和坡底线以及地质界限等，测量方法同前。

2．硐室爆破测量　除穿孔爆破外，有时还进行硐室爆破。此时在爆破区地形图上，设计爆破硐室，然后在实地用极坐标法或距离交会法，标定出硐室的开切地点（硐口位置和导硐方向），在导硐掘进中可用简单仪器测设。。如图13-17所示，上图为主导硐剖面图。下图为硐室爆破设计平面图。E_1、E_2为药室，h为台阶高，W_m为最小抵抗线。

根据设计进行爆破硐室的测设方法如下。

（1）准备标定数据。如图13-18所示，Ⅱ为工作控制点，BC为主导硐中心线，CE_1、CE 为副导硐中心线，B为主导硐入口，A在主导硐中心线的延长线上。标定数据包括：连接角β_{II}、给向角β_1、连接边ⅡA以及硐口B的标高，主导硐坡度等。

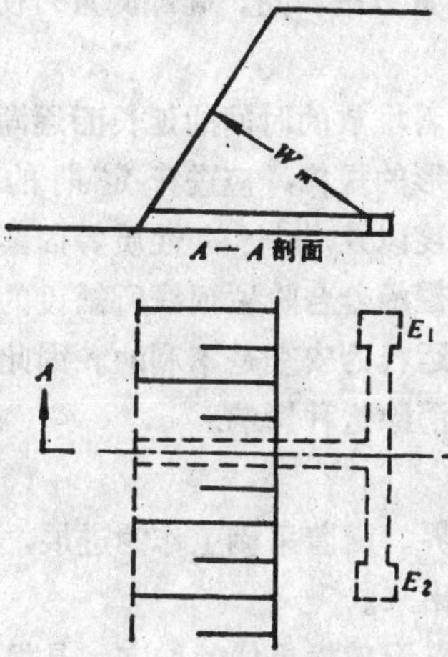

图 13-17

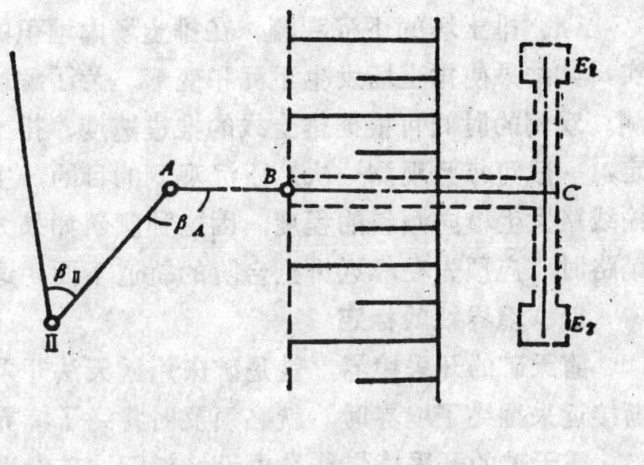

图 13-18

（2）硐室施工测量。根据准备好的标定数据，首先在现场标定A点和B点，然后按AB方向给向，开始掘进。掘进中要随时给向与检查掘进方向，主导硐长度以及主导硐的标高，坡度等。主导硐掘进完毕，即按副导硐掘进方向给向，并控制长度和坡度以及硐室的大小。

（3）验收测量。硐室验收测量主要是检查药室位置和断面规格，以保证能按硐室爆破设计进行装药爆破。

三、排土场测量

排土场是用于堆积矿山剥离岩土的地方，是矿山的重要组成部分。设在采场范围以内的叫内部排土场，设在采场范围以外的叫外部排土场。

排土场的测量任务有：

1．提供排土场地区的地形图

（1）地形图配合地质勘探资料和技术设计资料，用来计算全部露天矿的剥离体积。

（2）根据地形图，选定排土场的位置，计算排土场的容积，设计排土的推进方向以及选定排土线路等。

2．提供采矿场到排土场之间可供运输线路设计范围的带状地形图　该图是专供设计运输废石线路的原始资料。线路选定后即可进行线路的施工放样工作。

3．定期测量的内容与目的　在露天矿生产过程中，为及时了解排土场的弃土情况，以便有计划的安排生产，需要定期的对排土场进行测量。该项测量一般每半年或一年进行一次，每次只对在这一段时期中有变动的地区进行测量。其测量的主要对象有

（1）排土台阶的坡顶线和坡底线；

（2）排土场内运输线路的位置；

（3）排土场附近的勘探巷道和取样地点；

（4）排土场下沉点的观测。

定期测量排土场的目的是为了了解排土场的接受能力，以便有计划地安排剥离岩土的堆放位置以及统计本阶段的岩土堆积量。

排土场的测量方法与露天开采坑内的布网方法及碎部测量方法相同。碎部测量可使用平板仪。测量后，要绘制排土场平面图和剖面图。

4．排土场的下沉观测　在排土场内堆积的岩土，将随着堆放的时间的延长而逐渐压实，其结果使排土场发生下沉和变形。为了解这种下沉和变形的规律，应进行定期的观测。观测的时间可根据排土线的推进速度、排土场的稳定程度以及岩土的性质等因素而定，一般可每月观测一次。下沉观测的目的，主要是为了掌握沿着台阶坡顶线所铺设的运输线路发生横向倾斜的程度，因这种倾斜如果太大，对车辆运行的安全是不利的。因此在铺路时，应预先在靠近排土台阶的轨道下面，适当加高，以消除这种影响。

四、境界线的标定

露天矿的开采境界，就是矿床用露天法开采后的最终境界。随着采剥工作的进展，逐渐接近采掘终了境界时，就必须及时将终了境界在实地标定出来。

露天矿的开采境界线是由设计部门按矿山设计确定的。露天矿境界线的标定，是根据露天矿境界线设计图进行的，其具体方法为：

1．图解法求标定数据　当某台阶快要推进到设计境界线时，可从开采终了平面图上，用相同坐标方格网重合的方法，将该台阶的设计境界线转绘到采剥工程平面图上。如图13-19，是采剥工程平面图的一部分，其中Ⅰ-Ⅰ是台阶的实际推进位置，Ⅱ-Ⅱ是用上述方法转绘的该台阶的设计境界线位置，A、B两点是工作控制点。量取标定数据时，是在图纸上，先将Ⅱ-Ⅱ境界线每隔20～25m选一点，然后用比例尺分别量取标定距离l_1、l_2……，再用分度器量取标定角β_1、β_2……。

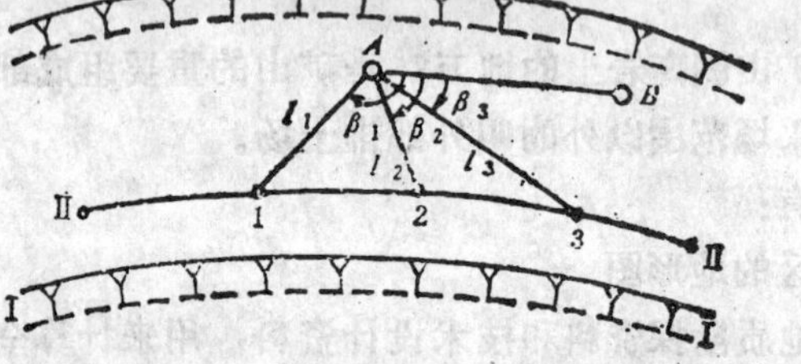

图 13-19

2．将境界线标定于实地　取得标定数据以后，在A点上安置经纬仪，后视B点，依标定数据β_i和l_i标定出1、2、3……等境界点，并打以木桩作为标志；为了明显起见，再在木桩间拉一条绳子，以此表示台阶的最终推进线。

3．检查验收测量　当台阶已推进到标定的境界线时，则应及时把实际境界线测绘下来，绘制到图上，再与原来设计的境界线进行比较，以此作为检查。

五、验收测量

1．验收测量的任务

（1）及时全面地测量采剥进度并绘制成采剥工程平面图，为开采设计和编制计划提供资料。

（2）计算各种开采量（矿石量、剥离量）和贮存量（如排土场的弃土量，贮矿场的贮藏量等）。

（3）对生产进行检查和监督采剥工程是否按设计及计划的规定要求进行。

2．验收测量的准备工作

（1）检查即将进行验收区域的工作控制点的存在情况。如果控制点遭到破坏，应在验收前进行补测。

（2）调查掌握应验收的台阶，爆破开采部位，以防漏验或重验。

3．验收测量的主要对象

（1）应实测计算期初和期末各生产台阶推进区段的坡顶线和坡底线；

（2）上、下平台的高程和地质界限；

（3）测算在阶段平台上崩落的矿、岩量；

（4）测定台阶上贮存的矿岩量；

（5）测定贮矿场贮存的矿石量。

4．验收测量的时间　验收测量的周期取决于验收对象的性质和生产进度，一般以旬、月、季或年为周期。如采场和贮矿场通常是每月验收1～2次。排土场每半年或一年验收一次。

5．验收测量的方法

（1）在平台上结存的矿岩量，可以在实地直接进行剖面测量，也可以用经纬仪按视距法测出爆堆边线、顶线、底线、阶段下平台的高程和爆堆表面的高程。

（2）较规整的工作平台，崩落矿岩体积的计算宜采用水平截面法；有结存的爆堆其顶面高度变化不大时，也可采用水平截面法。如果形状复杂、高度变化大的爆区，一般采用垂直剖面法进行测算。

验收测量的方法，取决于矿床类型、矿山机械化的程度和生产管理好坏等因素。一个露天矿可以使用一种方法，也可将几种方法配合进行。

1）水平截面法。水平截面法比较简便。对于台阶高度变化较小，而台阶坡顶线和坡底线的形状又较复杂时很适用。当台阶坡面变化大时，这种方法计算的结果则不够精确。

每月验收测量之后，根据测量成果将每个台阶的坡顶线和坡底线的位置，绘于台阶平面图上，如图13-20与图13-21所示：根据相邻两个月的坡顶线、坡底线所围成的面积（闭合曲线）和坡顶线与坡底线上的特征点的高程等这些要素，即可进行验收测量的计算：

① 分别计算上、下平台的平均高程H_{sh}和H_{xi}。

$$H_{sh}=\frac{1}{n'}(H'_1+H'_2+\cdots\cdots H'_{n'})$$

$$H_{xi}=\frac{1}{n''}(H''_1+H''_2+\cdots\cdots H''_{n''})$$

式中　H'_1、H'_2——上平台各碎部点的高程；

H''_1、H''_2——下平台各碎部点的高程；

n'——上平台碎部点总数；

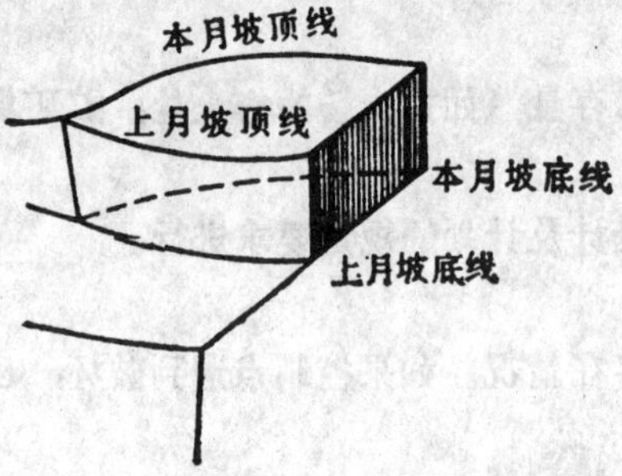

图 13-20

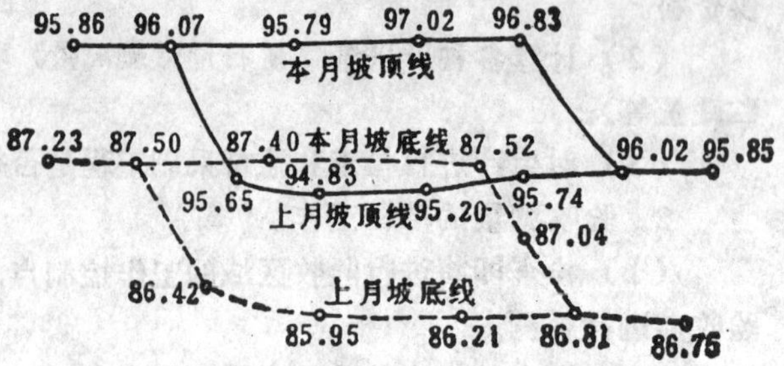

图 13-21

n''——下平台碎部点总数。

② 计算推进台阶高。

$$h = H_{sh} - H_{xi}$$

③ 计算上、下平台推进面积S_{sh}和S_{xi}。

通常是用求积仪求出S_{sh}和S_{xi}。

④ 验收体积的计算。

$$V = \frac{S_{sh} + S_{xi}}{2} h$$

⑤ 验收量（重量）的计算。

$$Q = V\gamma$$

式中　γ——验收对象的平均容重。

如果台阶的高度变化大，则可将所计算的整个地区划分为若干个区域，分别进行计算。最后将各个区域的体积和重量汇总起来，便是整个计算地区的体积和重量。

用水平截面法，要注意高程变化点的代表性，正确选择坡顶线、坡底线的变化点，尽量提高视距测量精度，才能使计算结果准确可靠。

2）垂直剖面法。在台阶坡面不够规整，工作面推进速度较慢时，一般可采用垂直剖面法进行采场验收测量。垂直剖面法如图13-22所示。首先将验收区划分成一定间隔的若干剖面，并在实地设置标志。然后按验收周期，分别测出各剖面的验收轮廓。由相邻两次验收资料，即可绘出如图13-23所示的推进面。此剖面就是上月验收测量所确定的轮廓和本月验收测量所确定的轮廓线之间所围成的面积，即验收期间沿某剖面线方向崩落的垂直剖面积。垂直剖面法就是由如此若干个剖面积和相邻剖面之间的距离，按下列公式计算出来的。

验收量的计算：

① 求出各垂直剖面（推进剖面）的面积S_1、S_2……S_n。（设整个推进地段由1至n个剖面组成）

用求积仪求出上述剖面。

② 验收体积的计算

$$V = \frac{d_1}{2}(S_1 + S_2) + \frac{d_2}{2}(S_2 + S_3) + \cdots\cdots + \frac{d_{n-1}}{2}(S_{n-1} + S_n)$$

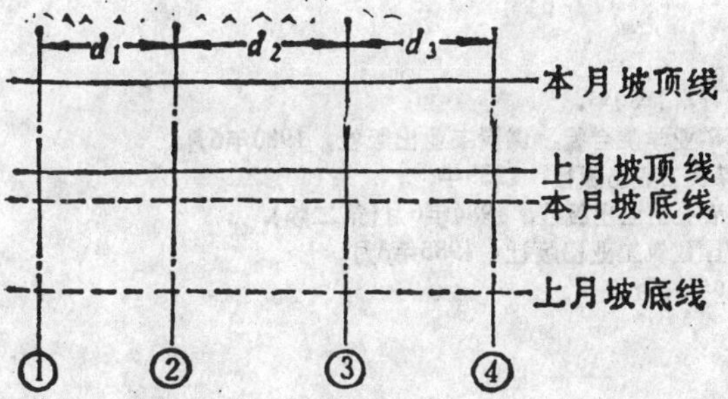

图 13-22

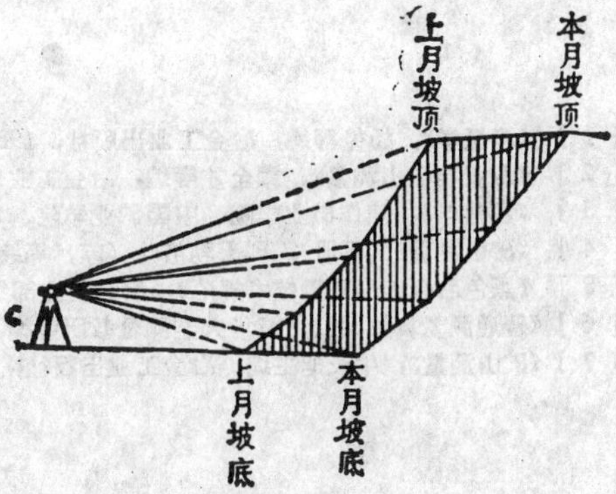

图 13-23

式中　d_1、d_2……d_{n-1}——相邻剖面间的距离。

当首尾两个剖面面积为零时，上式改为：

$$V=\frac{d_1}{2}S_2+\frac{d_2}{2}(S_2+S_3)+\cdots\cdots+\frac{d_{n-1}}{2}S_{n-1}$$

当相邻剖面间的距离均相等时，上式改为：

$$V=d(S_2+S_3+\cdots\cdots+S_{n-1})$$

③ 验收量（重量）的计算。

$$Q=V\gamma$$

用垂直剖面法验收小量矿岩体积的精度比用水平截面法验收精度高。用垂直剖面法要注意剖面线之间的距离，因为距离的大小直接关系到计算结果的精度和花费的劳动量。间距愈小，计算结果愈精确，但花费劳动量大；间距大些，花费劳动量小，但计算结果的精度也会低些。所以决定剖面间距要慎重，通常取间距为10～20m。露天矿的产量统计有两种方法：一种是根据台阶上运出的矿车数乘以车的平均容积而得；另一种是在每月底对每个台阶采出的体积进行验收测量，求出每月产量。

复习思考题

1．露天矿测量的主要任务和内容是什么？它有什么特点？

2．露天矿的基本控制网是怎样建立的？

3．露天矿工作控制网的建立有何意义？有什么特点？有哪几种建立方法？如何根据具体条件选择合适的方法？

4．露天矿碎部测量有哪些方法？

5．试述掘沟工程测量的内容和方法？

6．爆破测量要进行哪些工作？它对提高爆破效果有何意义？

7．试述排土场测量的意义和内容。

8．试述验收测量的任务和方法。

9．试比较用水平截面法和垂直剖面法计算采下矿岩体积的优缺点并试述选用两者时应考虑的因素。

参考文献

[1]《测量学》，杨俊等编，冶金工业出版社，1985年.
[2]《测量与矿山测量》，顾全才等编，冶金工业出版社，1980年.
[3]《测量学》，焦作矿业学院、中国矿业学院、阜新矿业学院合编，煤炭工业出版社，1980年6月.
[4]《矿山测量》(下册)，E.E勃洛哈(苏)等编，煤炭工业出版社，1959年.
[5]《黑色冶金矿山测量技术规范》，冶金工业部编，冶金工业出版社，1984年6月(第二版).
[6]《普通测量》(第3版)，清华大学测量教研室编，中国建筑工业出版社，1985年3月.
[7]《矿山测量》，牛长旭主编，冶金工业出版社，1980年11月.